高等职业教育机械类专业系列教材

液压与气动技术

主　编　魏国江

副主编　秦　云　白思思

参　编　董孝平　郭　颖

主　审　李瑞春

U0255939

机械工业出版社

本书是根据高等职业教育人才培养目标的要求，结合高等职业教育人才培养特点编写的。本书主要内容包括液压与气动技术概述、液压传动基础知识、液压动力元件、液压执行元件、液压阀、液压辅助元件及液压泵站、液压基本回路、液压系统、气动元件、气动基本回路与气动系统、液压与气动技术实训指导。

为便于教学，本书配有电子课件，选择本书作为教材的教师可登录 www.cmpedu.com 网站，注册、免费下载。另外，书中主要知识点处还植入了二维码，使用手机微信扫描二维码即可观看所链接的内容。

本书适合于高等职业技术院校装备制造大类专业学生使用，也适合于中等职业学校装备制造大类专业学生使用，同时可供工程技术人员参考。

图书在版编目（CIP）数据

液压与气动技术/魏国江主编 . —北京：机械工业出版社，2022.6
（2024.2 重印）
高等职业教育机械类专业系列教材
ISBN 978-7-111-70786-8

Ⅰ.①液…　Ⅱ.①魏…　Ⅲ.①液压传动-高等职业教育-教材②气压传动-高等职业教育-教材　Ⅳ.①TH137②TH138

中国版本图书馆 CIP 数据核字（2022）第 083121 号

机械工业出版社（北京市百万庄大街 22 号　邮政编码 100037）
策划编辑：汪光灿　责任编辑：汪光灿　杨　璇
责任校对：陈　越　刘雅娜　封面设计：张　静
责任印制：刘　媛
涿州市般润文化传播有限公司印刷
2024 年 2 月第 1 版第 2 次印刷
184mm×260mm · 16.25 印张 · 401 千字
标准书号：ISBN 978-7-111-70786-8
定价：51.00 元

电话服务　　　　　　　　　　网络服务
客服电话：010-88361066　　　机　工　官　网：www.cmpbook.com
　　　　　010-88379833　　　机　工　官　博：weibo.com/cmp1952
　　　　　010-68326294　　　金　书　网：www.golden-book.com
封底无防伪标均为盗版　　机工教育服务网：www.cmpedu.com

前　言

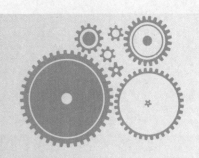

本书是为贯彻《国家职业教育改革实施方案》，落实《中华人民共和国职业教育法》，根据高等职业教育人才培养目标的要求，按照"工学结合、知行合一、培育工匠精神"的指导方针，针对职业教育特色和教学模式的需要以及职业院校学生的心理特点和认知规律而编写的，以"简明实用"为编写宗旨。本书内容以"必需够用为度"的原则，突出应用能力和综合素质的培养，着力培养高素质劳动者和技术技能人才。

本书针对培养高职装备制造大类高端技能型人才的需要，以相关岗位技能为出发点，在较全面地阐述液压与气动技术基本概念的基础上，着重分析各类元件的工作原理、结构特点及应用，使学生掌握元件识别、构建回路、参数调试和设备使用维护等方面的技能，以提高学生实践能力和综合应用能力。

本书设计总学时为 60 学时，实训内容（第十一单元）穿插到各单元中进行。每个单元学时安排见下表（含实训），仅供教师参考。

| 第一单元 | 4 | 第三单元 | 8 | 第五单元 | 10 | 第七单元 | 8 | 第九单元 | 6 |
| 第二单元 | 4 | 第四单元 | 4 | 第六单元 | 4 | 第八单元 | 4 | 第十单元 | 8 |

本书由河北能源职业技术学院魏国江任主编并负责全书的统稿和修改，由河北能源职业技术学院秦云、白思思任副主编，由河北能源职业技术学院李瑞春任主审。全书共十一单元：单元一、二、五、十一由魏国江编写；单元三、四、七由秦云编写；单元六、八、九由白思思编写；单元十课题一由河北能源职业技术学院郭颖编写，课题二、课题三由河北能源职业技术学院董孝平编写。

本书第十一单元即液压与气动技术实训指导为各单元教学内容的实训指导手册，方便教师和学生使用。

本书在编写过程中，参考了相关文献资料，在此谨向这些文献资料的作者表示衷心感谢。特别感谢开滦集团技能大师崔志刚对本书提出的宝贵意见。

由于编者水平有限，书中不妥之处在所难免，恳请广大读者批评指正。

编　者

二维码索引

序号	名称	二维码	页码	序号	名称	二维码	页码
17	图 5-6 手动换向阀工作原理		74	23	图 5-26 节流阀		88
18	图 5-15 电液动换向阀工作原理		78	24	图 6-2 蓄能器原理		110
19	图 5-16 直动式溢流阀工作原理		79	25	图 7-38 单向顺序阀的顺序动作回路		147
20	图 5-17 先导式溢流阀		80	26	图 9-4 油水分离器		179
21	图 5-20 先导式减压阀		83	27	图 9-20 气动减压阀		189
22	图 5-21 顺序阀		84				

目　录

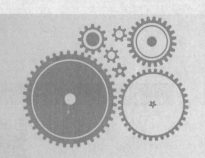

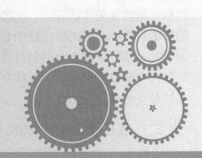

第一单元

液压与气动技术概述

【学习目标】

通过本单元的学习，使学生掌握液压与气动系统的工作原理、系统组成及图示方法；能说出液压与气压传动的优缺点；了解液压与气动技术的应用；能对照液压千斤顶、机床工作台等设备分析其液压系统的工作原理；能区分液压系统各组成部分。

课题一　液压与气动技术简述

【任务描述】

本课题以液压千斤顶为例介绍液压传动的工作原理，使学生掌握液体压力、流量和液压功率的概念；以磨床工作台和气动剪切机为例，使学生熟知液压与气动系统的组成及各组成部分的作用，并掌握液压与气动系统的图示方法。

【知识学习】

一、液压与气动技术和机器的关系

一部完整的机器是由原动机、传动机构、工作机构和控制装置四部分组成。原动机是产生动力的装置，如电动机、内燃机等。工作机构是直接完成机器工作任务的装置，如挖掘机的挖斗、采煤机的滚筒和剪床的剪刀等。传动机构是把能量或动力由原动机向工作机构进行传递和分配，使原动机的运动变为工作机构的各种不同形式的运动，即变换原动机输出的性能参数，扩大性能范围，适应工作机构各种工况要求。控制装置是控制机器正常运行的装置。

传动机构按采用的机件或介质不同分为机械传动、电气传动、流体传动和复合传动。机械传动是用齿轮、齿条、蜗杆等机械传动件把动力传送到工作机构的传动方式。电气传动是用电力设备，通过调节电参数来传递或控制动力的传动方式。流体传动是以流体为工作介质进行能量传递的传动方式。流体传动包括液压传动、液力传动和气压传动。液压传动是基于帕斯卡定律，在密闭的回路中，利用液体压力能进行能量转换、传递和控制的传动方式。液力传动是基于流体力学的动量定理，利用液体动能进行能量转换、传递和控制的传动方式。气压传动是以压缩空气为工作介质进行能量转换、传递和控制的传动方式。复合传动是以上几种传动的联合应用。

二、液压传动的工作原理

液压传动的工作原理可以用一个液压千斤顶的工作原理来说明。

图 1-1 所示为液压千斤顶的工作原理图。大液压缸 6 和大活塞 7 组成举升液压缸，杠杆手柄 1、小液压缸 3、小活塞 2、吸液单向阀 4 和排液单向阀 5 组成手动液压泵。如提起杠杆手柄 1 使小活塞 2 向上移动，小活塞 2 下端油腔容积增大，形成局部真空，这时吸液单向阀 4 打开，通过油管从油箱 10 中吸油，而此时排液单向阀 5 关闭；用力压下杠杆手柄 1，小活塞 2 下移，小活塞 2 下腔压力升高，吸液单向阀 4 关闭，排液单向阀 5 打开，小液压缸 3 的液压油经管道输入大液压缸 6 的下腔，迫使大活塞 7 向上移动，顶起重物 8。再次提起杠杆手柄 1 吸油时，排液单向阀 5 自动关闭，使液压油不能倒流，从而保证了重物 8 不会自行下落。不断往复地扳动杠杆手柄 1，就能不断地把液压油压入大液压缸 6 下腔，使重物逐渐地升起。如果打开截止阀 9，大液压缸 6 下腔的液压油通过管道和截止阀 9 流回油箱 10，重物 8 就向下移动。这就是液压千斤顶的工作原理。由上可知，液压传动是利用有压力的液压油作为工作介质来传递动力的。压下杠杆手柄 1 时，小液压缸 3 输出液压油，将机械能转换成液压油的压力能，液压油经过管道及排液单向阀 5，推动大活塞 7 举起重物 8，将液压油的压力能又转换成机械能。大活塞 7 举升的速度取决于单位时间内流入大液压缸 6 中液压油容积的多少。可见，液压传动是一个不同能量的转换过程。

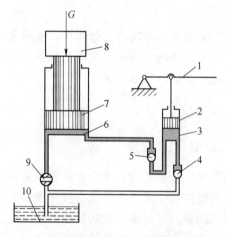

图 1-1　液压千斤顶的工作原理图

1—杠杆手柄　2—小活塞　3—小液压缸　4—吸液单向阀

5—排液单向阀　6—大液压缸　7—大活塞　8—重物　9—截止阀　10—油箱

将液压千斤顶的工作原理图用图 1-2 所示的简化模型来代替，可知：

1. 力的传递遵守帕斯卡定律

根据流体力学中的帕斯卡定律，平衡液体内某一点的压力等值地传递到液体各点，因此有

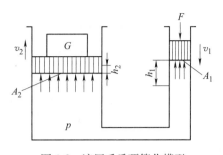

图 1-2　液压千斤顶简化模型

$$p_1 = p_2 = p = \frac{F}{A_1} = \frac{G}{A_2} \qquad (1\text{-}1)$$

2. 液压传动中压力取决于负载

只有大活塞上有了重物 G（负载），小活塞上才能施加上作用力 F，并使液体具有压力 p，所以负载是第一性的，压力是第二性的，即有了负载，并且作用力 F 足够大，液体才具有压力，压力的大小取决于负载。

3. 负载的运动速度取决于流量

液压传动中传递运动时，速度传递按照容积变化相等的原则进行，即

$$A_1 h_1 = A_2 h_2 \qquad (1\text{-}2)$$

由于 $v_1 = h_1/t$、$v_2 = h_2/t$，式（1-2）可以写成

$$A_1 v_1 = A_2 v_2 = q \qquad (1\text{-}3)$$

式（1-3）即为流体力学中的连续性方程，式中 q 是流量，所以负载（重物 G）的运动速度 v_2 取决于进入大液压缸的流量 q。

4. 压力和流量的乘积是功率

不考虑能量损失，大液压缸输出功率为

$$P = G v_2 = p A_2 v_2 = pq \qquad (1\text{-}4)$$

pq 称为液压功率。因此，压力和流量是液压传动中最重要的两个参数。

三、液压系统的组成

图 1-3 所示为简化的磨床工作台液压系统工作原理图，图 1-4 所示为磨床外形图。液压泵 3 在电动机（图 1-3 中未画出）的带动下旋转，液压油由油箱 1 经过滤器 2 被吸入液压泵 3，由液压泵 3 输出的液压油通过节流阀 6 至电磁换向阀 7。当电磁换向阀 7 两端的电磁铁均不通电时，电磁换向阀阀芯在两端弹簧作用下处于中间位置，如图 1-3a 所示，管路 P、A、B、T 均不相通，这时液压缸 8 两腔均不通液压油，工作台停止运动。若按下起动按钮使电磁换向阀 7 左端电磁铁 1YA 通电，右端电磁铁 2YA 断电，则阀芯被推向右端，处于图 1-3b 所示的位置，此时管路 P 和 A 相通，管路 B 和 T 相通，液压油经管路 P、电磁换向阀 7、管路 A 进入液压缸 8 的左腔，活塞 10 在液压油的推动下，通过活塞杆 11 带动工作台 12 向右运动，同时，液压缸 8 右腔的液压油经管路 B、电磁换向阀 7、管路 T 排回油箱 1。当工作台 12 向右运动到行程终点时，工作台 12 碰到行程开关 2s 使电磁换向阀 7 右端电磁铁 2YA 通电，左端电磁铁 1YA 断电，则阀芯被推向左端，处于图 1-3c 所示的位置，这时管路 P 和 B 相通，管路 A 和 T 相通，液压油经管路 P、电磁换向阀 7、管路 B 进入液压缸 8 的右腔，推动工作台 12 向左运动，同时，液压缸 8 左腔的液压油经管路 A、电磁换向阀 7、管路 T 排回油箱 1。当工作台 12 向左运动到行程终点时，工作台 12 碰到行程开关 1s 使电磁换向阀 7 左端电磁铁 1YA 通电，右端电磁铁 2YA 断电，工作台 12 又开始向右运动。如此，工作台

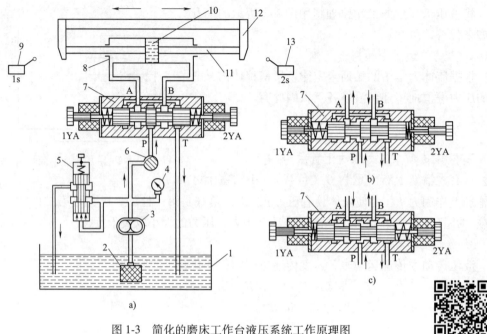

图 1-3　简化的磨床工作台液压系统工作原理图

1—油箱　2—过滤器　3—液压泵　4—压力表　5—溢流阀　6—节流阀　7—电磁换向阀

8—液压缸　9、13—行程开关　10—活塞　11—活塞杆　12—工作台

12 可以反复左右运动，直到工件加工完毕后，按停止按钮使电磁换向阀两端的电磁铁断电，则工作台 12 停止运动。

　　工作台 12 工作时，工作台 12 的运动速度由节流阀 6 来调节。当节流阀 6 开大时，进入液压缸 8 的液压油增多，工作台 12 的移动速度增大；当节流阀 6 关小时，工作台 12 的移动速度减小。液压泵 3 输出的液压油除了进入节流阀 6，其余的由溢流阀 5 流回油箱。为了克服移动工作台 12 时所受到的各种阻力，液压缸 8 必须产生一个足够大的推力，这个推力是由液压缸 8 中的液压油压力所产生的。要克服的阻力越大，缸中的液压油压力越大，反之压力就越小。根据工作时工作台 12 所受阻力的不同，要求液压泵 3 输出的液压油压力应可以调节，这个功能是由溢流阀 5 来完成的。当液压油压力对溢流阀阀芯的作用力略大于溢流阀中弹簧对阀芯的作用力时，阀芯移动使阀口打开，多余液压油经溢流阀流回油

图 1-4　磨床外形图

箱，压力不再增大，此时液压泵出口的液压油压力是由溢流阀决定的。

　　从磨床工作台液压系统可以看出，一个完整的液压系统由以下五个主要部分组成。

　　（1）动力元件　把机械能转换成液压能的装置，是液压系统的动力源，也称为液压泵。

　　（2）执行元件　把液压能转换成机械能，驱动工作机构做功的装置。它分为做直线运动的液压缸和做回转运动的液压马达。

　　（3）控制元件　它是对系统中的压力、流量或流动方向进行控制和调节的装置，以保证执行元件对输出力、速度和方向的要求，例如：溢流阀、节流阀、换向阀等。

（4）辅助元件 例如：油箱、过滤器、油管等。它们对保证系统正常工作是必不可少的。

（5）工作液体 传递能量的液体，如液压油等。

四、流体传动系统的图形符号

图 1-3 所示的液压系统是由一种半结构式的元件图形绘制的工作原理图，称为结构原理图。它有直观性强、容易理解的优点，但图形比较复杂，绘制麻烦。我国制定了用规定的图形符号来表示液压及气压原理图中的各个元件和连接管路的国家标准，即 GB/T 786.1—2021《流体传动系统及元件图形符号和回路图 第 1 部分：用于常规用途和数据处理的图形符号》。正确绘制与理解液压与气动图形符号，是掌握液压与气动控制技术的基础。用图形符号绘制的回路图和系统图是工程建设与维修、设备保养与维护等场合的重要技术资料，是技术交流的前提。

液压与气动图形符号的构成是由图形符号的基本要素组成，GB/T 786.1—2021 规定了元件符号创建所采用的基本形态符号，并为创建元件符号给出了规则。GB/T 786.1—2021 中规定的常用的液压控制元件和气动控制元件符号见本书附录。

在绘制或应用图形符号时应注意下列原则。

1）符号只表示元（辅）件的功能、操作（控制）方法及外部连接口，不表示元（辅）件的具体结构和参数、连接口的实际位置和元（辅）件的安装位置。

2）符号内的液压油流动方向用箭头表示，线段两端都有箭头的，表示流动方向可逆。

3）符号表示的是元（辅）件未受激励的状态（非工作状态）。对于没有明确定义未受激励的状态（非工作状态）的元件符号，应按标准中的特定规则给出。

4）元件符号应给出所有的接口。

5）除特别注明的符号或有方向性的元（辅）件（如油箱、仪表等）符号外，符号在不改变它们含义的前提下可以水平翻转或 90°旋转。

6）符号按标准规定的模数尺寸绘制，可以根据需要改变图形符号的大小，要以清晰美观为原则，绘制时可根据图样幅面的大小酌情处理，但应保持图形本身的适当比例。

图 1-5 所示为图 1-3a 所示系统用 GB/T 786.1—2021 绘制的图形符号图。使用这些图形符号可使液压系统图简单明了，且绘制方便。

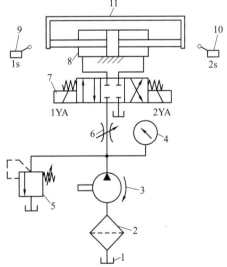

图 1-5 磨床工作台液压系统的图形符号图

1—油箱 2—过滤器 3—液压泵 4—压力表
5—溢流阀 6—节流阀 7—电磁换向阀
8—液压缸 9、10—行程开关 11—工作台

五、气动系统工作原理及组成

1. 气动系统工作原理

以气动剪切机为例，介绍气动系统工作原理。图 1-6 所示为气动剪切机的工作原理图，图示位置为剪切前的情况。空气压缩机 1 产生的压缩空气经后冷却器 2、油水分离器 3、

气罐4、分水滤气器5、减压阀6、油雾器7到达换向阀9，部分气体经节流通路进入换向阀9的下腔，使上腔弹簧压缩，换向阀9阀芯位于上端；大部分压缩空气经换向阀9后进入气缸10的上腔，而气缸的下腔经换向阀9与大气相通，故气缸活塞处于最下端位置。当上料装置把工料11送入气动剪切机并到达规定位置时，工料11压向行程阀8，此时换向阀9阀芯下腔压缩空气经行程阀8排入大气，在弹簧的推动下，换向阀9阀芯向下运动至下端；压缩空气则经换向阀9后进入气缸10的下腔，上腔经换向阀9与大气相通，气缸活塞向上运动，带动剪刀上行剪断工料11。工料11剪下后，即与行程阀8脱开。行程阀8阀芯在弹簧作用下复位，阀口关闭。换向阀9阀芯上移，气缸活塞向下运动，又恢复到剪断前的状态。

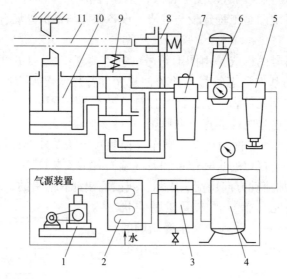

图 1-6 气动剪切机的工作原理图

1—空气压缩机 2—后冷却器 3—油水分离器 4—气罐 5—分水滤气器
6—减压阀 7—油雾器 8—行程阀 9—换向阀 10—气缸 11—工料

2. 气动系统组成

在气动系统中，根据气动元件和装置的不同功能，可将气动系统分成以下四个组成部分。图 1-7 所示为气动剪切机的图形符号图。

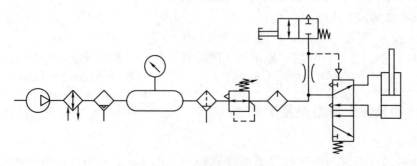

图 1-7 气动剪切机的图形符号图

（1）气源装置　气源装置将原动机提供的机械能转变为气体的压力能，为系统提供压缩空气。它主要由空气压缩机构成，还配有气罐、气源净化处理装置等附属设备。

（2）执行元件　执行元件起能量转换作用，把压缩空气的压力能转换成工作装置的机械能。它包括气缸、摆动气缸和气马达。对于以真空压力为动力源的系统，采用真空吸盘以完成各种吸吊作业。

（3）控制元件　控制元件用来对压缩空气的压力、流量和流动方向调节和控制，使系统执行元件按功能要求的程序和性能工作。根据完成功能不同，控制元件种类有很多种，一般包括压力、流量、方向和逻辑四大类控制元件。

（4）辅助元件　辅助元件是用于元件内部润滑、排气、降低噪声、元件间的连接以及信号转换、显示、放大、检测等所需的各种气动元件，如油雾器、消声器、管件及管接头、转换器、显示器、传感器等。

课题二　液压与气压传动的优缺点

【任务描述】

本课题通过介绍液压与气压传动的优缺点，使学生了解液压与气压传动和机械传动、电气传动的差别，更好认识液压与气动系统的应用领域。

【知识学习】

一、液压传动的优缺点

1. 优点

1）传动平稳。由于液压油的压缩量非常小，同时液压油有吸振能力，在油路中还可以设置液压缓冲装置，不像机械机构因加工和装配误差等原因引起振动和撞击，故液压传动十分平稳，便于实现频繁换向，广泛应用在要求传动平稳的机械上。例如：磨床，几乎全都采用了液压传动。

2）重量轻，结构紧凑，惯性小。液压传动与机械、电力等传动方式相比，在输出同样功率的条件下，体积和重量可以减少很多，因此惯性小、动作灵敏；液压泵和液压马达单位功率的重量指标，是发电机和电动机的十分之一左右，液压泵和液压马达可小至 0.0025N/W（牛/瓦），发电机和电动机则约为 0.03N/W。再如我国生产的 $1m^3$ 挖掘机在采用液压传动后，比采用机械传动时的重量减轻了 1t。

3）承载能力大。液压传动容易获得很大的力和转矩，广泛用于压制机、隧道掘进机、万吨轮船操舵机和万吨水压机等。

4）容易实现无级调速。在液压传动中，调节液体的流量就可实现无级调速，并且调速范围很大，可达 2000∶1，很容易获得极低的速度。

5）易于实现过载保护。液压系统中的安全保护措施，能够自动防止过载，安全性好。

6）液压元件能够自动润滑。由于采用液压油作为工作介质，使液压传动装置能自动润滑，因此元件的使用寿命较长。

7）容易实现复杂的动作。采用液压传动能获得较复杂的机械动作，如仿形车床的液压仿形刀架、数控铣床的液压工作台，可加工出不规则形状的零件。

8）简化机构。采用液压传动可大大地简化机械结构，从而减少了机械零部件数目。

9）便于实现自动化。在液压系统中，液体的压力、流量和方向是非常容易控制的，再加上电气装置的配合，很容易实现复杂的自动工作循环。

10）便于实现"三化"。液压元件易于实现系列化、标准化和通用化，也易于设计和组织专业性大批量生产，从而可提高生产率、提高产品质量、降低成本。

2. 缺点

1）液压元件制造精度要求高、技术要求高、装配比较困难，使用维护比较严格。

2）不容易实现定比传动。液压传动是以液压油为工作介质，由于液压系统存在泄漏和液压油的压缩性，因此不宜应用在传动比要求严格的场合，如螺纹和齿轮加工机床的传动系统。

3）液压油受温度的影响大。由于油的黏稠性能随温度的改变而改变，故不宜在高温或低温的环境下工作。

4）不适宜远距离输送动力。由于采用油管传输液压油，液压油与管道、液压油内部摩擦力较大，能量损失较大，故不宜远距离输送动力。

5）液压油中混入空气易影响工作性能。液压油中混入空气后，容易引起爬行、振动和噪声，使系统的工作性能受到影响。

6）液压油容易污染。由于机械元器件的磨损、液压油的变质，会使液压油受到污染，从而影响系统工作的可靠性。

7）发生故障不易检查和排除。

二、气压传动的优缺点

1. 优点

1）以空气为工作介质，来源方便，用后排气处理简单，不污染环境。

2）空气流动损失小，压缩空气可集中供气，可远距离输送。

3）与液压传动相比，起动动作迅速、反应快、维修简单、管路不易堵塞，且不存在介质变质、补充和更换等问题。

4）工作环境适应性好，可安全、可靠地应用于易燃易爆场所。

5）气动装置结构简单、轻便、安装维护简单。压力等级低，使用安全。

6）气动系统能够实现过载自动保护。

2. 缺点

1）由于空气有可压缩性，所以气缸的动作速度易受负载影响，速度稳定性较差。

2）工作压力较低（一般为 0.4~1MPa），因而气动系统输出力较小。

3）气动系统有较大的排气噪声。

4）工作介质空气本身没有润滑性，需另加装置进行给油润滑。

【拓展知识】　液压与气动技术的应用及发展简史

一、液压技术的应用及发展简史

从公元前 200 多年前到 17 世纪初，希腊人发明的螺旋提水工具和中国出现的水轮等是液压技术最古老的应用。

自 17 世纪至 19 世纪，欧洲人对液体力学、液体传动、机构学及控制理论与机械制造做出了重要贡献，主要有：1648 年法国人 B. 帕斯卡（B. Pascal）提出的帕斯卡定律；1681 年法国人 D. 帕潘（D. Papain）发明的带安全阀的压力釜；1850 年英国工程师威廉姆·乔治·阿姆斯特朗（William George Armstrong）发明的液压蓄能器；19 世纪中叶英国工程师佛莱明·詹金（F. Jinken）发明的世界上第一台差压补偿流量控制阀；1795 年英国人约瑟夫·布瑞玛（Joseph Bramah）登记的第一台液压机的英国专利等。这些成就为 20 世纪液压传动与控制技术的发展奠定了基础。

19 世纪工业上使用的液压传动装置是以水作为工作介质的，因腐蚀及密封问题一直未能很好解决以及电气传动技术的发展，使得液压技术停滞不前。直到 19 世纪末，德国和美国分别把液压技术应用于龙门刨床及转塔车床、磨床等。1905 年美国人詹涅（Janney）首先将矿物油代替水作为液压介质，设计了一套液压传动装置于 1906 年用在弗吉尼亚号战列舰的炮塔俯仰装置上，液压技术又获得了发展。此后 20 多年，各种液压元件相继出现。径向柱塞泵由海勒·肖（Hele Shaw）及汉斯·托马（Hans Thoma）于 1910 年及 1922 年先后研制成功，汉斯·托马于 1930 年还研制出斜轴式轴向柱塞泵。德国人哈里·威克斯（Harry Vickers）于 1925 年发明了压力平衡式叶片泵，1936 年发明了先导控制压力阀为标志的管式系列液压控制元件。第二次世界大战期间，由于军事上的需要，各种高压元件得到了进一步发展，并出现了以电液伺服控制系统为代表的响应快、精度高的液压元件和控制系统，使液压技术得到了迅猛发展。

20 世纪 50 年代，液压技术很快转入民用工业，在机械制造、起重运输机械及各类施工机械、船舶、航空等领域得到了广泛发展和应用。

20 世纪 60 年代以来，出现了板式、叠加式液压阀系列，发展了以比例电磁铁为电气-机械转换器的电液比例控制阀并广泛用于工业控制中，提高了电液控制系统的抗污染能力和性价比。20 世纪 70 年代出现了插装式系列液压元件。20 世纪 80 年代以来，液压技术与现代数学、力学和微电子技术、计算机技术、控制科学等紧密结合，出现了微处理机、电子放大器、传感测量元件和液压控制单元相互集成的机电一体化产品（如美国 Lee 公司研制的微型液压阀等），提高了液压系统的智能化程度和可靠性。近 20 年来，人们重新认识和研究以纯水作为工作介质的纯水液压传动技术，使之成为现代液压传动技术中新的发展方向之一。

液压技术的应用领域不断拓展，几乎囊括了国民经济的各个部门，从机械加工及装配线到材料压延和塑料成型设备；从材料及构件试验机到电液仿真试验平台；从建筑及工程机械到农业机械及环境保护设备；从电力、煤炭等能源机械到石油天然气探采及各类化工设备；从矿山开采机械到钢铁冶金设备；从橡胶、皮革、造纸等轻工机械到家用电器、电子信息产品自动生产线及印刷、办公自动化设备；从食品机械及医疗器械到娱乐休闲及体育训练器械；从航空航天控制到船舶、铁路和公路运输车辆。液压技术已发展成为包括传动、控制和检测在内的一门完整的自动化技术。

二、气动技术的应用及发展简史

自 1776 年英国人 John Wilkinson 发明了能产生 1 个大气压左右的空气压缩机后，1829 年出现了多级空气压缩机，为气压传动的发展创造了条件。1871 年风镐开始用于采矿。美国人 G. 威斯汀豪斯发明气动制动装置，在 1880 年成功地用到火车的制动上。以后随着兵器、机械、化工等工业的发展，气动装置得到广泛的应用。1930 年出现了低压气动调节器。20 世纪 30 年代初，气动技术成功地应用于自动门的开闭及各种机械的辅助动作上。20 世纪 50 年代研制成功用于导弹尾翼控制的高压气动伺服机构。20 世纪 60 年代发明射流和气动逻辑元件。进入到 20 世纪 60 年代尤其是 20 世纪 70 年代初，随着工业机械化和自动化的发展，气动技术才广泛应用在生产自动化的各个领域，形成现代气动技术。

气动技术具有快速、安全、环保、易控制、低成本等特点，广泛应用在机械、汽车、铁路、纺织、冶金、石化、轻工、家电、橡塑、印刷、包装等行业。

【思考与练习】

一、填空题

1. 液压与气压传动是以_____为工作介质进行能量传递和控制的一种传动形式。

2. 液压系统主要由_____、_____、_____、_____及工作液体组成。

3. 液压系统中的压力取决于_____，执行元件的运动速度取决于_____。

4. 动力元件是把_____转换成液体液压能的装置，执行元件是把液体的_____转换成机械能的装置，控制元件是对液压系统中液体的压力、流量和流动方向进行_____的装置。

二、判断题

（　　）1. 机械传动、电气传动和流体传动是工程中常见的传动形式。

（　　）2. 液压传动不容易获得很大的力和转矩。

（　　）3. 液压传动可在较大范围内实现无级调速。

（　　）4. 液压系统不宜远距离传动。

（　　）5. 液压传动的元件要求制造精度高。

（　　）6. 气压传动适合集中供气和远距离传输与控制。

（　　）7. 与液压传动相比，气压传动的工作介质本身没有润滑性，需加油雾器进行润滑。

（　　）8. 液压系统中，常用的工作介质是汽油。

（　　）9. 液压传动是依靠密封容积中液体静压力来传递力的，如万吨水压机。

（　　）10. 与机械传动相比，液压传动其中一个优点是运动平稳。

三、选择题

1. 把机械能转换成液体液压能的液压元件是（　　　）。

　　A. 动力元件　　　　B. 执行元件　　　　C. 控制元件

2. 液压系统中，液压泵属于（　　　），液压缸属于（　　　），溢流阀属于（　　　），油箱属于（　　　）。

A. 动力元件　　　B. 执行元件　　　C. 辅助元件　　　D. 控制元件

3. 气压传动中空气的黏度很小，因而空气流动时的（　　　）。

　　A. 阻力损失大　　B. 阻力损失小　　C. 流量损失大　　D. 流量损失小

四、问答题

1. 什么叫液压传动？什么叫气压传动？

2. 液压系统和气动系统有哪些基本组成部分？各部分的作用是什么？

3. 液压与气压传动的工作原理是什么？

4. 液压与气压传动相对于其他传动有哪些优缺点？

第二单元

液压传动基础知识

【学习目标】

通过本单元的学习，使学生掌握液压油的物理性质，熟知液压油的类型、特点及应用场合，掌握液压油的污染原因及控制方法，了解流体力学的基础知识。

课题　液压油性质、污染及其控制

【任务描述】

本课题通过介绍液压油的物理性质、种类、污染及其控制，使学生掌握液体黏度概念、常用液压油品种及其选用、液压油污染的危害及其控制方法。

【知识学习】

一、液体的性质

液压油是液压系统中的传动介质，还对液压装置的机构、零件起润滑、冷却、防止锈蚀及分离和沉淀杂质等作用。液压系统工作时，其压力、温度和流速在很大的范围内变化，液压油质量的好坏直接影响液压系统的工作性能。因此，合理选用液压油很重要。

1. 液体的密度

单位体积液体的质量称为密度。体积为 V、质量为 m 的液体，密度 ρ 为

$$\rho = \frac{m}{V} \tag{2-1}$$

我国采用20℃时的密度作为液压油的标准密度。温度上升密度有所减少，压力提高密度稍有增加，可视为常数。一般矿物油的密度为 $850 \sim 960 \text{kg/m}^3$。

2. 液体的可压缩性

液体是可压缩的，压力增高 40MPa，矿物油体积会缩小约 3%。液体受压力作用体积减小的特性称为液体的可压缩性。用液体体积压缩系数 κ 度量。它表示当温度不变时，单位压力变化下液体体积的相对变化量，即

$$\kappa = -\frac{1}{\Delta p}\frac{\Delta V}{V} \tag{2-2}$$

液体体积压缩系数 κ 的倒数称为体积模量 K，其值为

$$K = \frac{1}{\kappa} = -\frac{\Delta p}{\Delta V}V \tag{2-3}$$

K 表示产生单位体积相对变化时所需要的压力增量。在实际应用中，常用 K 值说明液体抵抗压缩能力的大小。在常温下，纯净液压油的体积模量 $K=(1.4\sim2)\times10^3\mathrm{MPa}$，数值很大。一般认为液压油是不可压缩的。

当液压油中混有空气时，其抵抗压缩能力将显著降低，严重影响液压系统的工作性能。由于液压油中的气体难以完全排除，实际计算中常取液压油的体积模量 $K=0.7\times10^3\mathrm{MPa}$。

3. 闪点、燃点

随温度升高，油表面上蒸发的油气与空气的混合物达到一定浓度，以明火与之接触时，会发生短暂的闪光（一闪即灭），这时的最低油温称为闪点。当油气与空气的混合物浓度增大时，遇到明火可形成连续燃烧（持续时间不小于 5s）的最低温度称为燃点。燃点高于闪点，液压系统中液体的工作温度应比闪点低 20~30℃。

4. 液体的黏性

液体在外力作用下流动时，由于液体分子间的内聚力而产生一种阻碍液体分子之间相对运动的内摩擦力，液体的这种产生内摩擦力的性质称为液体的黏性。由于液体具有黏性，当液体发生剪切变形时，液体内就产生阻滞变形的内摩擦力，黏性表征了液体抵抗剪切变形的能力。处于相对静止状态的液体不呈现黏性。

（1）黏性　以液体沿如图 2-1 所示的平行平板间的流动情况为例。设上平板以速度 u_0 向右运动，下平板固定不动，紧贴于上平板上的液体黏附于上平板上，其速度与上平板相同，紧贴于下平板上的液体黏附于下平板上，其速度为零。中间液体的速度按线性分布。把这种流动看成是许多无限薄的液体层在运动，当运动较快的液体层在运动较慢的液体层上滑过时，两层间由于黏性产生内摩擦力。根据实际测定的数据所知，液体层间的内摩擦力 F 与液体层的接触面

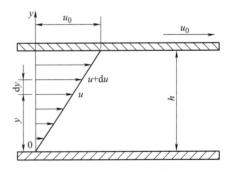

图 2-1　液体的黏性示意图

积 A 及液体层的相对流速 $\mathrm{d}u$ 成正比，而与此两液体层间的距离 $\mathrm{d}y$ 成反比，即

$$F = \mu A \frac{\mathrm{d}u}{\mathrm{d}y} \tag{2-4}$$

以 $\tau=F/A$ 表示切应力，则有

$$\tau = \mu \frac{\mathrm{d}u}{\mathrm{d}y} \tag{2-5}$$

式中　μ——衡量液体黏性的比例系数，称为动力黏度。

（2）黏度 表征黏性大小的物理量称为黏度。黏度是选择液压油的主要指标，是影响液压油的重要物理性质。

1）动力黏度μ。动力黏度直接表示液体的黏性即内摩擦力的大小。动力黏度μ在物理意义上讲，是当速度梯度$\mathrm{d}u/\mathrm{d}y=1$时，单位面积上的内摩擦力的大小，即

$$\mu = \frac{\tau}{\dfrac{\mathrm{d}u}{\mathrm{d}y}} \tag{2-6}$$

动力黏度的计量单位为牛顿·秒/米^2，符号为$\mathrm{N \cdot s/m^2}$，或为帕·秒，符号为$\mathrm{Pa \cdot s}$。

2）运动黏度ν。运动黏度是动力黏度μ与密度ρ的比值，可写为

$$\nu = \frac{\mu}{\rho} \tag{2-7}$$

式中 μ——液体的动力黏度（$\mathrm{Pa \cdot s}$）；

ρ——液体的密度（$\mathrm{kg/m^3}$）。

运动粘度的单位为米^2/秒，符号为$\mathrm{m^2/s}$。这个单位太大，应用不便，常用$\mathrm{mm^2/s}$表示，符号为cSt（厘斯），故$1\mathrm{cSt}(\mathrm{mm^2/s}) = 10^{-6}\mathrm{m^2/s}$。

我国液压油的黏度等级是用温度40℃时运动黏度ν的中心值（$\mathrm{mm^2/s}$）划分的。例如：代号为L-HL68的普通液压油在40℃时其运动黏度ν的中心值是68$\mathrm{mm^2/s}$。蒸馏水在20.2℃时的运动黏度ν恰好等于1$\mathrm{mm^2/s}$。

（3）温度对黏度的影响 液压油黏度对温度的变化是十分敏感的，温度升高，黏度降低。液压油黏度随温度变化的关系称为黏温特性，液压油温度变化时黏度变化小，我们说该液压油黏温特性好。通常用黏温图或黏度指数Ⅵ评价液压油黏温特性好坏。

1）黏温图。用黏温图（图2-2）可表示液压油黏温特性好坏，曲线平缓，液压油黏温特性好。

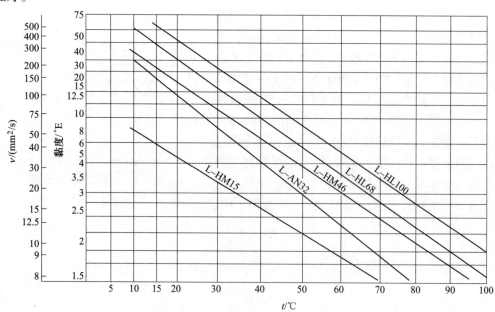

图2-2 几种国产液压油黏温图

2）黏度指数 VI。国际和国内常采用黏度指数 VI 值来衡量液压油黏温特性的好坏。黏度指数 VI 值较大，表示液压油黏度随温度的变化率较小，即黏温特性较好。一般液压系统的 VI 值要求在 90 以上，优异的在 100 以上。

（4）压力对黏度的影响　压力对液体黏度的影响比较小，在工程中当压力低于 5MPa 时，黏度值的变化很小，可不考虑。液体压力加大时，黏度也随之增大。在压力很高以及压力变化很大的情况下，黏度值的变化就不能忽视。

二、液压油的种类和选择

1. 分类

液压系统用的液压油由代号和后面的数字组成。例如：L-HL68，其含义是 L——润滑剂和有关产品，H——液压油（液）组，L——品种代号，数字为该品种的黏度等级。该液压油的中文名称为 68 号普通液压油。图 2-3 所示为 3 种普通液压油外观比较。液压系统常用液压油分类见表 2-1。

图 2-3　3 种普通液压油外观比较

表 2-1　液压系统常用液压油分类

分类	名称	代号	组成和特性	应用
矿物油型	精制矿物油	L-HH	无抗氧化剂	循环润滑油、低压液压系统
	普通液压油	L-HL	HH 油，改善其防锈和抗氧化性	一般液压系统
	抗磨液压油	L-HM	HL 油，改善其抗磨性	中、高压液压系统
	低温液压油	L-HV	HM 油，改善其黏温特性	能在 −40 ~ −20℃ 的低温环境中工作，用于户外工作的工程机械和船用设备的液压系统
	高黏度指数液压油	L-HR	HL 油，改善其黏温特性	用于数控机床液压系统和伺服系统
	液压导轨油	L-HG	HM 油，具有抗黏-滑特性	液压和导轨润滑合用系统的专用油
含水液压液	水包油型	L-HFAE	含有乳化油的高水基液，含水量大于 80%（质量分数）	适用于液压支架及用液量特别大的液压系统
	水的化学溶液	L-HFAS	含有化学品添加剂的高水基液，含水量大于 80%（质量分数）	适用于需要难燃液的低压传动系统或金属加工设备
	油包水型	L-HFB	水和 60%（质量分数）的乳化油构成，属抗燃液	适用于冶金、煤矿等行业的中压和高压、高温和难燃场合的液压系统
	水-乙二醇溶液	L-HFC	乙二醇占 20% ~ 40%（质量分数），难燃性好，低温性能好	适用于飞机液压系统
合成型	磷酸酯溶液	L-HFDR	难燃性好，黏温性和低温性较差，对丁腈橡胶和氯丁橡胶适应性不好	适用于冶金设备、燃气轮机等高温、高压系统和大型民航客机的液压系统

2. 对液压油的要求

1）适宜的黏度和良好的黏温性能。

2）良好的润滑性能。

3）良好的化学稳定性，即对热、氧化、水解、相容都具有良好的稳定性。

4）对金属材料具有缓蚀性和防腐性。

5）比热容、热导率大，热膨胀系数小。

6）抗泡沫性好，抗乳化性好。

7）液压油纯净，含杂质量少。

8）流动点和凝固点低，闪点和燃点高。

此外，对液压油的无毒性、价格等，应根据不同的情况有所要求。

3. 液压油选择

正确且合理地选用液压油，是保证液压设备高效率正常运转的前提。选用液压油时，可根据液压元件生产厂的产品样本和说明书所推荐的品种和牌号来选用液压油，或者根据液压系统的工作压力、工作温度、液压元件种类及经济性等因素全面考虑。一般先确定合适的液压油品种，同时考虑液压系统工作条件的特殊要求，如在寒冷地区工作的系统则要求油的黏度指数高、低温流动性好、凝固点低；伺服系统则要求油质纯、压缩性小；高压系统则要求液压油抗磨性好。其次选择合适的黏度，黏度的高低影响运动部件的润滑、缝隙的泄漏以及流动时的压力损失、系统的发热温升等。所以，在环境温度较高、工作压力高或运动速度较低时，为减少泄漏，应选用黏度较高的液压油，否则相反。通常按液压泵类型选择液压油黏度。

三、液压油污染及控制

液压系统80%以上的故障是由于液压油受到污染造成的。它严重影响液压系统的可靠性及元件的寿命。因此，控制液压油的污染十分重要。污染物可根据形态分为固体、液体和气体三种形式。

1. 液压油被污染原因

1）残留物污染。液压系统的管道及液压元件内的型砂、切屑、磨料、焊渣、锈片、灰尘等污垢在系统使用前冲洗时未被洗干净，在液压系统工作时，这些污垢进入到液压油里。

2）侵入物污染。周围环境中的污染物在液压系统工作过程中通过往复伸缩的活塞杆、油箱的进气孔和注油孔等进入液压油里，在检修时，稍不注意也会使灰尘、棉绒等进入液压油中。

3）生成物污染。液压系统本身也不断地产生污垢而直接进入液压油里，如金属和密封材料的磨损颗粒、过滤材料脱落的颗粒或纤维、液压油因油温升高氧化变质而生成的胶状物等。

2. 液压油污染的危害

液压油污染严重时，直接影响液压系统的工作性能，使液压系统经常发生故障，使液压元件寿命缩短。造成这些危害的原因主要是污垢中的颗粒，这些固体颗粒进入到元件中，会使元件的滑动部分磨损加剧，并可能堵塞液压元件里的节流孔、阻尼孔，或使阀芯卡死，从而造成液压系统的故障。水分和空气的混入使液压油的润滑能力降低并使它加速氧化变质，产生气蚀并使液压元件加速腐蚀，使液压系统出现振动、爬行等。

3. 污染度等级

液压油的污染度是指单位容积液体中固体颗粒污染物的含量。为了描述和评定液压系统液压油的污染度，以便对污染进行控制，有必要制定液压系统液压油的污染度等级。目前我国的污染度等级标准为 GB/T 14039—2002，采用 ISO4406：1999 国际标准，见表2-2。

表 2-2　GB/T 14039—2002（ISO4406）污染度等级标准

1mL 液压油中的颗粒数	等级代码	1mL 液压油中的颗粒数	等级代码
>2500000	>28	>80~160	14
>1300000~2500000	28	>40~80	13
>640000~1300000	27	>20~40	12
>320000~640000	26	>10~20	11
>160000~320000	25	>5~10	10
>80000~160000	24	>2.5~5	9
>40000~80000	23	>1.3~2.5	8
>20000~40000	22	>0.64~1.3	7
>10000~20000	21	>0.32~0.64	6
>5000~10000	20	>0.16~0.32	5
>2500~5000	19	>0.08~0.16	4
>1300~2500	18	>0.04~0.08	3
>640~1300	17	>0.02~0.04	2
>320~640	16	>0.01~0.02	1
>160~320	15	≤0.01	0

污染度等级标准用三个代码表示液压油的污染度，三个代码之间用斜线分隔，前面的代码表示 1mL 液压油中尺寸 ≥4μm 颗粒数的等级，中间的代码表示 1mL 液压油中尺寸 ≥6μm 颗粒数的等级，后面的代码表示 1mL 液压油中尺寸 ≥14μm 的颗粒数的等级。代码含义见表2-2。例如：等级代码为 18/16/13 的液压油，表示它在 1mL 内尺寸 ≥4μm 的颗粒数在 >1300~2500 之间，它在 1mL 内尺寸 ≥6μm 的颗粒数在 >320~640 之间，尺寸 ≥14μm 的颗粒数在 >40~80 之间。用这种污染分级标准来说明实质性工程问题是很科学的，因为 4~6μm 的这些非常细小的颗粒的聚集也能导致液压系统故障，6μm 左右的颗粒对堵塞液压元件缝隙的危害性最大，而大于 14μm 的颗粒对液压元件的磨损作用最为显著，因而这种标准得到了普遍采用。图 2-4 所示为污染度等级 21/19/17 液体和污染度等级 16/15/11 液体污染情况的比较。表 2-3 列出了典型液压元件要求的污染度等级。在应用时，可用"＊"（表示颗粒数太多而无法计数）或"-"（表示不需要计数）两个符号来表示代码。一般新油的污染度等级为 23/21/18，因此，新油也要精密过滤后才能使用，一般要求达到 16/14/12。

图 2-4　污染度等级 21/19/17 液体和
污染度等级 16/15/11 液体污染情况的
比较（放大 100 倍）

表 2-3　典型液压元件要求的污染度等级

元件	液压缸	齿轮泵/马达	方向和压力控制阀	叶片和柱塞泵/马达	比例阀	伺服阀
污染度等级	20/18/15	19/17/14	18/16/13	18/16/13	17/15/12	16/14/11

4. 污染的控制

造成液压油污染的原因多而复杂，液压油自身又在不断地产生杂质。为了延长液压元件的寿命，保证液压系统可靠地工作，应将液压油的污染度控制在某一限度以内。

液压油污染控制工作主要是从两个方面着手：一是防止污染物侵入液压系统；二是把已经侵入的污染物从系统中清除出去。污染控制要贯穿于整个液压装置的设计、制造、安装、使用、维护和修理等各个阶段。为防止液压油污染，在实际工作中应采取如下措施。

1）液压油在使用前保持清洁。液压油在运输和保管过程中都会受到外界污染，新的液压油看上去很清洁，其实很"脏"，必须将其静放数天后经过滤才能加入液压系统中使用，或者新油注入系统之前即进行预防性过滤，只允许清洁度合格的油品进入系统。

2）使液压系统在装配后、运转前保持清洁。液压元件在加工和装配过程中必须清洗干净，液压系统在装配后、运转前应彻底进行清洗，最好用系统工作中使用的液压油清洗，清洗时油箱除通气孔（加防尘罩）外必须全部密封，密封件不可有飞边、毛刺。

3）使液压油在工作中保持清洁。液压油在工作过程中会受到环境污染，因此应尽量防止工作中空气和水分的侵入。为完全消除水、气和污染物的侵入，采用密封油箱，通气孔上加空气过滤器，防止尘土、磨料和冷却液侵入。要经常检查并定期更换密封件和蓄能器中的胶囊，定期清洗通气装置。

4）采用合适的过滤器。这是控制液压油污染的重要手段。应根据设备的要求，在液压系统中选用不同的过滤方式，不同精度和不同结构的过滤器，并要定期检查和清洗过滤器和油箱。

5）定期更换液压油。更换新油前，油箱必须先清洗一次，系统较脏时，可用煤油清洗，排尽后注入新油。

液压系统液压油的更换一般采用以下方式：一是定期更换，一般每隔 2000~4000h 换一次油；二是按照规定的换油性能指标，根据化验结果，科学地确定是否换油。表 2-4 给出了液压油失效的常用指标。

表 2-4　液压油失效的常用指标

测试项目	警告信号	立刻更换
含水量（质量分数,%）	0.1~0.5	>0.5
杂质（质量分数,%）	>0.1	>0.2
总酸值	原来值+0.7	原来值+1.0
黏度改变（%）	—	±15
添加剂 PPM（%）	—	<原来值40

6）控制液压油的工作温度。液压油的工作温度过高对液压装置不利，液压油本身也会加速变质，产生各种生成物，缩短它的使用期限，一般液压系统的工作温度最好控制在 15~65℃之间，机床液压系统则应控制在 55℃以下。

【拓展知识】　流体力学基础知识

一、流体静力学

1. 液体静压力

静压力是指静止液体单位面积上所受的法向力，简称为压力，用 p 表示。压力也可定义为单位体积液体具有的能量。液体内某质点处的法向力 ΔF 对其微小面积 ΔA 的极限称为压力，可写为

$$p = \lim_{\Delta A \to 0} \frac{\Delta F}{\Delta A} \tag{2-8}$$

若法向力均匀地作用在面积 A 上，则压力表示为

$$p = \frac{F}{A} \tag{2-9}$$

式中　A——液体有效作用面积；

F——液体有效作用面积 A 上所受的法向力。

静压力具有下述两个重要特征。

1）液体静压力垂直于作用面，其方向与该面的内法线方向一致。

2）静止液体中，任何一点所受到的各方向的静压力都相等。

2. 液体静力学方程

重力作用下的静止液体，其受力情况如图 2-5 所示，作用在液面上的压力为 p_0，求液面下深 h 处 A 点的压力大小。可以从液体内取出一个包含 A 点的垂直小液柱，其上顶与液面重合，设小液柱底面积为 dA，高为 h。这个小液柱在重力及周围液体压力作用下，处于平衡状态，垂直方向的力平衡方程为 $pdA = p_0dA + \rho gh dA$，因此得

$$p = p_0 + \rho gh \tag{2-10}$$

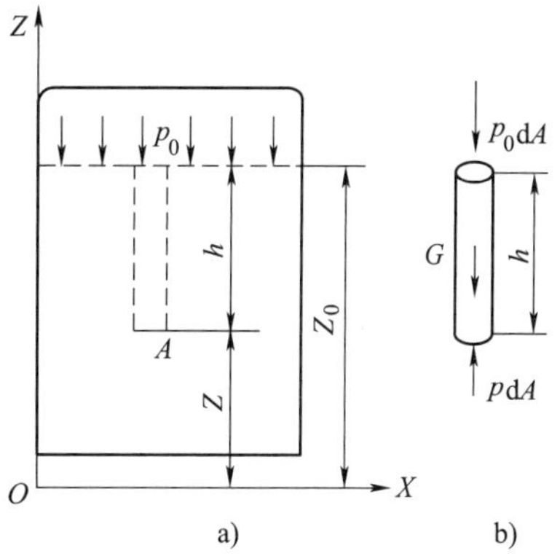

式（2-10）为静力学基本方程。它说明：

图 2-5　静止液体内压力分布规律

1）静止液体内任一点处的压力为液面压力和液柱重力所产生的压力之和。在液压系统中，液面压力是由外力（负载）产生的，比液体自重（ρgh）所产生的压力大得多。因此可把式（2-10）中的 ρgh 项略去，而认为静止液体内部各点的压力处处相等，液体压力由外界负载决定。

2）静止液体内的压力随着深度 h 呈直线规律分布。

3）深度相同处各点的压力都相等。压力相等的所有点组成的面称为等压面。

将式（2-10）按坐标 Z 变换一下，即以 $h = Z_0 - Z$ 代入式（2-10）整理后得

$$p + \rho gZ = p_0 + \rho gZ_0 = 常量 \tag{2-11}$$

$$或 \quad \frac{p}{\rho g} + Z = \frac{p_0}{\rho g} + Z_0 = 常量 \tag{2-12}$$

式（2-11）、式（2-12）是液体静力学基本方程的能量表达形式。其中 Z 实质上表示 A

点的单位重量液体的位能。设 A 点液体质点的质量为 m，重力为 mg，如果质点从 A 点下降到基准水平面，它的重力所做的功为 mgZ。因此 A 处的液体质点具有位置势能 mgZ，单位重量液体的位能就是 $mgZ/mg=Z$，Z 又常称为位置水头。而 $p/\rho g$ 表示 A 点单位重量液体的压力能，常称为压力水头。

3. 压力的表示方法及单位

液体压力有绝对压力、相对压力（表压力）、真空度三种表示方法。以绝对真空为基准零值时所测得的压力，称为绝对压力。以当地大气压力为基准零值时所测得的压力，称为相对压力或表压力。当绝对压力低于大气压力时，称为出现真空。因此，某点的绝对压力比大气压力小的那部分数值称为该点的真空度。绝对压力、相对压力及真空度的关系如图 2-6 所示。

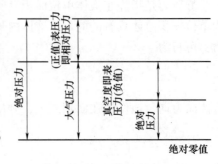

图 2-6　绝对压力、相对压力及真空度的关系

相对压力=绝对压力−大气压力

真空度=大气压力−绝对压力

压力单位为帕（Pa，N/m²）或兆帕（MPa）。1MPa=10^6Pa。

4. 液压力

当承受压力的表面为平面时，液体对该平面的总作用力 F（液压力）为液体的压力 p 与受压面积 A 的乘积，其方向与该平面相垂直。

作用在曲面上的液压力在某一方向上的分力等于静压力与曲面在该方向投影面积的乘积。这一结论对任意曲面都适用。图 2-7 所示为球面和锥面所受液压力分析图，R 为阀芯所受弹簧力、重力等。要计算出球面和锥面在垂直方向受力 F，只要先计算出曲面在垂直方向的投影面积 A，然后再与压力 p 相乘，即

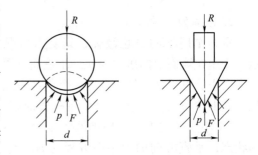

图 2-7　球面和锥面所受液压力分析图

$$F = pA = p\frac{\pi}{4}d^2 \tag{2-13}$$

式中　d——承压部分曲面投影圆的直径。

二、流体动力学

（一）基本概念

1. 理想液体和实际液体

理想液体是指没有黏性、不可压缩的假想液体。具有黏性又可压缩的液体称为实际液体。

2. 定常流动

液体流动时，如果任意点处的压力、流速和密度都不随时间变化，这种流动称为定常流动、恒定流动或稳定流动，否则就是非定常流动。

3. 通流截面

垂直于液体流动方向的截面称为通流截面，也称为过流断面。

4. 流量

单位时间内通过通流截面的液体的体积称为流量，用 q 表示，流量单位为立方米/秒（m^3/s）或升/分（L/min）。

5. 平均流速

实际液体流动中，由于黏性摩擦力的作用，通流截面上流速 u 的分布规律难以确定，因此引入平均流速的概念，即认为通流截面上各点流速分布是均匀的，用 v 来表示

$$v = \frac{q}{A} \tag{2-14}$$

（二）层流、紊流和雷诺数

1. 层流和紊流

英国人雷诺发现液体在管道中流动时存在两种不同状态，即层流和紊流。它们的阻力性质不相同。在液体运动时，如果质点没有横向脉动，不引起液体质点混杂，而是层次分明，能够维持安定的流束状态，这种流动称为层流（图 2-8a）。如果液体流动时质点具有脉动速度，引起流层间质点相互错杂交换，这种流动称为紊流或湍流（图 2-8b）。

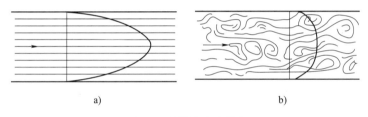

a)   b)

图 2-8　液体的流动状态

2. 雷诺数

液体流动时是层流还是紊流，需用雷诺数来判别。实验证明，液体在圆管中的流动状态不仅与管内的平均流速 v 有关，还和管径 d、液体的运动黏度 ν 有关。决定液流状态的是这三个参数所组成的一个无量纲数，称为雷诺数 Re，即

$$Re = \frac{vd}{\nu} \tag{2-15}$$

液流的雷诺数相同，它的流动状态也相同。液体由层流转变为紊流时的雷诺数和液体由紊流转变为层流时的雷诺数不相同，后者数值小，用作判别液流状态的依据，称为临界雷诺数 Re_c。当液流的雷诺数 Re 小于临界雷诺数 Re_c 时，液流为层流，这时黏性力起主导作用；反之为紊流，惯性力起主导作用。常见液流管道的临界雷诺数由实验求得，见表 2-5。

表 2-5　常见液流管道的临界雷诺数

管道的材料与形状	Re_c	管道的材料与形状	Re_c
光滑的金属圆管	2000~2320	带槽装的同心环状缝隙	700
橡胶软管	1600~2000	带槽装的偏心环状缝隙	400
光滑的同心环状缝隙	1100	圆柱形滑阀阀口	260
光滑的偏心环状缝隙	1000	锥状阀口	20~100

（三）连续性方程

连续性方程是质量守恒定律在流体力学中的应用，如图 2-9 所示。不可压缩流体做定常流动的连续性方程为

$$v_1 A_1 = v_2 A_2 \tag{2-16}$$

由于通流截面是任意取的，则有

$$q = v_1 A_1 = v_2 A_2 = \cdots = v_n A_n = 常数 \tag{2-17}$$

式中　v_1、v_2——管道通流截面 A_1 及 A_2 上的平均流速。

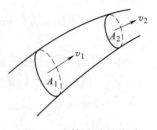

图 2-9　液体连续性流动示意图

上式表明通过管道内任一通流截面上的流量相等，则任一通流截面上的平均流速为

$$v = \frac{q}{A} \tag{2-18}$$

（四）伯努利方程

伯努利方程是能量守恒定律在流体力学中的应用。

1. 理想液体的伯努利方程

理想液体在管内做定常流动时没有能量损失，根据能量守恒定律，同一管道在各个截面上液体的总能量相等。静止液体中任一点的总能量为单位重量液体的压力能 $p/\rho g$ 和位能 Z 之和。对于流动液体，总能量除了以上两项，还有单位重量液体的动能，即 $\frac{1}{2}mv^2/mg = \frac{v^2}{2g}$。

在图 2-10 中，液体在管内做定常流动，任取两个截面 A_1 及 A_2，它们距离基

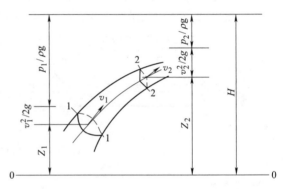

图 2-10　伯努利方程推导简图

准水平标高分别为 Z_1 和 Z_2，平均流速分别为 v_1 和 v_2，压力分别为 p_1 和 p_2。根据能量守恒定律得理想液体的伯努利方程为

$$\frac{p_1}{\rho g} + Z_1 + \frac{v_1^2}{2g} = \frac{p_2}{\rho g} + Z_2 + \frac{v_2^2}{2g} \tag{2-19}$$

式中　$\dfrac{p}{\rho g}$——单位重量液体所具有的压力能，称为压力水头；

　　　Z——单位重量液体所具有的位能，称为位置水头；

　　　$\dfrac{v^2}{2g}$——单位重量液体所具有的动能，称为速度水头。

将式（2-19）中各项乘以 ρg 得

$$p_1 + \rho g Z_1 + \frac{1}{2}\rho v_1^2 = p_2 + \rho g Z_2 + \frac{1}{2}\rho v_2^2 \tag{2-20}$$

式（2-19）应用在排水系统中，式（2-20）应用在液压系统中。

伯努利方程的物理意义为：在密封管道内做定常流动的理想液体在任意一个通流截面上具有三种形式的能量，即压力能、位能和动能，三种能量之和不变，但可以相互转换。它反

映了运动液体的位置高度、压力和流速之间的相互关系。

2. 实际液体的伯努利方程

由于液体存在着黏性，表示为对液体流动的阻力，实际液体的流动要克服这些阻力，造成能量消耗和损失。用平均流速代替实际流速计算动能时会产生偏差，必须引入动能修正系数 α。因此，实际液体的伯努利方程为

$$\frac{p_1}{\rho g} + Z_1 + \frac{\alpha_1 v_1^2}{2g} = \frac{p_2}{\rho g} + Z_2 + \frac{\alpha_2 v_2^2}{2g} + h_{\mathrm{w}} \tag{2-21}$$

或

$$p_1 + \rho g Z_1 + \frac{\alpha_1}{2}\rho v_1^2 = p_2 + \rho g Z_2 + \frac{\alpha_2}{2}\rho v_2^2 + \Delta p_{\mathrm{w}} \tag{2-22}$$

式中　h_{w}——水头高度损失；

　　Δp_{w}——压力损失，$\Delta p_{\mathrm{w}} = \rho g h_{\mathrm{w}}$；

α_1、α_2——动能修正系数，层流时取 2，紊流时取 1。

伯努利方程使用说明如下。

1）顺流向选取 1、2 通流截面，且应选在缓变流上，否则 Δp_{w} 为负值。

2）选特殊位置平面作为高度基准。

（五）动量方程

动量方程是动量定理在流体力学中的具体应用，是研究液体运动时作用在液体上的外力与其动量的变化之间的关系。动量定理为作用在物体上的外力等于物体在单位时间内的动量变化率，即

$$\vec{F} = \frac{m\vec{v_2}}{\Delta t} - \frac{m\vec{v}}{\Delta t} \tag{2-23}$$

如图 2-11 所示，液体在管中做定常流动，流量为 q。取截面 1 和截面 2 之间的液体作为研究对象，截面 1 和截面 2 的截面积分别为 A_1、A_2，平均流速分别为 v_1、v_2。截面 1 和截面 2 之间的液体向右流动，经 Δt 时间后流到截面 1′和截面 2′，截面 1 和截面 2 的位移分别为 $\mathrm{d}S_1$、$\mathrm{d}S_2$。截面 1 和截面 2 之间的液体经 Δt 时间后动量发生改变是由于管道给截面 1 和截面 2 之间的液体一个作用力 $\vec{F}$。从图 2-11 中可以看出，截面 1′和截面 2 之间的液体的动量没有改变。因此，截面 1 和截面 2 之间的液体经 Δt 时间后的动量变化率等于截面 2 和截面 2′之间的液体的动量减去截面 1 和截面 1′之间的液体的动量。

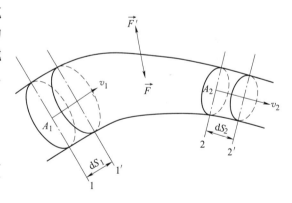

图 2-11　动量变化

设截面 1 和截面 1′之间的液体体积为 V_1，$V_1 = \mathrm{d}S_1 A_1$，质量为 m_1；截面 2 和截面 2′之间的液体体积为 V_2，$V_2 = \mathrm{d}S_2 A_2$，质量为 m_2。则：$V = \mathrm{d}S_1 A_1 = \mathrm{d}S_2 A_2 = v_1 \Delta t A_1 = v_2 \Delta t A_2 = q\Delta t$，$m = m_1 = m_2 = \rho V = \rho q \Delta t$。将 m 代入式（2-23）中，得到流动液体的动量方程为

$$\vec{F} = \rho q \vec{v_2} - \rho q \vec{v_1} = \rho q \beta_2 \vec{v_2} - \rho q \beta_1 \vec{v_1} \tag{2-24}$$

式中　β_1、β_2——平均流速替代实际流速的动量修正系数，层流时取1.33，紊流时取1。

它是一个矢量表达式，液流对通道固体壁面的作用力 $\vec{F'}$ 称为稳态液动力，它与液体所受外力 $\vec{F}$ 大小相等，方向相反。

例：求液流通过滑阀时，对阀芯的轴向作用力的大小，如图2-12所示。

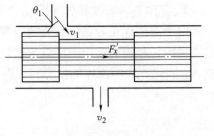

图2-12　滑阀阀芯上的稳态液动力

解：$F_x = \rho q(v_2\cos\theta_2 - v_1\cos\theta_1)$

$\because \theta_2 = 90°$

$\therefore F_x = -\rho q v_1\cos\theta_1$　　（阀芯对液体）

$F'_x = -F_x = \rho q v_1\cos\theta_1$　　（液体对阀芯）

即液流有一个使阀口趋于关闭的力 F'_x，称为稳态液动力。

在液压系统中，液压阀阀芯上所受稳态液动力大都有使滑阀阀口关闭的趋势，流量越大，流速越大，则稳态液动力越大，将增大操纵滑阀所需的力，所以大流量的换向阀采用液动控制或电-液动控制。

三、管道内压力损失的计算

实际黏性液体在流动时存在阻力，为克服阻力就要消耗能量，就有能量损失。液压传动中能量损失主要表现为压力损失。液压系统中的压力损失分为两类：一类是液压油沿等直径直管流动时由液体的内、外摩擦力所引起的压力损失，称为沿程压力损失；另一类是液压油流经局部障碍（如弯头、接头、管道截面突然扩大或收缩）时，由于液流的方向和速度的突然变化，在局部形成漩涡引起液压油质点间以及质点与固体壁面间相互碰撞和剧烈摩擦而产生的压力损失称为局部压力损失。

压力损失过大使液压系统中功率损耗增加，导致液压油发热加剧、泄漏量增加、效率下降、液压系统性能变坏。

（一）沿程压力损失

沿程压力损失主要取决于管路的长度、内径、液体的流速和黏度等。液体的流态不同，沿程压力损失也不同。

1. 层流时的沿程压力损失

在液压传动中，液体的流动状态多数是层流流动，在这种状态下液体流经直管的压力损失可以通过理论计算求得。

（1）液体在通流截面上的速度分布规律　如图2-13所示，液体在半径 R 的圆管中做层

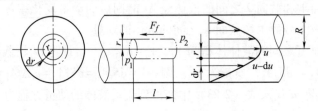

图2-13　圆管中的层流

流运动，圆管水平放置，在管内取一段与管轴线重合的小圆柱体，设其半径为 r，长度为 l。在这一小圆柱体上沿管轴方向的作用力有左端液体压力 p_1、右端液体压力 p_2、圆柱面所受的内摩擦力为 F_f，则其受力平衡方程式为

$$(p_1 - p_2)\pi r^2 - F_f = 0 \tag{2-25}$$

由式（2-4）和式（2-5）可知

$$F_f = 2\pi r l \tau = 2\pi r l\left(-\mu \frac{\mathrm{d}u}{\mathrm{d}r}\right) \tag{2-26}$$

式中　μ——动力黏度。

因速度增量 $\mathrm{d}u$ 与半径增量 $\mathrm{d}r$ 符号相反，则在式中加一负号。另外 $\Delta p = p_1 - p_2$，则得

$$\frac{\mathrm{d}u}{\mathrm{d}r} = \frac{-\Delta p}{2\mu l}r \tag{2-27}$$

对式（2-27）积分及代入边界条件当 $r = R$ 时、$u = 0$，得

$$u = \frac{\Delta p}{4\mu l}(R^2 - r^2) \tag{2-28}$$

可知管内流速 u 沿半径方向按抛物线规律分布，最大流速在轴线上。

（2）管路中的流量　图 2-13 所示抛物体体积是液体单位时间内流过通流截面的体积即流量。经推导，可得通过管道的流量（也是细长孔流量）公式为

$$q = \frac{\pi d^4}{128\mu l}\Delta p \tag{2-29}$$

（3）平均流速　平均流速 v 为

$$v = \frac{q}{A} = \frac{d^2}{32\mu l}\Delta p \tag{2-30}$$

（4）沿程压力损失　在层流状态时，液体流经直管的沿程压力损失为

$$\Delta p_\lambda = \frac{32\mu l v}{d^2} = \frac{64}{Re}\frac{l}{d}\frac{\rho v^2}{2} = \lambda \frac{l}{d}\frac{\rho v^2}{2} \tag{2-31}$$

式中　λ——沿程阻力系数，理论值为 $\lambda = 64/Re$，考虑到油温的影响，光滑金属管取 $\lambda = 75/Re$，橡胶管取 $\lambda = 80/Re$。

可知，在层流状态时，液体流经直管的压力损失与动力黏度、管长、流速成正比，与管径平方成反比。

2. 紊流时的沿程压力损失

紊流是在运动过程中互相渗混和脉动，为极不规则的运动，引起质点间的碰撞，并形成漩涡。紊流能量损失比层流大得多。紊流状态下液体流动的沿程压力损失仍用式（2-31）来计算，λ 值不仅与雷诺数 Re 有关，还与管壁表面粗糙度值有关。对光滑管，当 $2.3\times10^3 < Re < 10^5$ 时，$\lambda = 0.3164Re^{-0.25}$。其他情况的 λ 值可查有关手册。

（二）局部压力损失

液流通过阀口、弯管、通流截面变化等地方时，由于液流方向和速度均发生变化，形成漩涡，使液体的质点间相互撞击，从而产生较大的能量损耗。

局部压力损失可由下式计算，即

$$\Delta p_\zeta = \zeta \frac{\rho v^2}{2} \tag{2-32}$$

式中 ζ——局部阻力系数，一般由实验求得，具体数值可查有关手册。

液体流经各种液压阀的局部压力损失 Δp_v 用以下经验公式计算，即

$$\Delta p_v = \Delta p_n \left(\frac{q}{q_n}\right)^2 \qquad (2\text{-}33)$$

式中 q_n——阀的额定流量；

Δp_n——阀在额定流量下的压力损失（查液压阀的产品样本）；

q——通过阀的实际流量。

（三）管路系统中的总压力损失

管路系统的总压力损失等于所有沿程压力损失和所有局部压力损失之和，即

$$\sum \Delta p = \sum \Delta p_\lambda + \sum \Delta p_\zeta + \sum \Delta p_v \qquad (2\text{-}34)$$

四、小孔及间隙流动

液压系统中常遇到液压油流经小孔及间隙的情况，如节流阀中的节流小孔、液压元件相对运动表面间的各种间隙。讨论液体流经小孔及间隙的流量特性，对正确分析液压元件和系统性能很有必要。

（一）液体流经小孔的流量

小孔根据孔长 l 与孔径 d 的比值分为三种：$l/d \leqslant 0.5$ 时，称为薄壁小孔；$0.5 < l/d \leqslant 4$ 时，称为短孔；$l/d > 4$ 时，称为细长孔。

1. 液体流经薄壁小孔的流量

液体流经薄壁小孔的情况如图 2-14 所示。液流在小孔上游大约 $d/2$ 处开始加速并从四周流向小孔。由于流线不能突然转折到与管轴线平行，在液体惯性的作用下，外层流线逐渐向管轴方向收缩，逐渐过渡到与管轴线方向平行，从而形成收缩截面 A_2。对于圆孔，约在小孔下游 $d/2$ 处完成收缩。取孔前截面 1—1 和收缩的截面 2—2 为计算截面，选轴线为参考基准。由于小孔前管道的通流

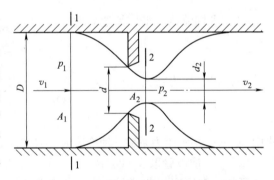

图 2-14 液体流经薄壁小孔的情况

截面积 A_1 比小孔的通流截面积 A_2 大得多，故 v_1 远远小于 v_2，v_1^2 可忽略不计，并设动能修正系数 $\alpha = 1$。则伯努利方程为

$$p_1 = p_2 + \frac{\rho v_2^2}{2} + \zeta \frac{\rho v_2^2}{2} \qquad (2\text{-}35)$$

整理得

$$v_2 = \frac{1}{\sqrt{1+\zeta}} \sqrt{\frac{2}{\rho}(p_1 - p_2)} = C_v \sqrt{\frac{2}{\rho}\Delta p} \qquad (2\text{-}36)$$

式中 C_v——速度系数，$C_v = \frac{1}{\sqrt{1+\zeta}}$；

ζ——收缩截面处局部阻力系数；

Δp——小孔前后压力差，$\Delta p = p_1 - p_2$。

得流经薄壁小孔的流量公式为

$$q = v_2 A_2 = C_v C_c A \sqrt{\frac{2}{\rho} \Delta p} = C_q A \sqrt{\frac{2}{\rho} \Delta p} \tag{2-37}$$

式中 C_q——流量系数，$C_q = C_v C_c$；当液流完全收缩时（$D/d \geqslant 7$），$C_q = 0.60 \sim 0.62$；当液流为不完全收缩时（$D/d < 7$），$C_q = 0.7 \sim 0.8$；

        C_c——收缩系数，$C_c = A_2 / A$；

        A_2——收缩完成处的截面积；

        A——过流小孔截面积。

由上式可知，通过薄壁小孔的流量与液压油的黏度无关，流量受油温变化的影响较小，但流量与孔口前后的压力差呈非线性关系。

2. 液体流经细长孔和短孔的流量

液体流经细长孔时，一般为层流状态，可直接应用前面的直管流量公式即式（2-29）来计算。当孔口直径为 d、截面积为 $A = \pi d^2 / 4$ 时，可写成

$$q = \frac{\pi d^4}{128 \mu l} \Delta p \tag{2-38}$$

由于公式中包含液压油的黏度 μ，因此流量受油温变化的影响较大。

短孔的流量可用式（2-37）计算，但流量系数 $C_q = 0.82$。

各种小孔的流量特性，可用如下通用公式表示，即

$$q = KA \Delta p^m \tag{2-39}$$

式中 m——指数；当孔口为薄壁小孔时，$m = 0.5$；当孔口为细长孔时，$m = 1$；

        K——孔口的节流系数；当孔口为薄壁孔时，$K = C_q \sqrt{2/\rho}$；当孔口为细长孔时，$K = d^2 / 32 \mu l$。

（二）液体流经间隙的流量

液压元件内各零件间有相对运动，必须要有适当间隙。间隙过大，会造成泄漏；间隙过小，会使零件卡死。泄漏分为外泄漏和内泄漏。内泄漏是由压差和间隙造成的，内泄漏的损失转换为热能，使油温升高；外泄漏污染环境，属于故障，两者均影响系统的性能与效率。间隙中的流动一般为层流，一种是压差造成的流动称为压差流动，另一种是由于零件表面相对运动造成的流动称为剪切流动，还有一种是在压差与剪切同时作用下的流动。

1. 流经平行平板的间隙流量

液体流经平行平板间隙的一般情况是既受压差 $\Delta p = p_1 - p_2$ 的作用，同时又受到平行平板间相对运动的作用，如图 2-15 所示。设平板长为 l，宽为 b（图中未画出），两平行平板间的间隙为 h，且 $l \gg h$、$b \gg h$，液体不可压缩，质量力忽略不计，黏度不变。在液体中取一个微元体 $\mathrm{d}x$、$\mathrm{d}y$（宽度方向取单位长），作用在它与液流相垂直的两个表面上的压力为 p 和 $p + \mathrm{d}p$，作用在它与液流相平行的上下两个表面上的切应力为 τ 和 $\tau + \mathrm{d}\tau$，因此它的

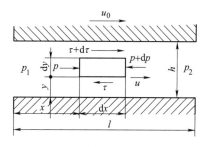

图 2-15   液体流经平行平板的间隙流量图

受力平衡方程为

$$p\mathrm{d}y + (\tau + \mathrm{d}\tau)\mathrm{d}x = (p + \mathrm{d}p)\mathrm{d}y + \tau\mathrm{d}x \tag{2-40}$$

经过整理并将式（2-5）代入后有

$$\frac{\mathrm{d}^2 u}{\mathrm{d}y^2} = \frac{1}{\mu}\frac{\mathrm{d}p}{\mathrm{d}x} \tag{2-41}$$

对上式二次积分及代入边界条件，当 $y=0$ 时，$u=0$；当 $y=h$ 时，$u=u_0$，得速度沿间隙断面的分布规律，并可进一步求得流经平行平板的间隙流量为

$$q = \frac{bh^3}{12\mu l}\Delta p \pm \frac{u_0}{2}bh \tag{2-42}$$

从上式可以看出，通过间隙的流量与间隙的三次方成正比，因此必须严格控制间隙量，以减小泄漏。间隙 h 越小，泄漏功率损失也越小。但是 h 的减小会使液压元件中的摩擦功率损失增大，因而间隙 h 有一个使这两种功率损失之和达到最小的最佳值。

2. 流经圆环状间隙的流量

（1）同心圆环状间隙的流量　图 2-16 所示为流经同心圆环状间隙的流量计算图。其中柱塞直径为 d，间隙为 h，柱塞长度为 l，当间隙 h 与柱塞半径之比远小于 1 时，可将环形间隙间的流动近似地看作是平行平板间隙间的流动，只要将 $b=\pi d$ 代入式（2-42）即可，得

$$q = \frac{\pi dh^3}{12\mu l}\Delta p \pm \frac{\pi dh}{2}u_0 \tag{2-43}$$

（2）偏心圆环状间隙的流量　液压元件中经常出现偏心圆环状的情况，如活塞与液压缸不同心时就形成了偏心圆环状间隙。图 2-17 所示为流经偏心圆环状间隙的流量计算简图。孔半径为 R，其圆心为 O，轴半径为 r，其圆心为 O_1，偏心距为 e，令 $R-r=h_0$（同心时半径间隙量），$e/h_0=\varepsilon$（相对偏心率），则其流量公式为

$$q = \frac{\pi dh_0^3 \Delta p}{12\mu l}(1 + 1.5\varepsilon^2) \pm \pi rh_0 u_0 \tag{2-44}$$

由式（2-44）可以看出，当 $\varepsilon=0$ 即为同心圆环状间隙；当 $\varepsilon=1$，即最大偏心 $e=h_0$ 时，其流量为同心时流量的 2.5 倍，说明液压元件中零件同轴度的重要性，所以常在阀芯上开环形压力平衡槽（均压槽），通过压力作用使其能自动对中，减少偏心，减少泄漏，同时还可以消除液压卡紧现象。

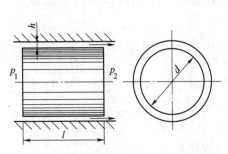

图 2-16　流经同心圆环状间隙的
流量计算图

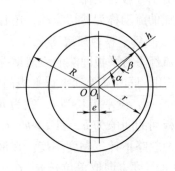

图 2-17　流经偏心圆环状间隙的
流量计算简图

五、液压冲击及空穴现象

（一）液压冲击

在液压系统中，当极快地换向或关闭液压回路时，致使液流速度急速地改变（变向或停止），由于流动液体的惯性或运动部件的惯性，会使系统内的压力产生突然升高或降低，这种现象称为液压冲击（水力学中称为水锤现象）。

发生液压冲击时管路中的冲击压力往往急增很多倍，会使按工作压力设计的管道破裂，所产生的液压冲击波会引起液压系统的振动和冲击噪声，还会使某些元件（如压力继电器、顺序阀）产生误动作。因此，必须采取如下措施，尽量减少液压冲击的影响。

1）缓慢关闭阀门，削减冲击波的强度。

2）在阀门前设置蓄能器，减小冲击波传播的距离。

3）限制管中流速，或采用橡胶软管。

4）在系统中装置溢流阀，可起卸载作用。

（二）空穴现象

一般液压油中溶解有 6%～12% 体积的空气。成溶解状态的气体对液压油体积模量没有影响，成游离状态的小气泡则对液压油体积模量产生显著的影响。当压力低于空气分离压 p_g 时，溶解的气体就分解出来，成为游离微小气泡，使原来充满液压油的管道变为混有许多气泡的不连续状态，这种现象称为空穴现象。液压油的空气分离压随油温及空气溶解度而变化，当油温 $t=50℃$ 时，$p_g<0.04×10^6Pa$（绝对压力）。

当气泡随着液流进入高压区时，气泡急剧破灭，周围液体质点以极大速度来填补这一空间，瞬间局部压力可高达数十兆帕，温度可达近千度。在气泡附近壁面，因反复受到液压冲击与高温作用以及液压油中逸出气体的较强酸化作用，使金属表面产生腐蚀。因空穴产生的腐蚀，一般称为气蚀。气蚀造成的危害如图 2-18 所示。

 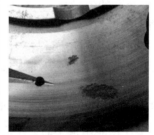

a）缸体气蚀   b）配油盘气蚀

图 2-18 气蚀造成的危害

泵吸入管路由于连接、密封不严使空气进入管道，回油管高出油面使空气冲入油中而被泵吸油管吸入油路以及泵吸油管道阻力过大、流速过高均是造成空穴的原因。此外，当液压油流经节流部位，流速增高，压力降低，在节流部位前后压差 $p_1/p_2≥3.5$ 时，将发生节流空穴。

空穴现象引起系统振动，产生冲击、噪声、气蚀使工作状态恶化，应采取如下措施。

1）限制泵吸油口离油面高度，泵吸油口要有足够的管径，过滤器压力损失要小，自吸能力差的泵要用辅助泵供油。

2）管路密封要好，防止空气渗入。

3）节流口压力降要小，一般控制节流口前后压差比 $p_1/p_2 < 3.5$。

【思考与练习】

一、填空题

1. 我国液压油牌号是以_____℃时液压油_____黏度来表示的。

2. 液压油的温度升高时，部分油会蒸发而与空气混合成油气，该油气所能点火的最低温度称为_____，如继续加热，则会连续燃烧，此温度称为_____。

3. 工作压力较高的系统宜选用黏度_____的液压油，以减少泄漏；反之便选用黏度_____的油。执行机构运动速度较高时，为了减小液流的功率损失，宜选用黏度_____的液压油。

4. 液压油黏度因温度升高而_____，因压力增大而_____。

5. 液压油是液压系统中的传动介质，而且还对液压元件起着_____、_____和防锈等作用。

6. 系统工作压力较_____、环境温度较_____时宜选用黏度较高的液压油。

7. 绝对压力是以_____为基准的压力，相对压力是以_____为基准的压力，真空度定义为绝对压力_____于大气压力的那部分压力值。

8. 液体在管道中存在两种流动状态，_____时黏性力起主导作用，_____时惯性力起主导作用，液体的流动状态可用_____来判断。

9. 流体动力学中流量连续性方程是_____定律在流体力学中的表达形式，而伯努利方程是_____定律在流体力学中的表达形式。

10. 流体流经管道的能量损失可分为_____损失和_____损失。

11. 液体流经薄壁小孔的流量与_____的一次方成正比，与_____的 1/2 次方成正比。通过薄壁小孔的流量对_____不敏感，因此薄壁小孔常用作可调节流阀。

12. 通过固定平行平板间隙的流量与_____一次方成正比，与_____的三次方成正比，这说明液压元件内_____的大小对其泄漏量的影响非常大。

二、判断题

（　　）1. 一个在液体中的物体所受到的浮力实际上就是它所受的液体静压力的合力。

（　　）2. 液压千斤顶能用很小的力举起很重的物体，因而能省功。

（　　）3. 相对压力是绝对压力高于大气压力的部分。

（　　）4. 真空度是绝对压力高于大气压力的部分。

（　　）5. 液体黏度的表示方法有两种形式。

（　　）6. 液压油黏度对温度的变化十分敏感，温度上升时黏度上升。

（　　）7. 液压油的可压缩性很大，严重影响了液压系统运动的平稳性。

（　　）8. 在选用液压油时，通常是依据液压泵的类型和系统的温度来确定液压油的品种。

三、选择题

1. 液体具有的性质为（　　）。

A. 无固定形状而只有一定体积　　　　　B. 无一定形状而只有固定体积

　　C. 有固定形状和一定体积　　　　　　　D. 无固定形状又无一定体积

2. 对液压油黏度影响较大的因素是（　　）。

　　A. 压力　　　　　　B. 温度　　　　　　C. 流量　　　　　　D. 流速

3. 对于黏度指数较大的液压油，其（　　）。

　　A. 黏度随温度变化较大　　　　　　　　B. 黏度随温度变化较小

　　C. 黏度不随温度而变化　　　　　　　　D. 不能确定

4. 若液压系统的工作压力较高时，应选用（　　）的液压油。

　　A. 黏度指数较大　　B. 黏度较大　　　　C. 黏度指数较小　　D. 黏度较小

5. 液压油的黏度较小，则液压系统的（　　）。

　　A. 压力增大　　　　B. 压力损失增大　　C. 流量增大　　　　D. 流量损失增大

6. 我国生产的机械油和液压油采用40℃时的（　　）作为其牌号。

　　A. 动力黏度　　　　B. 恩氏黏度　　　　C. 运动黏度　　　　D. 赛氏黏度

7. 设计合理的液压泵的吸油管应该比排油管（　　）。

　　A. 长些　　　　　　B. 粗些　　　　　　C. 细些

8. 在液压传动中，压力一般是指压强，在国际单位制中，它的单位是（　　）。

　　A. 帕　　　　　　　B. 牛顿　　　　　　C. 瓦　　　　　　　D. 牛·米

9.（　　）是液压传动中最重要的参数。

　　A. 压力和流量　　　B. 压力和负载　　　C. 压力和速度　　　D. 流量和速度

10. 消防队员手握水龙头喷射压力水时，消防队员（　　）。

　　A. 不受力　　　　　B. 受推力　　　　　C. 受拉力

11. 在（　　）工作的液压系统容易发生气蚀。

　　A. 洼地　　　　　　B. 高原　　　　　　C. 平原

12.（　　）又称表压力。

　　A. 绝对压力　　　　B. 相对压力　　　　C. 大气压　　　　　D. 真空度

四、问答题

1. 什么是液压油的黏性？液压油的黏度有哪些？

2. 我国液压油的牌号是如何划分的？

3. 液压油的污染原因有哪些？对液压系统有什么危害？怎样控制液压油的污染？

4. 选用液压油主要应考虑哪些因素？

五、计算题

1. 如图 2-19 所示连通器，中间有一活动隔板 T，已知活塞面积 $A_1 = 1 \times 10^{-3} \mathrm{m}^2$、$A_2 = 5 \times 10^{-3} \mathrm{m}^2$，$F = 200 \mathrm{N}$，$G = 2500 \mathrm{N}$，活塞自重不计，问：

　　1）当中间用隔板 T 隔断时，连通器两腔压力 p_1、p_2 各是多少？

　　2）把中间隔板抽去，使连通器连通时，两腔压力 p_1、p_2 各是多少？力 F 能否举起重物 G？

　　3）当抽去中间隔板 T 后若要使两活塞保持平衡，F 应是多少？

2. 如图 2-20 所示，液压泵的流量 $q = 32 \mathrm{L/min}$，吸油管直径 $d = 20 \mathrm{mm}$，液压泵吸油口距离液面高度 $h = 500 \mathrm{mm}$，液压油密度为 $\rho = 900 \mathrm{kg/m}^3$，忽略压力损失且动能修正系数均为1的

条件下，求液压泵吸油口的真空度。

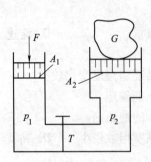

图 2-19　计算题 1 题图

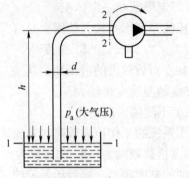

图 2-20　计算题 2 题图

第三单元

液压动力元件

【学习目标】

通过本单元的学习，使学生掌握液压泵的基本工作原理和主要性能参数；掌握齿轮泵、叶片泵和柱塞泵的基本工作原理、结构组成、特点和适用场合；能够规范拆装常见液压泵；了解液压泵常见故障及排除方法。

课题一　液压泵概述

【任务描述】

本课题要求学生掌握液压泵的基本工作原理、类型，了解液压泵的主要性能参数。

【知识学习】

一、液压泵的基本工作原理及特点

1. 液压泵的基本工作原理

图 3-1 所示为最简单的单柱塞液压泵的基本工作原理简图。泵体 3 的内孔和柱塞 2 形成一个密封工作容积 V，柱塞在弹簧 4 的作用下，紧贴在偏心轮 1 的外圆表面上。当偏心轮旋转时，柱塞在泵体内往复运动。柱塞右移时，密封工作容积增大，形成局部真空，油箱中的液体在大气压作用下顶开单向阀 6 的钢球流入泵体内，实现吸油。此时单向阀 5 关闭，防止系统压力液体回流。柱塞左移时，密封工作容积减小，压力增加，密封工作容积内的压力液体顶开单向阀 5 的钢球流入系统，实现排油，此时单向阀 6 关闭，防止液压油流回油箱。偏心轮连续旋转，柱塞周期性地往复移动，液压泵不断地吸油和排油。液压泵是依靠密封工作容积的变化来吸油、排油的，所以称为容积式液压泵。

2. 液压泵基本结构要素

1）具有密封而又可以周期性变化的工作容积。液压泵输出的流量与密封工作容积的变化量和单位时间内的变化次数成正比。

2）具有相应的配流机构。将吸油腔和排油腔隔开，保证液压泵有规律地、连续地吸、排液体。以上两条为液压泵的内部工作条件。

3）油箱内液体的绝对压力必须恒等于或大于一个大气压力。这是容积式液压泵能够吸入液压油的外部条件。

3. 液压泵类型

液压泵按其在单位时间内所能输出的液压油的体积是否可调节分为定量泵和变量泵；按结构形式可分为齿轮泵、叶片泵和柱塞泵等类型。液压泵图形符号如图 3-2 所示。

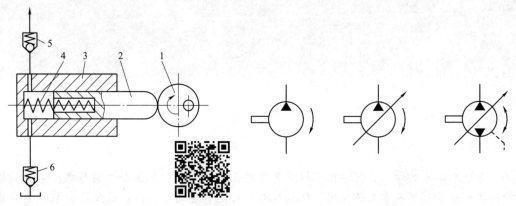

图 3-1　最简单的单柱塞液压泵的基本工作原理简图　　　图 3-2　液压泵图形符号
1—偏心轮　2—柱塞　3—泵体　4—弹簧　5、6—单向阀

二、液压泵的主要性能参数

1. 液压泵的压力

（1）工作压力 p　液压泵实际工作时的输出压力称为工作压力。它的大小取决于外负载和系统的压力损失，通常用工作压力进行各种计算。

（2）额定压力 p_n　液压泵在正常工作条件下，按试验标准规定连续运转的最高压力称为额定压力。额定压力受泵本身的结构强度和泄漏的制约，是选用液压泵的重要参数。

（3）最高允许压力 p_{max}　在超过额定压力的条件下，根据试验标准规定，允许液压泵短暂运行的最高压力称为最高允许压力，一般为额定压力的 1.1 倍。

三种压力之间的关系为 $p \leqslant p_n < p_{max}$。为方便液压元件和系统的设计、选择和使用，我国对压力进行了压力等级划分，见表 3-1。

表 3-1　压力等级划分

压力等级	低压	中压	中高压	高压	超高压
压力/MPa	<6.3	>6.3~10	>10~20	>20~31.5	>31.5

2. 液压泵的排量、流量和容积效率

（1）排量 V_p　液压泵每转一周，由其密封工作容积几何尺寸变化计算而得的排出液体体积称为液压泵的排量。它的常用单位为 mL/r。

排量可调节的液压泵称为变量泵，排量为常数的液压泵称为定量泵。

（2）理论流量 q_{pt} 理论流量是指在不考虑液压泵的泄漏流量的情况下，在单位时间内所排出的液体体积的平均值，即

$$q_{pt} = V_p n_p \tag{3-1}$$

式中 n_p——泵主轴转速（r/min）。

（3）泄漏流量 Δq 泵运转时液体从高压区泄漏到低压区的流量损失称为泄漏流量，即

$$\Delta q = cp \tag{3-2}$$

式中 c——泄漏系数；

p——泵工作压力。

（4）实际流量 q_p 液压泵在某一具体工况下，单位时间内所排出的液体体积称为实际流量，即

$$q_p = q_{pt} - \Delta q \tag{3-3}$$

（5）容积效率 η_{pv} 液压泵容积损失用容积效率表示，它等于液压泵的实际流量 q_p 与其理论流量 q_{pt} 之比，即

$$\eta_{pv} = \frac{q_p}{q_{pt}} = \frac{q_{pt} - \Delta q}{q_{pt}} \tag{3-4}$$

可知泵实际流量 q_p 为

$$q_p = q_{pt}\eta_{pv} \tag{3-5}$$

（6）额定流量 q_n 液压泵在正常工作条件下，按试验标准规定（如在额定压力和额定转速下）必须保证的流量称为额定流量。

3. 机械损失和机械效率

（1）机械损失 ΔT 机械损失是指液压泵在转矩上的损失，即由于液压泵体内相对运动部件之间因机械摩擦而引起的摩擦转矩损失以及液体的黏性而引起的摩擦损失。

（2）机械效率 η_{pm} 液压泵的机械损失用机械效率表示，等于液压泵的理论输入转矩 T_{pt} 与实际输入转矩 T_p 之比，即

$$\eta_{pm} = \frac{T_{pt}}{T_p} = \frac{T_{pt}}{T_{pt} + \Delta T} \tag{3-6}$$

4. 功率和总效率

液压泵的特性曲线如图 3-3 所示。

（1）输入功率 P_{pi} 它是指作用在液压泵主轴上的机械功率。当液压泵实际输入转矩为 T_p、角速度为 ω 时，液压泵输入功率 P_{pi} 为

$$P_{pi} = T_p\omega \tag{3-7}$$

（2）输出功率 P_{po} 它是指液压泵在工作过程中的实际出口压力 p 和实际流量 q_p 的乘积，即

$$P_{po} = pq_p \tag{3-8}$$

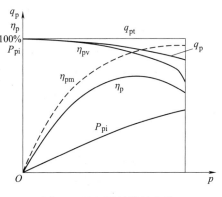

图 3-3 液压泵的特性曲线

（3）总效率 η_p 它是指液压泵的实际输出功率与其输入功率的比值，为

$$\eta_p = \frac{P_{po}}{P_{pi}} = \eta_{pv}\eta_{pm} \tag{3-9}$$

即液压泵总效率 η_p 等于容积效率 η_{pv} 和机械效率 η_{pm} 的乘积。液压泵的输入功率 P_{pi}（即电动机功率）也可写成

$$P_{pi} = \frac{pq_p}{\eta_p} \tag{3-10}$$

课题二　齿　轮　泵

【任务描述】

本课题要求学生掌握齿轮泵的基本工作原理、类型、结构及特点；掌握齿轮泵常见故障及排除方法。

【知识学习】

齿轮泵是液压系统中广泛采用的一种液压泵，具有结构简单、体积小、便于制造和维修、抗液压油污染能力强、价格低等优点。它的缺点是内部泄漏比较大、噪声大、流量脉动大、不能变量。按结构不同，齿轮泵分为外啮合齿轮泵和内啮合齿轮泵。齿轮泵通常用于工作环境比较恶劣的各种中、低压系统中。

一、外啮合齿轮泵

1. 基本工作原理

如图 3-4 所示，泵体内有一对外啮合齿轮，齿轮两侧靠端盖封闭，齿轮的齿顶和啮合线把密封容积隔成两部分，即吸油腔和排油腔。当齿轮按图 3-4 所示方向旋转时，啮合点右侧的轮齿脱开啮合，密封容积由小变大，形成部分真空，油箱里的液压油在大气压力的作用下，通过吸油口被吸入，将齿间槽充满，随着齿轮的旋转，吸入的液压油被齿间槽带入啮合点左侧的排油腔。在排油腔，轮齿进入啮合，密封容积由大变小，液压油受到挤压，从排油口压到系统中。齿轮啮合线将吸油腔和排油腔隔开，起配流作用。

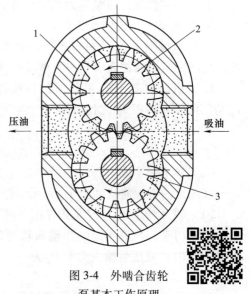

图 3-4　外啮合齿轮
泵基本工作原理
1—泵体　2—主动齿轮　3—从动齿轮

2. 齿轮泵的流量

齿轮泵的排量 $V_p(\text{mL/r})$ 为

$$V_p = \pi DhB = 2\pi zm^2B \times 10^{-3} \tag{3-11}$$

式中　D——齿轮分度圆直径，$D = mz$；

　　　h——有效齿高，$h = 2m$；

　　　B——齿轮宽（mm）；

m——齿轮模数（mm）；

z——齿数。

由于齿轮泵排量公式中没有可变参数，因此，齿轮泵为定量泵。

由于齿槽容积比轮齿体积略大，因此齿轮泵的流量 q_p（L/min）为

$$q_p = 6.66zm^2Bn_p\eta_{pv} \times 10^{-3} \tag{3-12}$$

式中　n_p——齿轮泵转速（r/min）；

η_{pv}——齿轮泵的容积效率。

上式表示的是泵的平均流量，实际上，在齿轮啮合过程中，排油腔的密封容积变化率不是固定不变的，因此齿轮泵的瞬时流量是脉动的。设 q_{max} 和 q_{min} 分别表示齿轮泵的最大、最小瞬时流量，则流量脉动率 δ 为

$$\delta = \frac{q_{max} - q_{min}}{q_p} \times 100\% \tag{3-13}$$

泵的流量脉动率 δ 越小，说明泵的瞬时流量越均匀，泵的流量品质越好。

3. 齿轮泵存在的问题

（1）困油现象　齿轮泵要平稳正常工作，要求齿轮啮合的重合度大于 1，意味着会出现有两对轮齿同时啮合的情况，在两对轮齿的啮合线之间形成了一个封闭的容积 V，其又分为 I、Ⅱ 两部分。在封闭容积减小时，被困液压油受到挤压，压力急剧上升，使轴承突然受到很大的冲击载荷，泵剧烈振动，高压油从缝隙中强行挤出，造成功率损失，使液压油发热。当封闭容积增大时，由于没有液压油补充，因此形成局部真空，原来溶解于液压油中的空气分离出来，形成了气泡，液压油中产生气泡后，会引起噪声、气蚀。这种现象称为困油现象。

解决措施：如图 3-5 所示，通常是在齿轮泵两侧端盖上各铣两个卸荷槽（见图 3-5 中虚线所示），使封闭容积减小时，通过右边的卸荷槽与排油腔相通；封闭容积增大时，通过左边的卸荷槽与吸油腔相通。

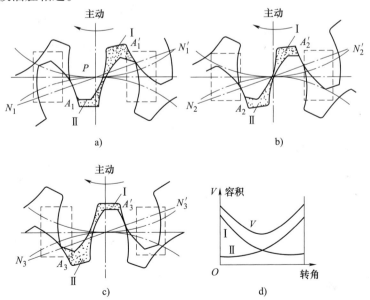

图 3-5　齿轮泵的困油现象及消除方法

（2）径向不平衡力　齿轮泵中的齿轮和轴承承受着径向液压力。如图 3-4 所示，泵的右侧为吸油腔，左侧为排油腔。在排油腔内有液压力作用于齿轮上，沿着齿顶的泄漏油，其压力逐级降低，这样，齿轮和轴承都受到径向不平衡力。压力越高，径向不平衡力越大，不仅加速轴承的磨损，降低轴承的寿命，甚至使轴变形，造成齿顶和泵体内壁的磨损。

解决措施：通常采用缩小排油口直径，使高压油仅作用在一到两个齿的范围内，这样液压油作用于齿轮上的面积减小了，径向不平衡力也相应减小。

（3）齿轮泵的泄漏

齿轮泵存在三条泄漏途径。

1）径向泄漏。齿轮外圆与泵体配合处的间隙泄漏，占 15%～20%。

2）啮合线泄漏。齿轮啮合处的间隙泄漏，占 5%。

3）端面泄漏。齿轮两侧面和两侧盖板间的端面间隙泄漏，占 75%～80%。

端面泄漏是影响齿轮泵容积效率的主要因素。通常高压齿轮泵采用端面间隙自动补偿装置，以减小端面泄漏，提高容积效率。端面间隙自动补偿是采用浮动轴套（图 3-6）或弹性侧板的方法实现。

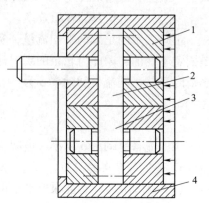

图 3-6　端面间隙自动补偿原理
1—浮动轴套　2—主动齿轮
3—从动齿轮　4—泵体

4. 齿轮泵结构

图 3-7 所示为 CB-B 齿轮泵的结构。

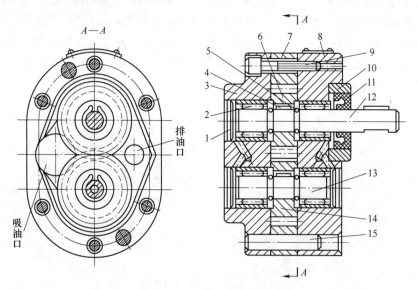

图 3-7　CB-B 齿轮泵的结构
1—压盖　2—滚针轴承　3—后端盖　4—平键　5—卡环　6—主动齿轮　7—泵体　8—前端盖
9—螺钉　10—压环　11—油封　12—主动轴　13—从动轴　14—从动齿轮　15—圆柱销

二、内啮合齿轮泵

内啮合齿轮泵有渐开线齿轮泵和摆线齿轮泵两种。它们的基本工作原理和主要特点与外啮合齿轮泵相同。图 3-8a 所示为内啮合渐开线齿轮泵基本工作原理图。小齿轮 1 是主动齿轮。大、小齿轮间有一块月牙板 3 将泵的吸油腔和排油腔隔开。当小齿轮 1 按图 3-8a 所示方向转动时，内齿轮 2 同向转动。可以看出，腔体 4 是吸油腔，腔体 5 是排油腔。图 3-8b 所示为内啮合摆线齿轮泵基本工作原理图。由配流盘（前、后盖）、外转子 7（从动齿轮）和偏心安置在泵体内的内转子 6（主动齿轮）等组成。内、外转子相差一齿，由于内外转子是多齿啮合，这就形成了若干密封容积。内转子带动外转子做同向旋转，通过配流盘上的吸油窗口 8 和排油窗口 9 进行吸、排油。外转子齿形是圆弧，内转子齿形为短幅外摆线的等距线，故称为内啮合摆线齿轮泵，也称为转子泵。

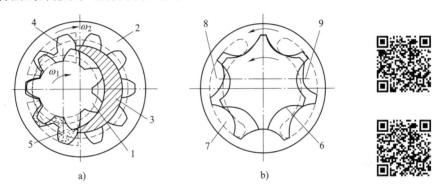

图 3-8 内啮合渐开线和摆线齿轮泵基本工作原理图

1—小齿轮 2—内齿轮 3—月牙板 4—吸油腔 5—排油腔 6—内转子 7—外转子 8—吸油窗口 9—排油窗口

内啮合齿轮泵优点是结构紧凑、体积小、零件少、运动平稳、噪声低、流量脉动小，缺点是齿形复杂、价格较高。

三、齿轮泵常见故障及排除方法（表 3-2）

表 3-2 齿轮泵常见故障及排除方法

故障现象	产生原因	排除方法
泵不排油	1）未接通电源 2）电气故障 3）泵轴反转 4）泵出口单向阀装反或卡死 5）泵吸液腔进入脏物被卡死 6）油箱内液面过低 7）泵的转速太低	1）接通电源 2）检查电气故障并排除 3）改变电动机转向 4）重新安装或检修单向阀 5）拆洗并在吸液口安装精过滤器 6）加油至油位线 7）调整电动机的转速或更换电动机
输油量不足或压力升不高	1）泵的转速太低 2）轴向或径向间隙过大，内泄漏严重 3）连接外泄漏 4）溢流阀产生故障，液压油大量泄入油箱 5）吸液管进油位置太高 6）液压油黏度过大或过小 7）过滤器堵塞	1）更换或调整电动机的转速 2）修配或更换零件 3）紧固各管道连接处螺母 4）检修溢流阀 5）控制吸液管的进油高度不超过 500mm 6）选用合适黏度的液压油 7）清除污物，定期更换液压油或更换滤芯

(续)

故障现象	产生原因	排除方法
噪声大或压力不稳定	1) 泵与电动机间的联轴器同轴度太低 2) 齿轮精度低 3) 零件磨损严重 4) 泵体、泵盖间密封不严 5) 轴端塞子密封不严 6) 卸荷槽尺寸太小，位置不当 7) 吸液管位置太高，回液管高出液面太多 8) 吸液管太长，吸液口过滤器阻塞，导致空气进入 9) 油箱通气孔堵塞 10) 液压油黏度过大	1) 采用弹性连接，控制同轴度 2) 对研齿轮，提高接触精度 3) 更换磨损严重的零件 4) 泵体、泵盖间修磨或更换纸垫 5) 采用塑料塞子并拧紧 6) 更换端盖，修卸荷槽 7) 按说明书要求配置油管 8) 更换或清洗过滤器 9) 清洗通气孔 10) 选用适当黏度的液压油
泵旋转不畅或咬死	1) 轴向或径向间隙过小 2) 泵与电动机间的联轴器同轴度太低 3) 装配不良 4) 压力阀失灵 5) 液压油太脏	1) 修复或更换零件 2) 控制同轴度在 0.1mm 范围内 3) 按要求重新装配 4) 检修压力阀 5) 更换液压油，并采取防止污染的措施
密封圈或压盖有时被冲出	1) 泵中轴向回油孔堵塞 2) 泵体装反方向，使出液口接通卸荷槽而产生压力，将密封圈冲出 3) 密封圈与泵的前盖配合太松	1) 清除污物，重新压入塞子 2) 纠正泵体的安装方向 3) 更换密封圈
发热严重	1) 液压油黏度太大或太小 2) 零件磨损，内泄漏过大 3) 配合间隙太小 4) 油箱散热能力差 5) 泵超负荷运行	1) 选择合适黏度的液压油 2) 修复或更换零件 3) 重新调整、装配 4) 增大油箱容积，改善散热条件 5) 调整压力、转速至规定范围内

课题三 叶 片 泵

【任务描述】

本课题要求学生掌握叶片泵的基本工作原理、类型、结构及特点；掌握叶片泵常见故障及排除方法。

【知识学习】

叶片泵结构较齿轮泵复杂，其流量脉动小、工作平稳、噪声较小、寿命较长，广泛应用于机床、自动线等中低压液压系统中。但叶片泵自吸特性不太好，对液压油的污染较敏感。

按密封工作容积在转子旋转一周吸、排液压油次数的不同，叶片泵分为单作用叶片泵和双作用叶片泵。

一、单作用叶片泵

1. 基本工作原理

图 3-9 所示为单作用叶片泵的基本工作原理图。它主要由转子 2、定子 3、叶片 4 和端盖等组成。定子具有圆柱形内表面，定子和转子间有偏心距 e。叶片装在转子槽中，并可在槽内滑动，当转子回转时，由于离心力的作用，使叶片紧靠在定子内壁，这样在定子、转子、叶片和两侧配流盘间就形成若干个可变的密封工作容积。在吸油腔和排油腔之间，有一段封油区，把吸油腔和排油腔隔开，转子每转一周，每个密封工作容积完成一次吸油和排油。因转子受不平衡径向液压力作用，单作用叶片泵又称为非平衡式叶片泵。由于轴承承受负荷大，压力提高受到

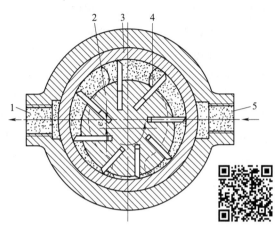

图 3-9 单作用叶片泵的基本工作原理图
1—排油口 2—转子 3—定子 4—叶片 5—吸油口

限制。改变偏心距 e，便可改变泵的排量及流量，所以单作用叶片泵是变量泵。

2. 单作用叶片泵的排量和流量

单作用叶片泵的排量为各密封工作容积在主轴旋转一周时所排出液体体积的总和。单作用叶片泵的排量 $V_p(\text{mL/r})$ 为

$$V_p = 2\pi BeD \qquad (3\text{-}14)$$

式中　e——转子与定子之间的偏心距（mm）；

　　　　B——定子的宽度（mm）；

　　　　D——定子的内径（mm）。

泵实际流量 $q_p(\text{L/min})$ 为

$$q_p = 2\pi BeDn_p\eta_{pv} \times 10^{-3} \qquad (3\text{-}15)$$

式中　n_p——叶片泵转速（r/min）；

　　　　η_{pv}——叶片泵的容积效率。

3. 结构特点

1）定子和转子偏心安置，偏心反向时，吸、排油方向也相反，通常做成变量泵。

2）转子受到不平衡的径向液压力，这种泵不宜用于高压。

3）单作用叶片泵的流量也是脉动的，叶片数越多，流量脉动率越小。此外，奇数叶片的脉动率比偶数叶片的脉动率小。因此，叶片数均为奇数，一般为 13 片或 15 片。

4）为有利于叶片处于吸油侧时在离心力作用下向外伸出，使叶片有一个与旋转方向相反的倾斜角，称为后倾角，一般为 24°。

5）为使叶片顶部可靠地和定子内表面相接触，排油腔一侧的叶片底部通过特殊的沟槽和排油腔相通，吸油腔一侧的叶片底部通过特殊的沟槽和吸油腔相通。这样，叶片槽底部的吸油和排油恰好补偿了叶片厚度及倾角所占据体积而引起的排量和流量的减小，所以在排量计算中不考虑叶片厚度和倾角影响。

二、限压式变量叶片泵

限压式变量叶片泵有外反馈和内反馈两种结构。图 3-10 所示为外反馈限压式变量叶片泵的基本工作原理图。活塞的面积为 A、调压弹簧的刚度 k_s、预压缩量为 x_0 时：当 $pA<k_sx_0$ 时，定子相对于转子的偏心量最大即 e_{max}，输出流量最大，随外负载的增大，液压泵的出口压力 p 也将随之提高，当压力升至与弹簧力相平衡的控制压力 p_c 时，有 $p_cA=k_sx_0$；当压力进一步升高，使 $pA>k_sx_0$，这时，液压作用力就克服弹簧力推动定子向左移动，随之泵的偏心量减小，泵的输出流量也减小；当压力升至最大时，$p_{max}A=k_s(x_0+e_{max})$，泵输出流量为零。$p_c$ 称为泵的限定压力，调节调压螺钉 10 可改变弹簧的预压缩量 x_0，即可改变 p_c 的大小，p_{max} 为泵的最大压力。因此，限压式变量叶片泵对液压系统有安全保护作用。调节螺钉 5 的位置，可改变 e_{max} 的大小。图 3-11 所示为限压式变量叶片泵的特性曲线。

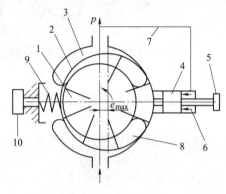

图 3-10　外反馈限压式变量叶片泵的基本工作原理图
1—转子　2—定子　3—吸油窗口　4—活塞　5—螺钉　6—活塞腔
7—通道　8—排油窗口　9—调压弹簧　10—调压螺钉

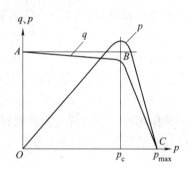

图 3-11　限压式变量叶片泵
的特性曲线

三、双作用叶片泵

1. 基本工作原理

图 3-12 所示为双作用叶片泵的基本工作原理图。它主要由定子、转子、叶片、泵体和配流盘等组成。定子内表面是由两段长半径 R 圆弧、两段短半径 r 圆弧和四段过渡曲线八个部分组成，且定子和转子是同心的。转子旋转时，叶片靠离心力和根部油压作用伸出紧贴在定子的内表面上，叶片与转子的外圆柱面、定子内表面及前后配流盘间形成若干个密封的工作容积。如图 3-12 所示转子顺时针方向旋转时，密封工作腔的容积在左上角和右下角处逐渐增大，形成局部真空而吸油，为吸油腔；在右上角和左下角处逐渐减小而排油，为排油

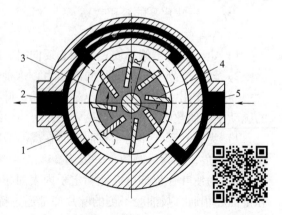

图 3-12　双作用叶片泵的基本工作原理图
1—定子　2—排油口　3—转子　4—叶片　5—吸油口

腔。吸油腔和排油腔之间有一段封油区把它们隔开。这种泵的转子每转一周，每个密封工作腔吸油、排油各两次，称为双作用叶片泵。泵的两个吸油腔和排油腔是径向对称的，作用在转子上的径向液压力平衡，所以又称为卸荷式叶片泵。

2. 双作用叶片泵的排量和流量

在不考虑叶片的厚度和倾角时双作用叶片泵的排量 $V_p(\text{mL/r})$ 为

$$V_p = 2\pi(R^2 - r^2)B \times 10^{-3} \tag{3-16}$$

式中　R——定子长半径圆弧半径（mm）；

　　　r——定子短半径圆弧半径（mm）；

　　　B——定子的宽度（mm）。

泵实际流量 $q_p(\text{L/min})$ 为

$$q_p = 2\pi(R^2 - r^2)Bn_p\eta_{pv} \times 10^{-3} \tag{3-17}$$

式中　n_p——双作用叶片泵转速（r/min）；

　　　η_{pv}——双作用叶片泵的容积效率。

3. 结构特点

1）定子和转子同心安置，做成定量泵。

2）转子受到的径向液压力平衡。

3）定子内表面曲线由两段大圆弧、两段小圆弧和四段过渡曲线组成。过渡曲线应保证：叶片始终紧贴在定子内表面上；叶片在槽内径向运动时，速度和加速度变化均匀；叶片经过圆弧与过渡曲线的连接部分时，不产生刚性冲击。常用的过渡曲线有阿基米德螺旋线、等加速等减速曲线等。

4）采用偶数叶片比采用奇数叶片流量脉动小，当叶片数为4的整数倍时，流量脉动最小。当叶片数为偶数时，可使转子所受径向液压力平衡。叶片数通常为12或16片。

5）为有利于叶片处于排油侧时，在定子内表面作用下顺利缩回并减少磨损，一般使叶片有一个与旋转方向相同的倾斜角，称为前倾角，一般为10°～14°。

6）一般双作用叶片泵的叶片底部通过沟槽5（图3-13）与排油腔相通。

7）图3-13所示为双作用叶片泵配流盘结构，密封工作容积从吸油窗口吸满油进入高压区时，会产生压力突变并引起流量脉动，为此在配流盘开始进入排油腔一侧开一个三角形卸荷槽以避免压力冲击，减小流量脉动。

4. 双作用叶片泵结构

图3-14所示为 YB_1 型双作用叶片泵的结构。

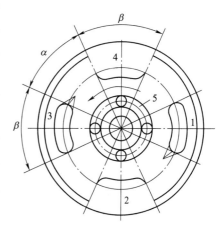

图 3-13　双作用叶片泵配流盘结构
1、3—排油窗口　2、4—吸油窗口　5—沟槽

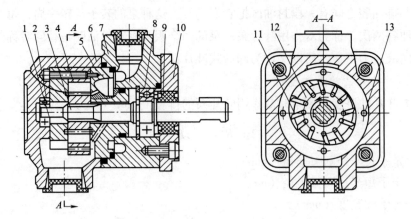

图 3-14　YB₁ 型双作用叶片泵的结构

1—左配流盘　2—轴承　3—传动轴　4—定子　5—右配流盘　6—泵体　7—前泵体　8—轴承

9—油封　10—压盖　11—叶片　12—转子　13—定位螺钉

四、叶片泵常见故障及排除方法（表 3-3）

表 3-3　叶片泵常见故障及排除方法

故障现象	产生原因	排除方法
泵不排油 或无压力	1）电气故障 2）电动机反转 3）叶片在转子槽内配合过紧 4）吸油管及过滤器堵塞 5）液压油黏度过大 6）油箱内液面过低 7）泵体有铸造缺陷，使吸、排油串腔 8）配流盘变形，与壳体接触不良	1）检查电气故障并排除 2）改变电动机的旋转方向 3）检修叶片，使叶片在槽内灵活运动 4）清洗 5）改用适当黏度的液压油 6）加油至油位线 7）调换新的泵体 8）修整配流盘接触面
噪声过大	1）有空气侵入 2）液压油黏度过大 3）转速过高 4）吸油不畅 5）叶片倒角太小，高度不一致 6）轴的密封圈过紧 7）定子曲线面拉毛 8）联轴器同轴度低，紧固部分松动 9）泵的压力过大 10）轴承磨损或损坏	1）检查各连接处及油封情况，检查油箱通气孔和液面高度以及油管长度 2）选用适当黏度的液压油 3）适当降低转速 4）清理吸油油路 5）加大倒角或加工成圆弧形，修磨或更换叶片 6）适当调整密封圈 7）抛光或修磨 8）调整同轴度，紧固螺钉 9）降低压力至规定范围内 10）更换轴承
温升过高	1）泵芯组件径向间隙过小 2）轴向间隙过大，内泄漏严重 3）压力、转速过高，泵超负荷运行	1）调整间隙 2）调整间隙 3）调整压力、转速

课题四　柱　塞　泵

【任务描述】

本课题要求学生掌握轴向柱塞泵的基本工作原理、类型、结构及特点；掌握柱塞泵常见故障及排除方法。

【知识学习】

柱塞泵是靠柱塞在缸体中做往复运动造成密封容积的变化来实现吸油与排油的液压泵，其优点是：

1) 构成密封容积的零件为圆柱形的柱塞和缸孔，加工方便，可得到较高的配合精度，密封性能好，在高压工作仍有较高的容积效率。

2) 只需改变柱塞的工作行程就能改变流量，易于实现变量。

3) 柱塞泵中的主要零件均受压应力作用，材料强度性能可得到充分利用。

它的缺点是结构复杂、价格高、日常维护要求高、对液压油的污染较敏感。

柱塞泵应用在需要高压、大流量、大功率的系统中和流量需要调节的场合，如在龙门刨床、拉床、液压机、工程机械、矿山机械、冶金机械、船舶上得到广泛的应用。

柱塞泵按柱塞的排列和运动方向不同，分为轴向柱塞泵和径向柱塞泵两大类，轴向柱塞泵的柱塞平行于缸体中心线，径向柱塞泵的柱塞垂直于缸体中心线；按配流方式的不同，分为阀配流（缸体不动）、端面配流和轴配流（缸体转动）。

一、轴向柱塞泵

轴向柱塞泵分为斜盘式（直轴式）和斜轴式（摆缸式）两类。斜盘式轴向柱塞泵的主轴轴线和缸体轴线一致；斜轴式轴向柱塞泵的主轴轴线和缸体轴线有一夹角。

1. 斜盘式轴向柱塞泵的基本工作原理

如图 3-15 所示，泵主体由缸体 2、配流盘 4、柱塞 3 和斜盘 1 组成。柱塞沿圆周均匀分

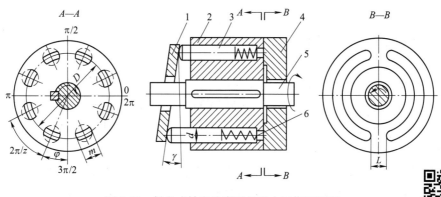

图 3-15　斜盘式轴向柱塞泵的基本工作原理图

1—斜盘　2—缸体　3—柱塞　4—配流盘　5—传动轴　6—弹簧

布在缸体内。斜盘轴线与缸体轴线倾斜一角度，柱塞在弹簧6和油压作用下压紧在斜盘上，配流盘和斜盘固定不转，当原动机通过传动轴5使缸体转动时，由于斜盘的作用，迫使柱塞在缸体内做往复运动，并通过配流盘的配流窗口进行吸油和排油。缸体每转一周，每个柱塞各完成吸、排油一次，如改变斜盘倾角，就能改变柱塞行程的长度，即改变液压泵的排量。改变斜盘倾角方向，就能改变吸油和排油的方向，即成为双向变量泵。

配流盘上吸油窗口和排油窗口之间的密封区宽度应稍大于柱塞缸体底部通油孔宽度。但不能相差太大，否则会发生困油现象。一般在两配流窗口的两端部开有卸荷槽，以减小冲击和噪声。

2. 斜盘式轴向柱塞泵的排量和流量

泵的排量 $V_p(\text{mL/r})$ 为

$$V_p = \frac{\pi}{4}d^2 zD\tan\gamma \times 10^{-3} \tag{3-18}$$

式中　d——柱塞直径（mm）；

　　　z——柱塞数；

　　　D——柱塞分布圆直径（mm）；

　　　γ——斜盘倾角。

泵的实际流量 $q_p(\text{L/min})$ 为

$$q_p = \frac{\pi}{4}d^2 zD\tan\gamma\, n_p\, \eta_{pv} \times 10^{-3} \tag{3-19}$$

式中　n_p——轴向柱塞泵转速（r/min）；

　　　η_{pv}——轴向柱塞泵的容积效率。

轴向柱塞泵输出流量也是脉动的。当柱塞数多且为奇数时，脉动较小，一般轴向柱塞泵的柱塞个数为7、9或11。

3. 结构特点

（1）典型结构　图3-16所示为10SCY14-1B型轴向柱塞泵的结构图。柱塞8的球状头部装在滑靴7内，以缸体15作为支承的中心弹簧14通过钢球17推压回程盘6，回程盘和柱塞滑靴一同转动。在排油过程中借助斜盘4推动柱塞做轴向运动；在吸油时依靠回程盘、钢球和中心弹簧组成的回程装置将滑靴紧紧压在斜盘表面上滑动，这样，泵才具有自吸能力。在滑靴与斜盘相接触的部分有一油室，它通过柱塞中间的小孔与缸体中的工作腔相连，液压油进入油室后在滑靴与斜盘的接触面间形成了一层油膜，起着静压支承的作用，使滑靴作用在斜盘上的摩擦力大大减小，因而磨损也减小。传动轴13通过左边的花键带动缸体旋转，由于滑靴贴紧在斜盘表面上，柱塞在随缸体旋转的同时在缸体中做往复运动。缸体中柱塞底部的密封工作容积是通过配流盘口与泵的进出口相通的。随着传动轴的转动，液压泵就连续地吸油和排油。

（2）变量机构　只要改变斜盘的倾角，即可改变轴向柱塞泵的排量和输出流量。变量泵分为自动和手动变量泵两类。自动变量泵有限压式、恒功率式、恒压式和恒流量式等。

图3-16所示的轴向柱塞泵为手动变量机构。图3-16所示斜盘4前后有两根耳轴支承在变量壳体的两个圆弧导轨上（图3-16中未画出），斜盘可以耳轴中心线为轴心摆动，使其倾

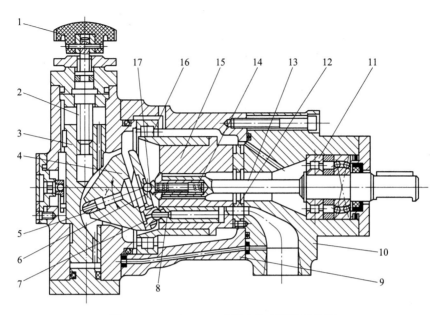

图 3-16　10SCY14-1B 型轴向柱塞泵的结构图

1—调节手轮　2—螺杆　3—变量活塞　4—斜盘　5—销轴　6—回程盘　7—滑靴　8—柱塞　9—中间泵体
10—前泵体　11—轴承　12—配流盘　13—传动轴　14—中心弹簧　15—缸体　16—滚柱轴承　17—钢球

角改变。斜盘中部装有销轴 5，其左侧球形端部插入变量活塞 3 的孔内。转动调节手轮 1，螺杆 2 将带动变量活塞上下移动，变量活塞通过销轴使斜盘摆动，从而达到变量的目的。手动变量机构只能在空载时改变泵的流量，如果要求泵能在高压运转下改变流量，则可用手动伺服变量机构。

图 3-17 所示为手动伺服变量机构的结构。变量机构由缸筒 5、变量活塞 4 和伺服阀 1 等组成。斜盘 3 通过拨叉机构 2 与变量活塞下端铰接，利用变量活塞的上下移动来改变斜盘倾角 γ。当用手柄使伺服阀向下移动时，上面的进油阀口打开，变量活塞也向下移动，变量活塞移动时又使伺服阀上的阀口关闭，最终使变量活塞自身停止运动。同理，当用手柄使伺服阀向上移动时，变量活塞也向上移动。

4. 斜轴式轴向柱塞泵的基本工作原理

如图 3-18 所示，斜轴式轴向柱塞泵的缸体轴线相对传动轴轴线成一倾角，传动轴端部用万向铰链、连杆与缸体中的每个柱塞相连接，当传动轴转动时，通过万向铰链、连杆使柱塞和缸体一起转动，并迫使柱塞在缸体中做往复运动，借助配流盘进行吸油和排油。这类泵的优点是变量范围大、泵的强度较高，但其结构较复杂、外形尺寸和重量均较大。

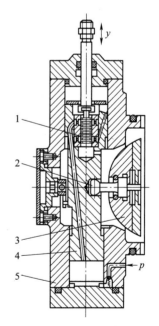

图 3-17　手动伺服变量机构的结构

1—伺服阀　2—拨叉机构　3—斜盘
4—变量活塞　5—缸筒

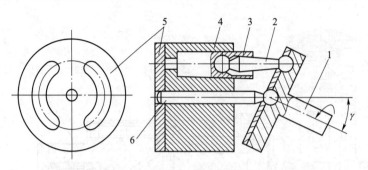

图 3-18 斜轴式轴向柱塞泵的基本工作原理图

1—传动轴 2—连杆 3—柱塞 4—缸体 5—配流盘 6—中心轴

二、径向柱塞泵

图 3-19 所示为径向柱塞泵的基本工作原理图。柱塞 1 径向排列装在转子 2 中，转子（缸体）由原动机带动连同柱塞一起旋转，柱塞在离心力作用下抵紧定子 4 的内壁，定子和转子之间有偏心距 e。衬套 3 是压紧在转子内，并和转子一起回转。配流轴 5 固定不动。当转子在上半周转动时，柱塞向外伸出，径向孔内的密封工作容积逐渐增大，形成局部真空，使油箱中的油经配流轴上半部的两个孔 a 流入。当转子转到下半周时，柱塞向里推入，密封工作容积逐渐减小，将液压油从下半部两个油孔 d 中压出。转子每转一周各柱孔吸油和排油各一次。为了进行配流，在配流轴和衬套接触的一段加工出上下两个缺口，形成吸油口 b 和排油口 c，留下的部分形成封油区。移动定子以改变偏心 e，可以改变泵的排量。

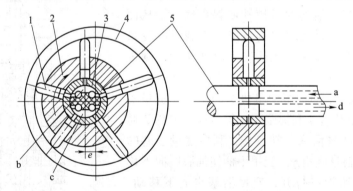

图 3-19 径向柱塞泵的基本工作原理图

1—柱塞 2—转子 3—衬套 4—定子 5—配流轴

三、柱塞泵常见故障及排除方法（表 3-4）

表 3-4 柱塞泵常见故障及排除方法

故障现象	产生原因	排除方法
流量不足或不排油	1）变量机构失灵或斜盘倾角太小 2）回程盘损坏而使盘无法自吸 3）中心弹簧断裂而使柱塞回程不够或不能回程	1）修复调整变量机构或增大斜盘倾角 2）更换回程盘 3）更换弹簧

（续）

故障现象	产生原因	排除方法
泵输出压力不足	1）缸体和配流盘之间、柱塞与缸孔之间严重磨损 2）外泄漏 3）变量机构倾角太小	1）修磨接触面，重新调整间隙或更换配流盘和柱塞等 2）紧固各连接处，更换油封或油封垫等 3）检查变量机构，纠正其调整误差
变量机构失灵	1）控制油路上的小孔被堵塞 2）变量机构中的活塞或弹簧心轴卡死	1）净化液压油，用液压油冲洗或将泵拆开，冲洗控制油路上的小孔 2）若机械卡死应研磨修复，若液压油污染应净化液压油
柱塞泵不转或转动不灵活	柱塞与缸体运动不灵活，甚至卡死、柱塞球头折断，滑靴脱落、磨损严重	修磨配流盘与缸体的接触面，保证接触良好，更换磨损零件

【拓展知识】 液压泵的选用

选择液压泵的原则是：根据主机工况、功率大小和系统对工作性能的要求，首先确定液压泵的类型，然后按系统所要求的压力、流量大小确定其规格型号。通常根据不同的使用场合选择合适的液压泵，机床液压系统中，往往选用双作用叶片泵和限压式变量叶片泵，筑路机械、港口机械以及小型工程机械中往往选择抗污染能力较强的齿轮泵，在负载大、功率大的场合往往选择柱塞泵。各类液压泵的性能比较及应用见表 3-5。

表 3-5 各类液压泵的性能比较及应用

类型项目	齿轮泵	双作用叶片泵	限压式变量叶片泵	轴向柱塞泵	径向柱塞泵
工作压力/MPa	<20	6.3~21	≤7	20~35	10~20
转速范围/(r/min)	300~7000	500~4000	500~2000	600~6000	700~1800
容积效率	0.70~0.95	0.80~0.95	0.80~0.90	0.90~0.98	0.85~0.95
总效率	0.60~0.85	0.75~0.85	0.70~0.85	0.85~0.95	0.75~0.92
功率重量比	中等	中等	小	大	小
流量脉动率	大	小	中等	中等	中等
自吸特性	好	较差	较差	较差	差
对油的污染敏感性	不敏感	敏感	敏感	敏感	敏感
噪声	大	小	较大	大	大
寿命	较短	较长	较短	长	长
单位功率造价	最低	中等	较高	高	高
应用范围	机床、工程机械、农机、航空、船舶、一般机械等	机床、液压机、起重运输机械、工程机械、飞机等	机床、注塑机等	工程机械、锻压机械、起重运输机械、矿山机械、冶金机械、船舶、飞机等	机床、液压机、船舶等

【思考与练习】

一、填空题

1. 液压泵是能量转换装置，它将机械能转换为_____，是液压系统中的动力元件。

2. 液压泵是依靠泵的密封工作容积变化来实现_____的。

3. 液压泵实际工作时的输出压力称为液压泵的_____压力。液压泵在正常工作条件下，按试验标准规定连续运转的最高压力称为液压泵的_____压力。

4. 泵主轴每转一周所排出液体体积的理论值称为_____。

5. 齿轮泵中位于轮齿逐渐脱开啮合的一侧是_____腔，位于轮齿逐渐进入啮合的一侧是_____腔。

6. 为了消除齿轮泵的困油现象，通常在齿轮泵两侧端盖上开_____，使封闭工作容积由大变小时与_____腔相通，封闭工作容积由小变大时与_____腔相通。

7. 单作用叶片泵是_____量泵，而双作用叶片泵是_____量泵。

8. 双作用叶片泵的叶片在转子槽中的安装方向是_____，单作用叶片泵的叶片在转子槽中的安装方向是_____。

二、判断题

（　　）1. 齿轮泵的排油口设计的比吸油口小，是为了减小径向不平衡力。

（　　）2. 外啮合齿轮泵中，轮齿不断进入啮合的一侧的油腔是吸油腔。

（　　）3. 齿轮泵上的卸荷槽是为了解决困油问题而设计的。

（　　）4. 按照结构形式分类，常用的液压泵有两种。

（　　）5. 容积式液压泵之所以能够吸、排油是因为有密闭的工作空间。

（　　）6. 理论上，叶片泵的转子能够正、反方向旋转。

（　　）7. 双作用叶片泵也可以做成变量泵。

（　　）8. 双作用叶片泵的转子每转一周，每个密封工作容积完成两次吸油和排油。

（　　）9. 由于定子与转子偏心安装，改变偏心距可以改变单作用叶片泵的排量。

（　　）10. 单作用叶片泵的叶片角度也需要设置成前倾。

（　　）11. 斜盘式轴向柱塞泵是通过改变斜盘的倾角实现输出流量的变化的。

（　　）12. 轴向柱塞泵的壳体泄漏油口可以直接连接回油箱也可以与液压泵的吸油口连接。

（　　）13. 轴向柱塞泵的吸油口和排油口通径不一样大，吸油口大，排油口小。

（　　）14. 轴向柱塞泵抗污染能力强，使用各种液压油都可以。

（　　）15. 斜盘式轴向柱塞泵由于有回程机构的作用，因此自吸能力差。

（　　）16. 齿轮泵、叶片泵和柱塞泵相比较，柱塞泵最高压力最大，齿轮泵容积效率最低，双作用叶片泵噪声最小。

三、选择题

1. 液压泵的理论流量（　　）实际流量。

    A. 小于   B. 大于   C. 相等   D. 不确定

2. 液压泵主轴每转一周所排出液体体积的理论值称为（　　）。

    A. 理论流量   B. 实际流量   C. 排量   D. 额定流量

3. 液压泵常用的压力中，（　　）是随外负载变化而变化的。

　　A. 工作压力　　　　B. 最高允许压力　　C. 额定压力

4. 齿轮泵泵体的磨损一般发生在（　　）。

　　A. 排油腔　　　　　B. 吸油腔　　　　　　C. 连心线两端

5. 解决齿轮泵困油现象的最常用方法是（　　）。

　　A. 减少转速　　　　B. 开卸荷槽　　　　　C. 加大吸油口　　　D. 减小吸油口

6. 液压泵实际工作时的输出压力称为液压泵的（　　）。

　　A. 最高压力　　　　B. 工作压力　　　　　C. 平均压力　　　　D. 额定压力

7. 双作用叶片泵的定子曲线由几段组成，不包括（　　）。

　　A. 大圆弧　　　　　B. 过渡曲线　　　　　C. 直线　　　　　　D. 小圆弧

8. 叶片泵泄漏的主要途径不包括（　　）。

　　A. 叶片顶部与定子内侧　　　　　　B. 叶片端面与配流盘

　　C. 配流盘高低压区之间　　　　　　D. 泵体与传动轴之间

9. 在选用叶片泵的过程中，主要需要考虑的因素不包括（　　）。

　　A. 额定流量　　　B. 额定压力　　　　C. 额定转速　　　　D. 额定功率

10. 限压式变量叶片泵是利用调节（　　）来实现变量功能。

　　A. 流量调节螺钉　B. 调压螺钉　　　　C. 偏心距　　　　　D. 输出流量

11. 叶片泵在工作中，其旋转方向（　　）。

　　A. 由电动机旋转方向确定　　　　　B. 由液压泵规定旋转方向确定

　　C. 为顺时针方向　　　　　　　　　D. 为逆时针方向

12. 柱塞泵在正常工作过程中，柱塞在缸体内往复运动一次就完成一次（　　）。

　　A. 吸油　　　　　　B. 排油　　　　　　C. 吸油和排油　　D. 空循环

13. 在压力机液压系统中，因其输出力大，需要液压泵压力高、功率大，因此常用（　　）。

　　A. 齿轮泵　　　　　B. 叶片泵　　　　　C. 柱塞泵　　　　　D. 螺杆泵

14. 在机床液压系统中，常用（　　），其特点是压力中等、流量和压力脉动小、输送均匀，工作平稳可靠。

　　A. 齿轮泵　　　　　B. 叶片泵　　　　　C. 柱塞泵

15. 液压泵有定量泵和变量泵之分，下列不能做成变量泵的是（　　）。

　　A. 齿轮泵　　　　　B. 单作用叶片泵　　C. 径向柱塞泵　　D. 轴向柱塞泵

16. 斜盘式轴向柱塞泵，若改变（　　），就能改变液压泵的吸排油方向。

　　A. 斜盘角度　　　　B. 柱塞长短　　　　C. 斜盘倾角方向　　D. 配流盘角度

四、问答题

1. 简述液压泵的基本工作原理；其基本结构要素是什么？

2. 什么叫液压泵的工作压力、额定压力？两者有何关系？

五、计算题

某液压系统，泵的排量 $V_p = 10mL/r$，电动机转速 $n_p = 1200r/min$，泵的输出压力 $p = 7MPa$，泵的容积效率 $\eta_{pv} = 0.92$，总效率 $\eta_p = 0.84$，求泵的实际流量和驱动电动机功率。

第四单元

液压执行元件

【学习目标】

通过本单元的学习，使学生掌握液压缸和液压马达的基本工作原理、种类、结构组成和适用场合；能进行液压缸运动速度和输出力的计算；能够规范拆装液压缸。

课题 液压缸

【任务描述】

本课题主要介绍液压缸的类型、特点、参数计算、适用场合以及典型液压缸结构。

【知识学习】

液压缸是液压系统中的一种执行元件，其功能是将液压能转变成直线运动的机械能。它的结构简单、工作可靠、制造容易、应用广泛。选用液压缸时，首先应考虑活塞杆的长度（由行程决定），再根据回路的最高压力选用适合的液压缸。

一、液压缸的类型和特点

液压缸按供油方向分为单作用液压缸和双作用液压缸。单作用液压缸是单向液压驱动，返回靠外力。双作用液压缸是双向液压驱动，其又分为单活塞杆缸、双活塞杆缸两种形式。液压缸按结构形式分为活塞缸、柱塞缸、摆动缸三类。液压缸按缸的特殊用途分为伸缩缸、串联缸、增压缸、增速缸、步进缸等。

1. 柱塞缸

如图 4-1 所示，柱塞缸为单作用式，只能单向液压驱动，回程运动要靠外力。在龙门刨床、导轨磨床、大型拉床等大行程设备的液压系统中，为了使工作台得到双向运动，柱塞缸常成对使用。柱塞缸中的柱塞和缸筒不接触，运动时由缸盖上的导向套来导向，因此缸筒的内壁不需要精加工。它特别适用于行程较长的场合。

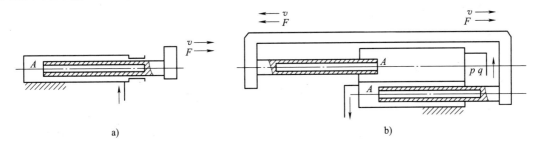

图 4-1　柱塞缸

2. 双作用活塞式液压缸

（1）双杆式活塞缸　它一般由缸筒、缸盖、活塞、活塞杆和密封件等零件构成。根据安装方式不同，双杆式活塞缸可分为缸筒固定式和活塞杆固定式两种。

图 4-2a 所示为缸筒固定式的双杆式活塞缸。它的进、出油口布置在缸筒两端，活塞通过活塞杆带动工作台移动，当活塞的有效行程为 l 时，整个工作台的运动范围为 $3l$，所以机床占地面积大，一般适用于小型机床、工作台行程要求较长的场合。

图 4-2b 所示为活塞杆固定式的双杆式活塞缸。在这种安装形式中，工作台的移动范围只等于液压缸有效行程 l 的两倍，因此占地面积小。进、出油口可以设置在固定不动的空心活塞杆的两端。

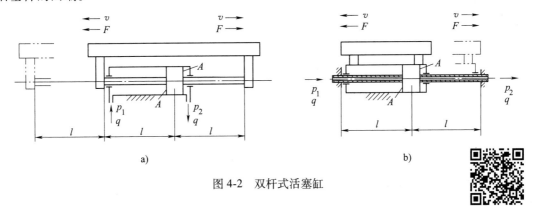

图 4-2　双杆式活塞缸

双杆式活塞缸两端的活塞杆直径通常相等，左、右两腔的有效工作面积也相等，液压缸左、右两个方向输出的力和速度相等。当活塞的直径为 D、活塞杆的直径为 d、液压缸进油腔压力为 p_1、出油腔的压力为零、输入流量为 q 时，双杆式活塞缸输出的力 F 和速度 v 分别为

$$F_1 = F_2 = p_1 \frac{\pi}{4}(D^2 - d^2) \tag{4-1}$$

$$v_1 = v_2 = \frac{4q}{\pi(D^2 - d^2)} \tag{4-2}$$

双杆式活塞缸在工作时，常设计成一个活塞杆是受拉的，而另一个活塞杆不受力。因此，这种液压缸的活塞杆可以做得细些。

（2）单杆式活塞缸　图4-3所示为单杆式活塞缸，活塞只有一端带活塞杆。单杆式活塞缸也有缸筒固定和活塞杆固定两种形式，但它们的工作台移动范围都是活塞有效行程的两倍。

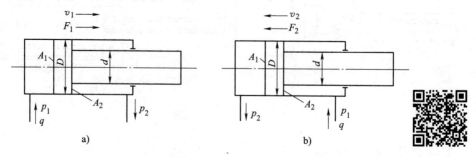

图4-3　单杆式活塞缸

由于液压缸两腔的有效工作面积不等，因此它在两个方向上的输出力和速度也不等，双向输出的力和速度按下式计算，分别为（取出油腔压力 $p_2 = 0$）

$$F_1 = p_1 A_1 = p_1 \frac{\pi}{4} D^2 \tag{4-3}$$

$$F_2 = p_1 A_2 = p_1 \frac{\pi}{4} (D^2 - d^2) \tag{4-4}$$

$$v_1 = \frac{q}{A_1} = \frac{4q}{\pi D^2} \tag{4-5}$$

$$v_2 = \frac{q}{A_2} = \frac{4q}{\pi (D^2 - d^2)} \tag{4-6}$$

由式（4-3）~式（4-6）可知，由于 $A_1 > A_2$，所以 $F_1 > F_2$、$v_1 < v_2$。两个方向上的输出速度 v_2 和 v_1 的比值称为速度比，记作 λ_v，则 $\lambda_v = v_2/v_1 = 1/[1 - (d/D)^2]$。因此

$$d = D\sqrt{(\lambda_v - 1)/\lambda_v} \tag{4-7}$$

在已知 D 和 λ_v 时，可确定 d 值。

（3）差动缸　如图4-4所示，单杆式活塞缸在其左右两腔都接通高压油时称为差动连接。差动连接时活塞推力 F_3 和运动速度 v_3 为

$$F_3 = p_1(A_1 - A_2) = \frac{\pi d^2}{4} p_1 \tag{4-8}$$

$$v_3 = \frac{4q}{\pi d^2} \tag{4-9}$$

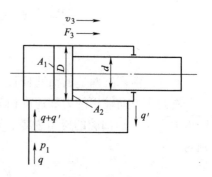

图4-4　差动缸

在差动连接时，液压缸的推力比非差动连接时小，速度比非差动连接时大，可在不加大流量的情况下得到较快的运动速度，这种连接方式被广泛应用于组合机床的液压动力系统和其他机械设备的快速运动中，可实现快进→工进→快退工序。如果要求机

床往返快速相等，即 $v_3 = v_2$，则由式（4-6）和式（4-9）得

$$D = \sqrt{2}\,d \qquad\qquad (4\text{-}10)$$

3. 其他液压缸

（1）增压液压缸　如图 4-5 所示，增压液压缸利用活塞和柱塞有效工作面积的不同使液压系统中的局部区域获得高压。它有单作用和双作用两种形式。当输入活塞缸的液体压力为 p_1、活塞直径为 D、柱塞直径为 d 时，柱塞缸中输出的液体压力为高压，其值为

$$p_2 = p_1 \left(\frac{D}{d}\right)^2 = K p_1 \qquad\qquad (4\text{-}11)$$

式中　K——增压比，它代表其增压程度。

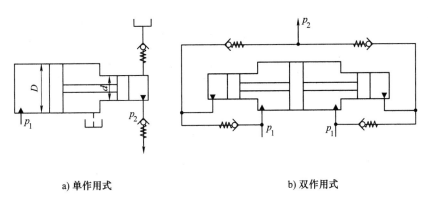

a) 单作用式　　　　　　　　　　　b) 双作用式

图 4-5　增压液压缸

（2）伸缩缸　如图 4-6 所示，伸缩缸由两个或多个活塞缸套装而成，前一级活塞缸的活塞杆内孔是后一级活塞缸的缸筒，伸出时可获得很长的工作行程，缩回时可保持很小的结构尺寸。伸缩缸被广泛用于起重运输车辆上。

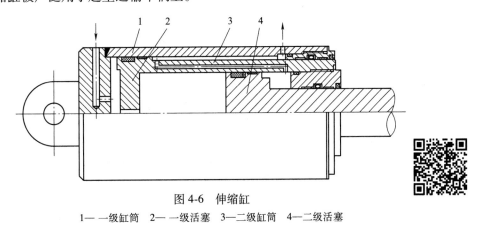

图 4-6　伸缩缸

1——一级缸筒　2——一级活塞　3—二级缸筒　4—二级活塞

伸缩缸的动作是逐级伸出和逐级缩回的。首先是最大直径的缸筒以最低的液压油压力开始外伸，当到达行程终点后，稍小直径的缸筒开始外伸，直径最小的末级缸筒最后伸出。随着工作级数变大，外伸缸筒直径越来越小，工作液压油压力随之升高，工作速度变快。活塞缩回顺序一般是小活塞先缩回、大活塞后缩回，而缩回的速度由快到慢，收缩后液压缸总长

度较短，占用空间较小，结构紧凑。

（3）齿条活塞缸　如图4-7所示，齿条活塞缸由两个活塞缸和一套齿条传动装置组成，活塞的移动经齿轮传动装置变成齿轮的传动，用于实现工作部件的往复摆动或间歇进给运动。

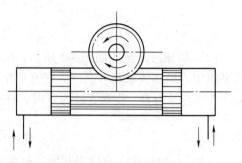

（4）摆动缸　摆动缸分为单叶片式和双叶片式，如图4-8所示。它一般用于回转工作部件的驱动，如机床回转夹具、送料装置等。

1）单叶片摆动缸。若从油口Ⅰ通入高压油，叶片做逆时针摆动，低压油从油口Ⅱ排出。因叶

图4-7　齿条活塞缸

片与输出轴连在一起，则输出轴摆动输出转矩，驱动负载。此类摆动缸的工作压力小于10MPa，摆动角度小于300°。由于径向力不平衡，叶片和壳体、叶片和定子块之间密封困难，限制了其工作压力的进一步提高，从而也限制了输出转矩的进一步提高。

2）双叶片摆动缸。在径向尺寸和工作压力相同的条件下，双叶片摆动缸的回转角度一般小于150°，输出转矩是单叶片摆动缸的2倍。

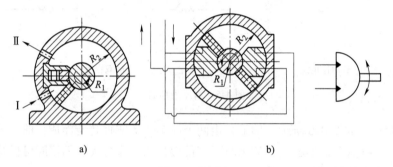

a)　　　　　　　　　　　　　　　　b)

图4-8　摆动缸

二、液压缸结构形式及安装方式

1. 液压缸的典型结构

图4-9所示为双作用单活塞杆液压缸。它是由缸底1、缸筒13、导向套（缸盖）15、活塞11和活塞杆12等组成。缸筒一端与缸底焊接，另一端导向套（缸盖）与缸筒用内卡键19、压盖20和螺钉17固定，以便拆装检修，两端设有油口A和B。活塞与活塞杆利用外卡键4、卡键帽3和弹性挡圈2连在一起。活塞与缸孔的密封采用鼓型密封圈8。由于活塞与缸孔有一定间隙，采用由聚甲醛制成的外导向环6和L型活塞导向环10定心导向。活塞杆和活塞的内孔由O形密封圈9密封。导向套（缸盖）的外径由O形密封圈16密封，而其内孔则由蕾型密封圈14和防尘圈22分别防止液压油外泄漏和灰尘被带入缸内。导向套（缸盖）内孔装有聚甲醛制成的内导向环18对活塞杆起支承导向作用。缸与杆端的销孔与外界连接。

2. 液压缸各部分的结构形式

液压缸结构分为缸筒和缸盖（缸筒组件）、活塞和活塞杆（活塞组件）、密封装置、缓冲装置和排气装置五部分。

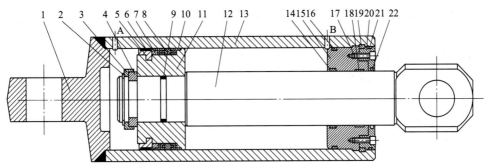

图 4-9　双作用单活塞杆液压缸

1—缸底　2—弹性挡圈　3—卡键帽　4—外卡键　5—半环　6—外导向环　7—支承环　8—鼓型密封圈

9、16、21—O 形密封圈　10—L 型活塞导向环　11—活塞　12—活塞杆　13—缸筒　14—蕾型密封圈

15—导向套（缸盖）　17—螺钉　18—内导向环　19—内卡键　20—压盖　22—防尘圈

（1）缸筒和缸盖　缸筒和缸盖的结构形式与其使用的材料有关。缸筒大多为无缝钢管制成，也有用锻钢（特大直径）、铸钢（离心铸造）或铸铁（工作压力 $p<10\text{MPa}$）等材料制成。图 4-10 所示为缸筒和缸盖的连接形式及其结构。

图 4-10a 所示为法兰连接式，结构简单，容易加工，也容易装拆，但外形尺寸和质量都较大，常用于铸铁制成的缸筒上。

图 4-10b 所示为外卡键（两半环）连接式，其缸筒壁部因开了环形槽而削弱了强度，为此有时要加厚缸壁。它容易加工和装拆，质量较小，常用于无缝钢管或锻钢制成的缸筒上。

图 4-10c 所示为螺纹连接式，其缸筒端部结构复杂，外径加工时要求保证内外径同心，装拆要用专用工具。它的外形尺寸和质量都较小，常用于无缝钢管或铸钢制成的缸筒上。

图 4-10d 所示为拉杆连接式，结构的通用性大，容易加工和装拆，但外形尺寸较大，且较重。

图 4-10e 所示为焊接连接式，结构简单，尺寸小，但缸底处内径不易加工，且可能引起变形。

此外，图 4-9 所示的缸筒和缸盖采用了内卡键（三半环）连接式，结构简单，装拆方便。还有的缸筒和缸盖采用圆形或方形钢丝连接式。

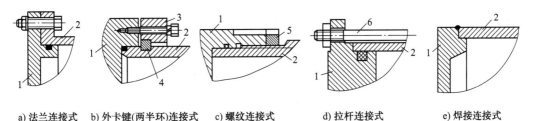

a) 法兰连接式　　b) 外卡键(两半环)连接式　　c) 螺纹连接式　　d) 拉杆连接式　　e) 焊接连接式

图 4-10　缸筒和缸盖的连接形式及其结构

1—缸盖　2—缸筒　3—压板　4—外卡键　5—防松螺母　6—拉杆

（2）活塞和活塞杆　可把短行程液压缸的活塞和活塞杆做成一体，这是最简单的形式。但当行程较长时，这种整体式活塞组件的加工较费事，所以常把活塞和活塞杆分开制造，然后再连接成一体。

图 4-11 所示为螺母连接。它适用于负载较小、受力无冲击的液压缸中。螺母连接虽然结构简单，安装方便可靠，但在活塞杆上车螺纹将削弱其强度。

图 4-12 所示为外卡键（两半环）连接。活塞杆 5 上开有一个环形槽，槽内装有两个半圆环（外卡键 3）以夹紧活塞 4，半圆环由卡键帽 2 套住，而卡键帽的轴向位置用弹性挡圈 1 来固定。

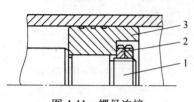

图 4-11　螺母连接
1—活塞杆　2—螺母　3—活塞

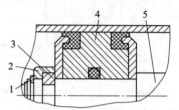

图 4-12　外卡键（两半环）式连接
1—弹性挡圈　2—卡键帽　3—外卡键　4—活塞　5—活塞杆

（3）密封装置　密封装置用来防止液压缸内液压油的内外泄漏以及外界灰尘和异物的侵入。它主要有间隙密封和密封圈密封两种。密封装置优劣直接影响液压缸的工作性能和效率，要求密封装置应具有良好的密封性能、摩擦阻力小、结构简单、制造方便、寿命长、价格低。液压缸的密封主要是指活塞与缸筒、活塞杆与端盖间的动密封和缸筒与端盖间的静密封。

（4）缓冲装置　对大型、高速或要求高的液压缸，为了防止活塞在行程终点时和缸盖相互撞击，引起噪声、冲击，必须设置缓冲装置。

缓冲装置的工作原理是利用活塞或缸筒在其走向行程终点时封住活塞和缸盖之间的部分液压油，强迫它从小孔或细缝中挤出，以产生很大的阻力，使工作部件受到制动，逐渐减慢运动速度，达到避免活塞和缸盖相互撞击的目的。

图 4-13 所示为节流槽式缓冲装置，在缓冲柱塞上开有三角槽，随着柱塞逐渐进入配合孔中，其节流面积越来越小，达到缓冲的目的。

图 4-14 所示为可变节流阀式缓冲装置，由于节流阀是可调的，因此缓冲作用也可调节。

（5）排气装置　液压缸在安装过程中或长

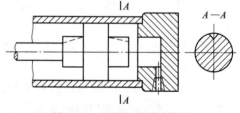

图 4-13　节流槽式缓冲装置

时间停放重新工作时，液压缸里和管道系统中会渗入空气，为了防止执行元件出现爬行、噪声和发热等不正常现象，需把液压缸和系统中的空气排出。一般可在液压缸的最高处设置进、出油口把空气带走，也可在最高处设置专门的排气阀，如图 4-15 所示。

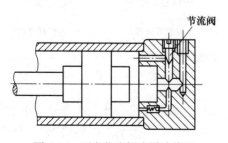

图 4-14　可变节流阀式缓冲装置

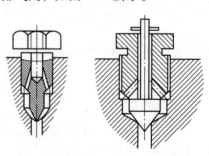

图 4-15　排气阀

【拓展知识】　液压马达

一、液压马达的特点及分类

液压泵和液压马达具有相同的基本结构要素：密封而又可以周期性变化的工作容积和相应的配流机构。理论上液压泵和液压马达可互逆使用，但两者工作情况不同，它们在结构上存在一些差别。

1）液压马达一般需要正反转，内部结构对称，而液压泵一般是单方向旋转且吸油口比排油口的尺寸大。

2）液压马达要求足够大的转速范围，并对最低稳定转速有一定要求。通常采用滚动轴承或静压滑动轴承。

3）液压泵需具备一定自吸能力，液压马达没有这一要求，但需要一定初始密封性，保证必要的起动转矩。

所以，很多类型的液压马达和液压泵不能互逆使用，斜盘式轴向柱塞泵可作为液压马达使用。

液压马达按其结构类型分为齿轮式、叶片式、柱塞式和其他形式；按其排量是否可调节，分为定量马达和变量马达；按其额定转速分为高速马达（额定转速高于 500r/min）和低速马达（额定转速低于 500r/min）两大类。高速液压马达有齿轮式、叶片式和轴向柱塞式等，主要特点是转速较高、转动惯量小、便于起动和制动、调速和换向的灵敏度高、输出转矩小（几十牛·米到几百牛·米）。低速液压马达主要是径向柱塞式，如曲轴连杆式、静

力平衡式和多作用内曲线式等，主要特点是排量大、体积大、转速低（可达每分种几转），可直接与工作机构连接，不需要减速装置，使传动机构大为简化，输出转矩较大（几千牛·米到几万牛·米）。液压马达图形符号如图 4-16 所示。

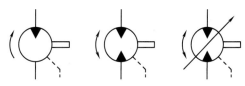

图 4-16　液压马达图形符号

二、液压马达的性能参数

1. 液压马达的排量、流量和容积效率

液压马达轴每转一周，按几何尺寸计算所进入的液体体积，称为马达的排量 V_m，即不考虑泄漏损失时的排量。

液压马达转速 n_m、理论流量 q_{mt} 与排量 V_m 之间具有下列关系，即

$$q_{mt} = n_m V_m \times 10^{-3} \qquad (4-12)$$

式中　q_{mt}——理论流量（L/min）；

　　　　n_m——马达转速（r/min）；

　　　　V_m——马达排量（mL/r）。

由于液压马达内部有泄漏，为了满足转速要求，马达实际流量 q_m 大于理论流量 q_{mt}，则有

$$q_{\mathrm{m}} = q_{\mathrm{mt}} + \Delta q \tag{4-13}$$

式中 Δq——泄漏流量。

液压马达容积效率 η_{mv} 为

$$\eta_{\mathrm{mv}} = \frac{q_{\mathrm{mt}}}{q_{\mathrm{m}}} \tag{4-14}$$

2. 液压马达的转速

液压马达的转速 n_{m} 取决于实际流量 q_{m} 和液压马达本身的排量 V_{m}，可用下式计算，即

$$n_{\mathrm{m}} = \frac{q_{\mathrm{mt}}}{V_{\mathrm{m}}} = \frac{q_{\mathrm{m}}}{V_{\mathrm{m}}} \eta_{\mathrm{mv}} \tag{4-15}$$

3. 液压马达输出的理论转矩

当液压马达进、出油口之间的压力差为 Δp，输入液压马达的理论流量为 q_{mt}，液压马达输出的理论转矩为 T_{mt}，角速度为 ω 时，如果不计损失，液压马达输入的液压功率应当全部转化为液压马达输出的机械功率，即

$$\Delta p q_{\mathrm{mt}} = T_{\mathrm{mt}} \omega \tag{4-16}$$

又因为 $\omega = 2\pi n$，所以液压马达的理论转矩 T_{mt} 为

$$T_{\mathrm{mt}} = \frac{\Delta p V_{\mathrm{m}}}{2\pi} \tag{4-17}$$

式中 Δp——液压马达进、出油口之间的压力差。

4. 液压马达的机械效率和实际输出的转矩

液压马达内部不可避免地存在各种摩擦，实际输出的转矩 T_{m} 总要比理论输出转矩 T_{mt} 小些。马达的机械效率 η_{mm} 为

$$\eta_{\mathrm{mm}} = \frac{T_{\mathrm{m}}}{T_{\mathrm{mt}}} \tag{4-18}$$

马达实际输出的转矩 T_{m} 为

$$T_{\mathrm{m}} = \frac{\Delta p V_{\mathrm{m}}}{2\pi} \eta_{\mathrm{mm}} \tag{4-19}$$

5. 功率和总效率

马达的输入功率 P_{mi} 为

$$P_{\mathrm{mi}} = \Delta p q_{\mathrm{m}} \tag{4-20}$$

马达的输出功率 P_{mo} 为

$$P_{\mathrm{mo}} = 2\pi n T_{\mathrm{m}} \tag{4-21}$$

马达的总效率 η_{m} 为

$$\eta_{\mathrm{m}} = \frac{P_{\mathrm{mo}}}{P_{\mathrm{mi}}} = \frac{2\pi n T_{\mathrm{m}}}{\Delta p q_{\mathrm{m}}} = \eta_{\mathrm{mv}} \eta_{\mathrm{mm}} \tag{4-22}$$

6. 最低稳定转速

最低稳定转速是指液压马达在额定负载下，不出现爬行现象的最低转速。爬行现象就是当液压马达工作转速过低时，往往保持不了均匀的速度，出现时动时停的不稳定状态。最低稳定转速越小越好。

三、高速液压马达

1. 齿轮马达

图 4-17 所示为外啮合齿轮马达的基本工作原理图。图 4-17 中 I 为输出转矩的齿轮，II 为空转齿轮，当高压油输入马达高压腔时，处于高压腔的所有轮齿均受到液压油的作用（如图 4-17 中箭头所示，凡是齿轮两侧面受力平衡的部分均未画出），其中互相啮合的两个齿的齿面，只有一部分处于高压腔。设啮合点 c 到两个齿轮齿根的距离分别为 a 和 b，由于 a 和 b 均小于齿高 h，因此两个齿轮上就各作用一个使它们产生转矩的作用力 $pB(h-a)$ 和 $pB(h-b)$，这里 p 代表输入油压力，B 代表齿宽。在这两个力的作用下，两个齿轮按图 4-17 所示方向旋转，由转矩输出轴输出转矩。随着齿轮的旋转，液压油被带到低压腔排出。

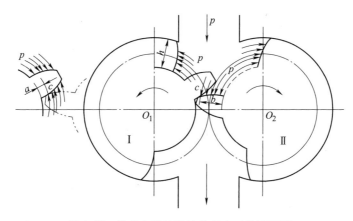

图 4-17　外啮合齿轮马达的基本工作原理图

齿轮马达的结构与齿轮泵相似，但是由于马达与泵的使用要求不同，两者是有区别的。例如，为适应正反转要求，马达内部结构以及进出油道具有对称性，并且有单独的泄漏油管，将轴承部分泄漏的液压油引到壳体外面去，而不能向泵那样由内部引入低压腔。这是因为马达低压腔液压油是由齿轮挤出来的，所以低压腔压力稍高于大气压。若将泄漏液压油由马达内部引入低压腔，则所有与泄漏油道相连部分均承受回油压力，而使轴端密封容易损坏。

2. 叶片马达

图 4-18 所示为叶片马达的基本工作原理图。马达不转时，叶片在其底部燕式弹簧的作用下伸出，头部与定子内表面接触，相邻叶片间形成密封工作容积。当压力为 p 的液压油从进油口进入叶片 1 和 3 之间时，叶片 2 因两面均受液压油的作用所以不产生转矩。叶片 1、3 上，一面作用有高压油，另一面作用有低压油。由于叶片 3 伸出的面积大于叶片 1 伸出的面积，因此作用于叶片 3 上的总液压力大于作用于叶片 1 上的总液压力，于是压力差使转子产生顺时针的转矩。同样道理，液压油进入叶片 5 和 7 之间时，叶片 7 伸出的面积大于叶片 5 伸出的面积，也产生顺时针转矩。这样，就把液压油的压力能转变成了机械能。当输油方向改变时，液压马达就反转。

叶片马达体积小，转动惯量小，因此动作灵敏，可适应的换向频率较高。但它的泄漏较

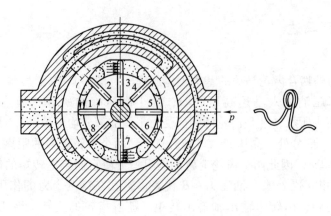

图 4-18　叶片马达的基本工作原理图

大，不能在很低的转速下工作，因此，叶片马达一般用于转速高、转矩小和动作灵敏的场合。

3. 轴向柱塞马达

轴向柱塞马达的基本工作原理图如图 4-19 所示，其结构形式基本上与轴向柱塞泵一样，也分为斜盘式轴向柱塞马达和斜轴式轴向柱塞马达两类。

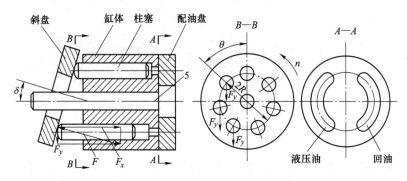

图 4-19　轴向柱塞马达的基本工作原理图

液压油进入液压马达的高压腔之后，工作柱塞便受到油压作用力为 pA（p 为油压力，A 为柱塞面积），通过滑靴压向斜盘，其反作用为 F。F 力分解成两个分力，沿柱塞轴向分力 F_x，与柱塞所受液压力平衡；另一分力 F_y，与柱塞轴线垂直并向下，它与缸体中心线的距离为 R，这个力便产生驱动马达旋转的力矩 T，$T = F_y R$。

四、低速液压马达

低速大转矩液压马达的基本形式有三种，分别是曲轴连杆马达、静力平衡马达和多作用内曲线马达。它广泛用于起重、运输、建筑、矿山和船舶等机械上。

1. 曲轴连杆马达

曲轴连杆式低速大转矩液压马达应用较早，如图 4-20 所示。它由壳体、曲轴、连杆、活塞及配流轴等组成。壳体 1 内沿圆周呈放射状均匀布置了五只缸体，形成星形壳体；缸体内装有活塞 2，活塞 2 与连杆 3 通过球铰连接，连杆大端做成鞍形圆柱瓦面紧贴在曲轴 4 的偏心圆上，液压马达的配流轴 5 与曲轴通过十字键连接在一起随曲轴一起转动，马达的液压油经过配流轴通道，由配流轴分配到对应的活塞液压缸。配流轴过渡密封间隔的方位和曲轴的偏心方向保持一致。

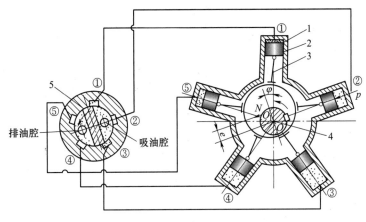

图 4-20 曲轴连杆马达

1—壳体 2—活塞 3—连杆 4—曲轴 5—配流轴

①②③腔通液压油，活塞受到液压油的作用。④⑤腔与排油腔接通。受油压作用的活塞通过连杆对偏心圆中心作用一个力 N，推动曲轴绕旋转中心转动，对外输出转速和转矩。随着驱动轴、配流轴转动，配流状态交替变化。在曲轴旋转过程中，位于高压侧的液压缸容积逐渐增大，而位于低压侧的液压缸的容积逐渐缩小，因此，高压油不断进入液压马达，从低压腔不断排出。

2. 静力平衡马达

静力平衡马达如图 4-21 所示，由曲轴连杆马达改进、发展而来，主要特点是取消了连杆，并在主要摩擦副之间实现了油压静力平衡，改善了工作性能。它在船舶机械、挖掘机、掘进机以及石油钻探机械上广泛使用。

液压马达的偏心轴 5 与曲轴的形式相类似，既是输出轴，又是配流轴。五星轮 3 套在偏心轴 5 的凸轮上，高压油经配流轴中心孔道通到偏心配流部分，然后经五星轮中的径向孔进入液压缸的工作腔内。

3. 多作用内曲线马达

多作用内曲线马达如图 4-22 所示，由定子 1（也称为凸轮环）、转子 2、配流轴 4 与柱塞滚轮组件 3 等主要部件组成。定子 1 是由若干段均布的、形状完全相同的曲面组成，

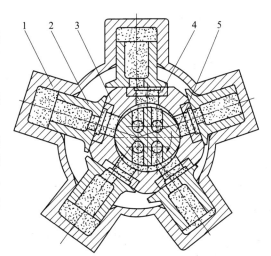

图 4-21 静力平衡马达

1—壳体 2—活塞 3—五星轮 4—压力环
5—偏心轴（配流轴）

每一相同形状的曲面又可分为对称的两边，其中允许柱塞滚轮组件向外伸的一边称为进油工作段，与它对称的另一边称为出油工作段。每个柱塞在液压马达每转中往复的次数等于定子

曲面数 X，X 称为该液压马达的作用次数。转子 2 上有 Z 个柱塞缸孔，每个缸孔的底部都有一进出油窗口，可以和配流轴 4 上的进出油窗口相通。配流轴 4 中间有进油和出油的孔道，配流窗口的位置与曲面的进油工作段和出油工作段的位置相对应，所以在配流轴圆周上有 $2X$ 个均布的径向配流窗口，即 X 个进油窗口、X 个出油窗口，配流轴和定子固定在一起。

高压油经配流轴的进油窗口进入处于进油工作段的各柱塞缸孔中时，使相应的柱塞滚轮组件的滚轮顶在定子曲面上，在接触处，定子曲面给柱塞滚轮组件一反力 N，这反力 N 作用在定子曲面与滚轮接触处的公法面上，此法向反力 N 可分解为径向力和切向力 T，切向力 T 产生的旋转力矩克服负载力矩使转子 2 旋转，通过输出轴驱动工作机构。

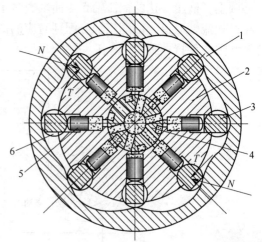

图 4-22　多作用内曲线马达
1—定子　2—转子
3—柱塞滚轮组件　4—配流轴
5—柱塞　6—滚轮

若将液压马达的进出油方向对调，液压马达将反转；若将输出轴固定，则定子、配流轴和壳体将旋转，为壳转型，也称为车轮马达。

【思考与练习】

一、填空题

1. 液压执行元件有＿＿＿＿和＿＿＿＿两种类型，这两者不同点在于：＿＿＿＿将液压能变成直线运动或摆动的机械能，＿＿＿＿将液压能变成连续回转的机械能。

2. 液压缸按结构特点的不同可分为＿＿＿＿缸、＿＿＿＿缸和＿＿＿＿缸三类。液压缸按其作用方式不同可分为＿＿＿＿式和＿＿＿＿式两种。

3. 活塞式液压缸一般由＿＿＿＿、＿＿＿＿、缓冲装置、排气装置和＿＿＿＿装置等组成。选用液压缸时，应先考虑活塞杆的＿＿＿＿，再根据回路的最高＿＿＿＿选用适合的液压缸。

4. 两腔同时输入液压油，利用＿＿＿＿进行工作的双作用单活塞杆液压缸称为差动液压缸。它可以实现＿＿＿＿＿＿的工作循环。

5. ＿＿＿＿式液压缸由两个或多个活塞式液压缸套装而成，可获得很长的工作行程。

二、判断题

（　）1. 液压缸负载的大小决定进入液压缸液压油压力的大小。

（　）2. 改变活塞的运动速度，可以采用改变液压油压力的方法来实现。

（　）3. 液压缸运动速度决定于一定时间内进入液压缸液压油的多少和液压缸推力的大小。

（　）4. 一般情况下，进入液压缸液压油的压力要低于液压泵的输出压力。

（　）5. 如果不考虑液压缸的泄漏，液压缸的运动速度只决定于进入液压缸的流量。

（　　）6. 采用增压缸可以提高系统的局部压力和功率。

（　　）7. 双作用单活塞杆液压缸做慢速运动时，活塞获得推力小；做快速运动时，活塞获得的推力大。

（　　）8. 为实现工作台的往复运动，可成对的使用柱塞缸。

三、选择题

1. 液压缸的种类繁多，（　　）只能用作单作用液压缸。

    A. 柱塞缸   B. 活塞缸   C. 摆动缸   D. 伸缩缸

2. 要求机床工作台往复运动速度相同时，应采用（　　）液压缸。

    A. 双活塞杆   B. 差动   C. 柱塞   D. 单叶片摆动

3. 在液压传动中，液压缸的（　　）决定于流量。

    A. 压力   B. 负载   C. 速度   D. 排量

4. 双作用单活塞杆液压缸两腔有效面积 $A_1 = 2A_2$，液压泵供油流量为 q，如果将液压缸差动连接，活塞实现差动快进，那么进入大腔的流量是（　　）。

    A. $0.5q$ B. $1.5q$ C. $1.75q$ D. $2q$

5. 当输入流量及压力不变时，双作用单活塞杆液压缸的运动速度和推力是（　　）。

    A. 伸出时推力大，速度慢   B. 伸出时推力大，速度快

    C. 伸出时推力小，速度慢   D. 伸出时推力小，速度快

6. 使用增压缸主要是为了提高液压系统的局部（　　）。

    A. 功率   B. 压力   C. 流量   D. 速度

四、问答题

1. 液压泵和液压马达有哪些相同点和差别？

2. 液压缸为什么要设缓冲装置？

五、计算题

1. 如图 4-23 所示，两个相同的液压缸串联起来，两缸的无杆腔和有杆腔的有效工作面分别为 $A_1 = 10 \times 10^{-3} \mathrm{m}^2$、$A_2 = 8 \times 10^{-3} \mathrm{m}^2$，输入的压力 $p = 1.8 \mathrm{MPa}$，输入的流量 $q = 16 \mathrm{L/min}$，所有损失均不考虑，试求：

1）当两缸的负载相等时，可能承担的最大负载 $F(\mathrm{N})$ 为多少？

2）当两缸的负载不相等时，$F_{1\max}(\mathrm{N})$ 和 $F_{2\max}(\mathrm{N})$ 的数值。

3）两缸的活塞运动速度（m/min）各是多少？

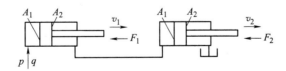

图 4-23　计算题 1 题图

2. 如图 4-24 所示的叶片泵，铭牌参数为 $q = 18 \mathrm{L/min}$、$p = 10 \mathrm{MPa}$，设活塞直径 $D = 90 \mathrm{mm}$，活塞杆直径 $d = 60 \mathrm{mm}$，在不计压力损失且 $F = 9000 \mathrm{N}$ 时，试求：

1）在图示三种情况下压力表的指示压力是多少？$p_2 = 1 \mathrm{MPa}$。

2）在图示三种情况下活塞杆的运动速度是多少？

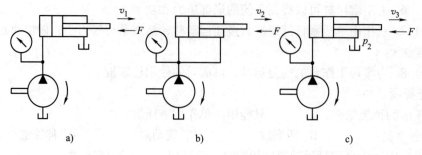

图 4-24　计算题 2 题图

第五单元

液压阀

【学习目标】

通过本单元的学习，使学生掌握方向控制阀、压力控制阀和流量控制阀的基本工作原理、结构特点及应用；能够规范拆装常用液压阀；了解液压阀常见故障的排除方法。

课题一　液压阀概述

【任务描述】

本课题使学生知道液压阀的分类、共同点和基本参数。

【知识学习】

在液压系统中，液压阀是用来控制液压油的压力、流量和流动方向，从而控制液压执行元件的起动、停止、运动方向、速度和作用力等，以满足液压设备对各工况的要求。

1. 液压阀的分类

1）根据在液压系统中的功用分为方向控制阀、压力控制阀和流量控制阀。

2）根据液压阀的控制方式分为定值阀（包括开关控制阀）、电液比例阀、伺服控制阀和数字控制阀。

3）根据阀芯的结构形式分为滑阀、转阀、座阀及喷嘴挡板阀和射流管阀。

4）根据连接和安装形式不同分为管式连接、板式连接、叠加式连接和插装式连接。

2. 液压阀的基本共同点

1）在结构上，所有的阀都是由阀体、阀芯和操纵装置（驱使阀芯动作的元、部件）

组成。

2）在工作原理上，所有阀都是通过改变阀芯与阀体的相对位置来控制和调节液流的压力、流量及流动方向。

3）所有阀的开口大小，阀进、出口间压差以及流过阀的流量之间的关系都符合孔口流量公式，只是各种阀控制的参数各不相同而已。

3. 对液压阀的基本要求

1）动作灵敏，使用可靠，工作时冲击和振动小。

2）液压油流过的压力损失小。

3）密封性能好。

4）结构紧凑，安装、调整、使用、维护方便，通用性大。

4. 液压阀的性能参数

（1）公称通径　公称通径代表液压阀的通流能力大小，是液压阀进、出油口的名义尺寸，对应于液压阀的额定流量。目前我国的中低压阀一般用额定流量表示，如 63L/min，高压阀大多用公称通径表示。与液压阀进、出油口相连接的油管规格应与液压阀的公称通径相一致。液压阀工作时的实际流量应小于或等于其额定流量，不能超过额定流量的 1.1 倍。

（2）额定压力　额定压力（公称压力）是液压阀长期工作所允许的最高工作压力。对于压力控制阀，实际最高工作压力有时还与阀的调压范围有关；对于换向阀，实际最高工作压力还受其功率极限的限制。

课题二　方向控制阀

【任务描述】

本课题使学生掌握方向控制阀的基本工作原理、结构特点及应用和常见故障排除方法。

【知识学习】

方向控制阀的作用是控制流体的流动方向。它是利用阀芯和阀体之间的相对运动来实现油路的接通或断开，以满足系统的要求。方向控制阀包括单向阀和换向阀两类。

一、单向阀

单向阀有普通单向阀和液控单向阀两种。

1. 普通单向阀

普通单向阀是使液压油只能沿一个方向流动，即正向流通，反向截止。单向阀的阀芯有钢球式、锥阀式和平面式三种。目前使用的单向阀大多是锥阀式的。图 5-1 所示为一种管式连接普通单向阀的结构及图形符号。液压油从阀体 1 左端的通口 P_1 流入时，克服弹簧 3 作用在阀芯 2 上的力，使阀芯向右移动，打开阀口，并通过阀芯 2 上的径向孔 a、轴向孔 b 从阀体右端的通口流出。但是当液压油从阀体右端的通口 P_2 流入时，液压力和弹簧力一起使阀芯锥面压紧在阀座上，使阀口关闭，液压油无法通过。

单向阀的基本要求是正向流动时阻力小，反向截止时密封性好，动作灵敏，工作时没有

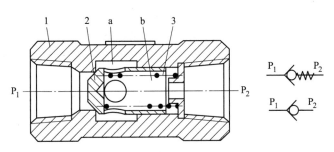

图 5-1　一种管式连接普通单向阀的结构及图形符号
1—阀体　2—阀芯　3—弹簧

撞击和噪声。

普通单向阀的开启压力一般为 0.03~0.05MPa；用作背压阀时，单向阀的开启压力一般为 0.2~0.6MPa。

单向阀的一般用途为：

1）控制油路单向接通。

2）用作背压阀。

3）接在泵的出口处，防止系统液压油向泵倒流或系统过载有液压冲击时影响泵的正常工作或对泵造成损害。

4）分隔油路，防止油路间的干扰。

5）与其他液压阀组合成具有单向控制功能的元件，如单向减压阀、单向顺序阀、单向节流阀和单向调速阀等。

2. 液控单向阀

图 5-2 所示为液控单向阀的结构及图形符号。当控制口 X 处无液压油通入时，它的功能和普通单向阀一样，液压油只能从油口 P_1 流向油口 P_2，不能反向倒流。当控制口 X 有控制液压油时，因控制活塞 1 右侧 a 腔通泄漏油口 L，控制活塞右移，推动顶杆 2 顶开阀芯 3，使油口 P_1 和 P_2 接通，液压油可在两个方向自由流动。控制液压油常从主油路上单独引出，其最小油压为系统主油路油压的 30%~50%。液控单向阀分为有泄漏油口和无泄漏油口两种。

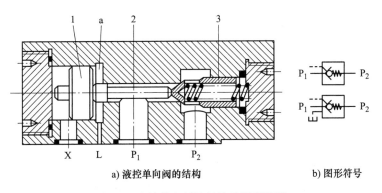

a）液控单向阀的结构　　　　b）图形符号

图 5-2　液控单向阀的结构及图形符号
1—控制活塞　2—顶杆　3—阀芯

在高压系统中，为降低控制油压力，常采用带卸荷阀芯的液控单向阀。这样，控制口 X

的最小油压仅为系统主油路油压的5%左右。

液控单向阀既具有普通单向阀的特点，又可以在一定条件下允许正反向液流自由通过，因此，用液控单向阀可以封闭执行元件的某一腔，使其成为承载腔。它常用于液压系统的保压、锁紧和平衡等回路。

3. 双液控单向阀又称为液压锁

由于液控单向阀具有良好的单向密封性，经常采用液控单向阀对执行机构的进、回油路同时进行锁紧控制，用于防止立式液压缸停止运动时因自重而下滑，保证系统的安全，如工程车的支腿油路系统等。图5-3所示为双液控单向阀的结构及图形符号。当从A口通入液压油时，导通A口与C口油路，同时推动活塞右移，顶开右侧的单向阀，解除D口到B口的反向截止作用；当B通入液压油时，导通B口与D口油路，同时推动活塞左移，顶开左侧的单向阀，解除C口到A口的反向截止作用；而当A口与B口没有液压油作用时，两个液控单向阀都为关闭状态，锁紧C、D两支油路。

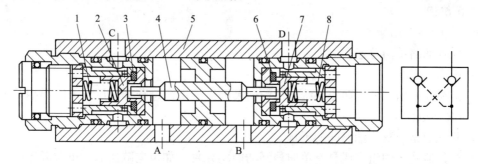

图 5-3　双液控单向阀的结构及图形符号
1、8—弹簧　2、7—单向阀阀芯　3、6—阀垫　4—控制活塞及顶杆　5—阀体

二、换向阀

换向阀是利用阀芯相对于阀体的相对运动，使油路接通、关闭或变换油流的方向，从而使液压执行元件起动、停止或变换运动方向。

1. 换向阀分类

1）按操纵方式分为手动换向阀、机动换向阀、液动换向阀、电磁换向阀、电液动换向阀等。

2）按阀的工作位置数分为二位、三位和多位。

3）按阀的油路通道数分为二通、三通、四通、五通和多通。

4）按阀芯的运动形式分为滑阀和转阀。滑阀应用广泛。

2. "位"数和"通"数

"位"数是指换向阀的工作位置数，即阀芯的可变位置数，用方（或长方）框表示，有几个方框就表示有几"位"。

"通"数是指换向阀与系统油路相连通的油口数目。方框中的箭头表示两油口连通，但不一定为液压油的实际流向；截断符号（"⊥"或"⊤"）表示该油口被阀芯封闭，此路不通。箭头或"⊥""⊤"与方框的交点数有几个即为几"通"。常用"几位几通"表示换向阀的功能。始终和压力液体接通的油口称为压力油口，用P表示；和油箱接通的油口称为回油口，用 T 或 O 表示；和执行元件接通的油口称为工作油口，用 A、B、C、D 等表示；控制油口用 X 表示；泄漏油口用 L 表示。

不同的位数和通数是由阀体上的沉割槽和阀芯上的台肩不同组合形成的，各油口之间的通、断取决于阀芯的不同工作位置。在外力作用下阀芯可以停留在不同的工作位置上。

3. 换向阀的基本工作原理

图 5-4 所示为滑阀式三位四通换向阀的基本工作原理图。当阀芯处于图 5-4 所示位置时，油口 P、A、B 和 T 互不相通，液压缸的活塞和活塞杆停止不动；当阀芯向左移动一定距离时，油口 P 与油口 A 接通、油口 B 与油口 T 接通，液压泵输出的液压油进入液压缸左腔，液压缸的活塞和活塞杆向右运动，液压缸右腔的油液流回油箱；当阀芯向右移动一定距离时，液压油流动方向改变，液压缸的活塞和活塞杆向左运动。

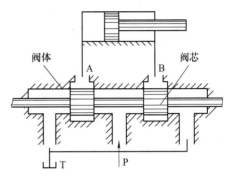

图 5-4 滑阀式三位四通换向阀的
基本工作原理图

4. 换向阀的主体结构

阀体和阀芯是滑阀式换向阀的结构主体。阀芯移动可以停留在不同的工作位置上对执行机构进行方向控制。滑阀式换向阀的部分结构形式见表 5-1。

表 5-1 滑阀式换向阀的部分结构形式

名称	结构原理图	图形符号	说明
二位二通阀	A P	A / P	控制油路的接通与切断（相当于一个开关），有常开式和常闭式两种
二位三通阀	A P B	A B / P	控制液流方向从一个方向变换成另一个方向
二位四通阀	A P B T	A B / P T	不能使执行元件在任意位置停止运动
三位四通阀	A P B T	A B / P T	能使执行元件在任意位置停止运动

（续）

名称	结构原理图	图形符号	说明
二位五通阀			不能使执行元件在任意位置停止运动
		T_1 A P B T_2	
三位五通阀			能使执行元件在任意位置停止运动
		T_1 A P B T_2	

5. 滑阀的中位机能

当三位换向阀的阀芯处于中间位置（即常态位置）时，各油口的连通方式称为中位机能。执行装置停止时，液压系统对中位机能有不同的要求。三位四通换向阀常见的中位机能、型号、符号及其特点见表 5-2。不同的中位机能可以通过改变阀芯的形状和尺寸得到。

在分析和选择三位换向阀的中位机能时，通常考虑以下几点：

1）系统保压。当液压油口 P 被堵塞，系统保压，液压泵能用于多缸并联的系统。当液压油口 P 不太通畅地与回油口 T 接通时（如 X 型），系统能保持一定的压力供控制油路使用。

2）液压泵卸荷。液压油口 P 通畅地与回油口 T 接通时，液压泵卸荷。

3）起动平稳性。阀芯在中位时，液压缸某腔如通油箱，则起动时该腔内因无液压油起缓冲作用，起动不太平稳。

4）液压缸浮动和在任意位置上停止。阀芯在中位，当工作油口 A、B 互通时，液压缸呈浮动状态，液压缸可在外力作用下移动。当工作油口 A、B 封闭时，液压缸可在任意位置处停止。

三位五通换向阀的中位机能与上述相仿。

表 5-2 三位四通换向阀常见的中位机能、型号、符号及其特点

型号	符号	中间位置时的状态	中位油口状况、特点及应用
O 型	A B P T	$T(T_1)$ A P B $T(T_2)$	P、A、B、T 四油口全封闭；液压泵不卸荷，液压缸闭锁；可用于多个换向阀的并联工作
H 型	A B P T	$T(T_1)$ A P B $T(T_2)$	四油口全串通；液压缸处于浮动状态；在外力状态下可移动；液压泵卸荷
Y 型	A B P T	$T(T_1)$ A P B $T(T_2)$	P 口封闭，A、B、T 三油口相通；液压缸浮动，在外力状态下可移动；液压泵不卸荷

（续）

型号	符号	中间位置时的状态	中位油口状况、特点及应用
K型	 A B ↑↓ P T	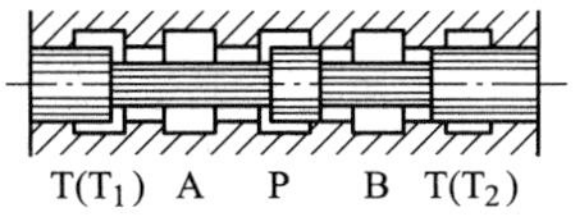 T(T₁) A P B T(T₂)	P、A、T三油口相通，B口封闭；液压缸处于闭锁状态；液压泵卸荷
M型	 A B ↑↓ P T	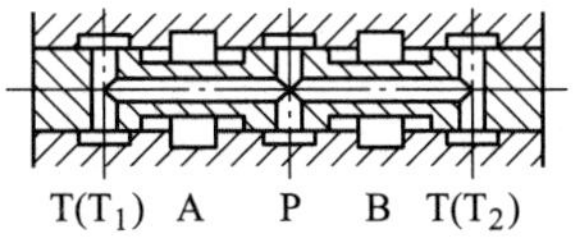 T(T₁) A P B T(T₂)	P、T口相通，A与B口均封闭；液压缸闭锁；液压泵卸荷；可用于多个M型换向阀串联工作
X型	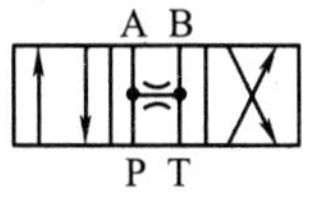 A B ↑↓ P T	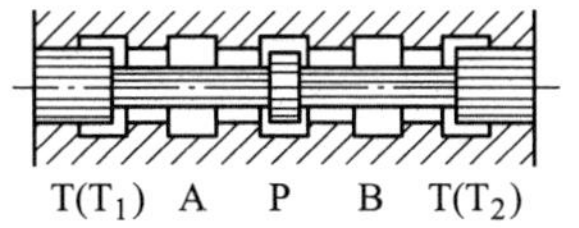 T(T₁) A P B T(T₂)	四油口处于半开启状态；液压泵基本上卸荷，但仍保持一定的控制压力
P型	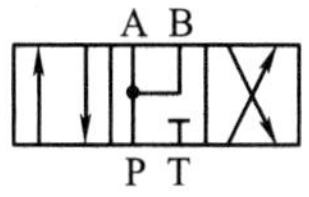 A B ↑↓ P T	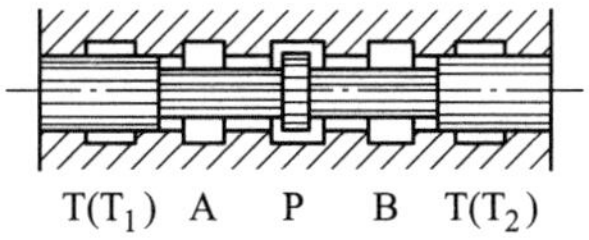 T(T₁) A P B T(T₂)	P、A、B三油口相通，T口封闭；液压缸两腔相通，形成差动连接
J型	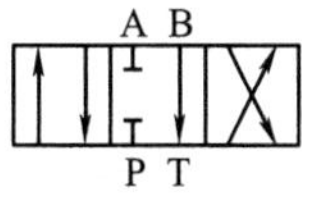 A B ↑↓ P T	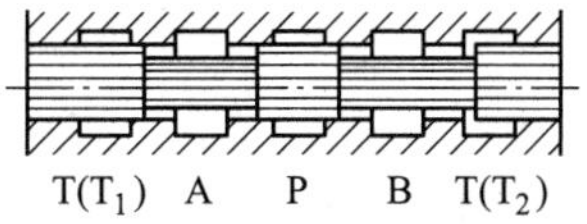 T(T₁) A P B T(T₂)	P与A口封闭，B与T口相通；液压缸停止，在外力作用下可向一边移动；液压泵不卸荷
C型	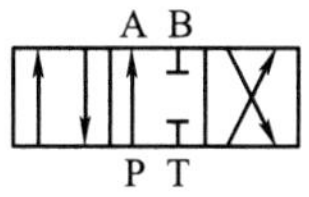 A B ↑↓ P T	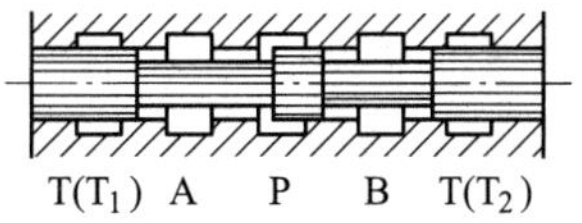 T(T₁) A P B T(T₂)	P与A口相通，B与T口皆封闭；液压缸处于停止位置
U型	 A B ↑↓ P T	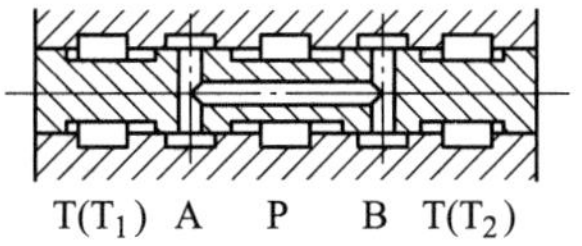 T(T₁) A P B T(T₂)	P与T口都封闭，A与B口相通；液压缸浮动，在外力作用下可移动；液压泵不卸荷

6. 滑阀的操纵方式

滑阀的常用操纵方式如图5-5所示。

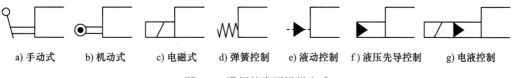

a) 手动式　　b) 机动式　　c) 电磁式　　d) 弹簧控制　　e) 液动控制　　f) 液压先导控制　　g) 电液控制

图5-5　滑阀的常用操纵方式

7. 常见换向阀结构

（1）**手动换向阀**　图5-6所示为手动换向阀的结构及图形符号，放开手柄1，阀芯2在弹簧3的作用下自动回到中位。它适用于动作频繁、工作持续时间短的场合，操作比较安全，常用于工程机械的液压系统中。如果将该阀阀芯左端弹簧3的部位改为可自动定位的结构形式，即成为钢球定位式的手动换向阀。

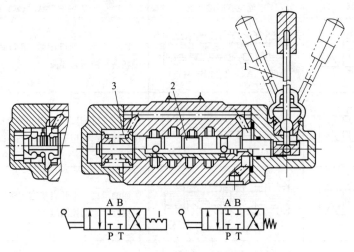

图5-6　手动换向阀的结构及图形符号
1—手柄　2—阀芯　3—弹簧

（2）机动换向阀　机动换向阀又称为行程阀，用来控制机械运动部件的行程。它是借助于安装在工作台上的挡铁或凸轮来迫使阀芯移动，从而控制液压油的流动方向。机动换向阀通常是二位，有二通、三通、四通和五通几种。

图5-7所示为滚轮式二位三通机动换向阀的结构及图形符号。在图5-7所示位置，阀芯2被弹簧1压向上端，油口P和A接通，B口关闭；当挡铁5或凸轮压住滚轮4，使阀芯2移动到下端时，就使油口P和A断开，油口P和B接通，A口关闭。

（3）电磁换向阀　电磁换向阀是利用电磁铁吸力推动阀芯动作以实现液流通、断或改变流向。电磁换向阀操纵方便，布置灵活，易于实现动作转换的自动化，应用广泛。

电磁铁按使用电源的不同，分为交流和直流两种；按衔铁工作腔是否有液压油分为干式和湿式两种。

交流电磁铁电源简单方便，起动力大，但起动电流大，阀芯被卡住时电磁铁线圈容易烧坏。交流电磁铁动作快，换向冲击大，换向频率不能太高，一般为60次/min以下。

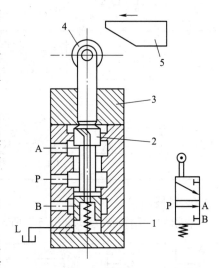

图5-7　滚轮式二位三通机动换向阀的
结构及图形符号
1—弹簧　2—阀芯　3—盖板
4—滚轮　5—挡铁

直流电磁铁具有恒电流特性，电磁铁不能正常吸合时，线圈一般也不会被烧坏，工作可靠性好，寿命长，换向冲击小，换向频率高，一般可允许300次/min，一般采用低电压，使用时较为安全。还有一种本整型电磁铁，其电磁铁是直流的，但电磁铁本身带有整流器，通入的交流电经整流后再供给直流电磁铁。另外，还有油浸式电磁铁，衔铁和激磁线圈都浸在液压油中工作，寿命更长，工作更平稳可靠。

图 5-8 所示为干式电磁铁结构图。干式电磁铁结构简单、造价低、品种多、应用广泛。但为了保证电磁铁不进油，在阀芯推杆 4 处设置了密封圈 3，此密封圈所产生的摩擦力，消耗了部分电磁推力，同时也限制了电磁铁的使用寿命。

图 5-9 所示为湿式电磁铁结构图。由图 5-9 可知，电磁换向阀推杆 1 上的密封圈被取消，换向阀端的液压油直接进入衔铁 4 与导磁导套缸 3 之间的空隙处，使衔铁在允分润滑的条件下工作，工作条件得到改善。油槽 a 的作用是使衔铁两端油室互相连通，又存在一定的阻尼，使衔铁运动平稳。线圈 2 安放在导磁导套缸的外面不与液压油接触，其寿命大大提高。

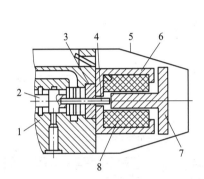

图 5-8　干式电磁铁结构图

1—阀体　2—阀芯　3—密封圈　4—推杆
5—外壳　6—定铁心　7—衔铁　8—线圈

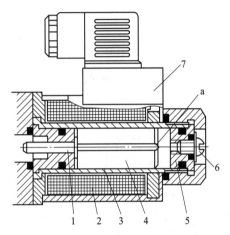

图 5-9　湿式电磁铁结构图

1—推杆　2—线圈　3—导磁导套缸　4—衔铁
5—挡板　6—放气螺钉　7—插头组件

图 5-10 所示为某电磁换向阀的压力损失曲线。一般阀体铸造流道中的压力损失比机械加工流道中的压力损失小。

图 5-11 所示为二位三通交流电磁换向阀的结构及图形符号。在图 5-11 所示位置，油口 P 和 A 相通，油口 B 断开；当电磁铁通电吸合时，推杆 1 将阀芯 2 推向右端，这时油口 P 和 A 断开，而与 B 相通。而当电磁铁断电释放时，弹簧 3 推动阀芯复位。

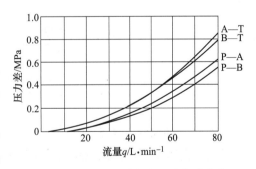

图 5-10　某电磁换向阀的压力损失曲线

图 5-12 所示为三位四通直流电磁换向阀的结构及图形符号。

（4）球式电磁换向阀　球式电磁换向阀是以钢球作为阀芯的一种座阀式电磁换向阀，以电磁铁的推力为动力，推动钢球来实现油路的通断和切换。图 5-13 所示为二位三通常闭式球式电磁换向阀的结构及图形符号。当电磁铁 8 断电时，P 口封闭，A 口与 T 口连通。当电磁铁 8 通电后，通过杠杆 1 和推杆 3 给球阀芯 5 一个向右的力，使 T 口封闭，P 口和 A 口连通，实现油路换向。在煤矿井下液压支架的电液控液压系统中，二位三通常闭式球式电磁阀用作操纵阀的先导阀。

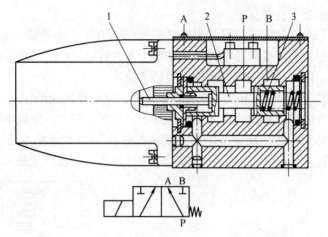

图 5-11　二位三通交流电磁换向阀的结构及图形符号
1—推杆　2—阀芯　3—弹簧

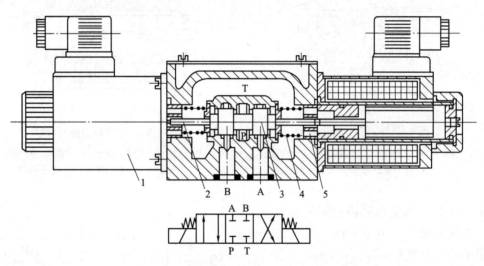

图 5-12　三位四通直流电磁换向阀的结构及图形符号
1—电磁铁　2—推杆　3—阀芯　4—弹簧　5—挡圈

（5）液动换向阀　图 5-14 所示为三位四通液动换向阀的结构及图形符号。

液动换向阀是利用控制油路的液压油来改变阀芯位置的换向阀。阀芯是由其两端密封腔中液压油的压差来移动的。当控制油路的液压油从阀右边的控制油口 X_2 进入液动换向阀右腔时，X_1 接通回油，阀芯向左移动，使液压油口 P 与 B 相通，A 与 T 相通；当 X_1 接通液压油，X_2 接通回油时，阀芯向右移动，使得 P 与 A 相通，B 与 T 相通；当 X_1、X_2 都通回油时，阀芯在两端弹簧和定位套作用下回到中间位置。

（6）电液动换向阀　在大中型液压设备中，当通过阀的流量较大时，作用在滑阀上的摩擦力和稳态液动力较大，而电磁换向阀的电磁铁推力相对较小，需要用电液动换向阀来代替电磁换向阀。电液动换向阀是由电磁换向阀（Y 型）和液动换向阀组合而成。电磁换向阀起先导作用，它可以改变控制液流的方向，从而改变液动换向阀阀芯的位置。由于操纵液

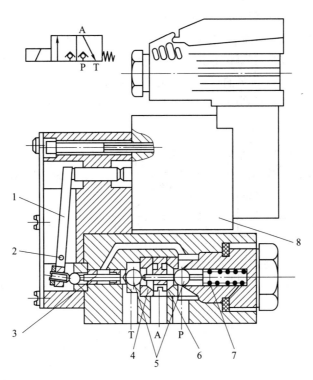

图 5-13　二位三通常闭式球式电磁换向阀的结构及图形符号
1—杠杆　2—支点　3—推杆　4—左阀座　5—球阀芯　6—右阀座　7—弹簧　8—电磁铁

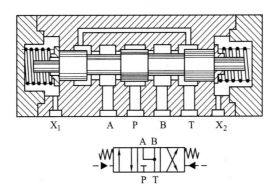

图 5-14　三位四通液动换向阀的结构及图形符号

动换向阀的液压推力可以很大，所以主阀芯的尺寸可以做得很大，允许有较大的液压油流量通过。这样用较小的电磁铁就能控制较大的液流。

图 5-15 所示为弹簧对中型三位四通电液动换向阀的结构及图形符号。当先导电磁换向阀左边的电磁铁通电后使其阀芯向右边位置移动，来自主阀 P 口或外接油口的控制液压油可经先导电磁换向阀的 A′口和左单向阀进入主阀左端容腔，并推动主阀阀芯向右移动，这时主阀右端容腔中的控制液压油可通过右边的节流阀经先导电磁换向阀的 B′口和 T′口，再从主阀的 T 口或外接油口流回油箱（主阀阀芯的移动速度可由右边的节流阀调节），使主阀 P 与 A、B 与 T 的油路相通。反之，由先导电磁换向阀右边的电磁铁通电，可使 P 与 B、A

与 T 的油路相通。当先导电磁换向阀的两个电磁铁均不带电时，先导电磁换向阀阀芯在其对中弹簧作用下回到中位，此时来自主阀 P 口或外接油口的控制液压油不再进入主阀芯的左、右两容腔，主阀阀芯左右两腔的液压油通过先导电磁阀中间位置的 A′、B′两油口与先导电磁阀 T′口，再从主阀的 T 口或外接油口流回油箱。主阀阀芯在两端对中弹簧的预压力的推动下，依靠阀体定位，准确地回到中位，此时主阀的 P、A、B 和 T 油口均不通。

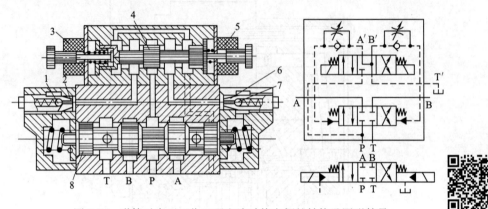

图 5-15 弹簧对中型三位四通电液动换向阀的结构及图形符号

1、7—单向阀 2、6—节流阀 3、5—电磁铁 4—电磁换向阀阀芯 8—主阀阀芯

电液动换向阀按控制液压油及回油方式分为外供外排、外供内排、内供外排、内供内排四种形式。

三、方向控制阀常见故障及排除方法（表 5-3）

表 5-3 方向控制阀常见故障及排除方法

故障现象		产生原因	排除方法
换向阀	阀芯不动或不到位	1）滑阀卡住 ① 阀芯与阀孔配合间隙过小或装配不同心 ② 阀芯和阀体几何形状误差大、阀芯表面有杂质或毛刺 ③ 液压油过脏、液压油变质、液压油温过高 ④ 弹簧过硬、变形或断裂	① 修理 ② 研修或更换阀芯 ③ 过滤、更换液压油 ④ 更换弹簧
		2）液控阀控制油路故障 ① 控制油压过小或无控制液压油 ② 节流阀关闭或堵塞 ③ 阀芯两端泄油口没有接回油箱或泄油管堵塞	① 提高控制压力或通入控制液压油 ② 检查、清洗节流口 ③ 将泄油口接回油箱或清洗泄油管
		3）电磁铁故障 ① 电磁铁烧毁 ② 电压过低或漏磁、电磁铁推力不足 ③ 电磁铁接线焊接不牢 ④ 推杆过长或过短	① 检查烧毁原因，更换电磁铁 ② 检查电源或漏磁原因 ③ 重新焊接 ④ 修复，必要时换推杆

（续）

故障现象		产生原因	排除方法
普通单向阀	不起单向作用	1）阀体或阀芯变形、阀芯有毛刺或液压油污染使阀芯卡死 2）弹簧漏装	1）研修、去毛刺或清洁液压油 2）安装弹簧
	阀与阀座泄漏严重	1）阀座锥面密封不严 2）阀芯或阀座拉毛	1）重新研配 2）重新研配
液控单向阀	反向时打不开	1）控制油压力过小或无控制液压油 2）单向阀或控制阀芯卡死 3）泄油管接错或堵塞	1）提高控制压力或通入控制液压油 2）清洗、修配 3）重接或清洗泄油管

课题三　压力控制阀

【任务描述】

本课题使学生掌握压力控制阀的基本工作原理、结构特点及应用和常见故障排除方法。

【知识学习】

在液压系统中，用来控制系统压力或利用压力为信号控制其他元件动作的液压阀称为压力控制阀。压力控制阀都是利用作用在阀芯上的液压力和弹簧力相平衡的原理工作的。根据结构和功用的不同，压力控制阀可分为溢流阀、减压阀、顺序阀、压力继电器等。

一、溢流阀

溢流阀在液压系统中有两个作用：①保持系统的压力基本恒定，起稳压溢流作用（调压阀），常用于定量泵系统中，常和流量控制阀配合使用；②限制系统最高压力，起过载保护作用，常用于变量泵系统。

1. 溢流阀的基本结构及其基本工作原理

溢流阀按结构形式分为直动式和先导式两种。

（1）直动式溢流阀　图 5-16 所示为直动式溢流阀的结构及图形符号。它是依靠系统中的液压油直接作用在阀芯上的液压力 P（$P=pA$，p——进口压力，A——阀芯作用面积）与弹簧力 F_s 相平衡，以控制阀芯的启闭动作。

当进口压力 p 较低，液压力 $pA<F_s$（忽略阀芯自重、摩擦力和液动力等阻力）时，阀芯在弹簧的作用下压紧在阀座上，阀口关闭，没有液压油溢流回油箱；当压力 p 升高到 $pA>F_s$ 时，阀芯上升，阀口打开，部分液压油溢流回油箱，限制进口压力 p 继续升高。

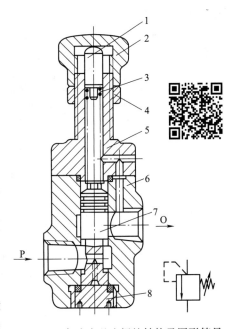

图 5-16　直动式溢流阀的结构及图形符号

1—调节螺钉　2、4—螺母　3—弹簧
5—阀体　6—阀座　7—阀芯　8—螺堵

当溢流阀稳定工作时，作用在阀芯上的力处于平衡状态，即 $pA = F_s$，此时阀口保持一定的开度，系统压力调定为 $p \approx F_s/A$。如果由于外负载等因素的影响，使系统压力升高，超过调定值，则阀口开度 x 增大，溢流阻力减小，使系统压力降低到调定值；反之，如果系统压力低于调定值，则阀口开度 x 减小，溢流阻力增大，使系统压力升高至调定值。由于阀口开度 x 的变化很小，作用在阀芯上的弹簧力 F_s 的变化也很小，可近似地将其视为常数，故系统压力 p 被控制在调定值附近基本保持不变，从而使系统压力近于恒定。为使阀芯上边弹簧腔的液体不影响阀芯动作，弹簧腔的液体要引到油箱。由于溢流阀的出口为回油口，只要在阀体上开通道使弹簧腔与溢流阀的出口相通即可，因此，溢流阀的泄油方式为内泄方式。

直动式溢流阀一般只用于压力小于 6.3MPa 的低压小流量场合，在中高压系统中作为安全阀用，但阀芯通常为锥阀结构。

（2）先导式溢流阀　在中、高压和大流量的组合机床、工程机械等液压系统中，常采用先导式溢流阀。先导式溢流阀是由先导阀和主阀组成。先导阀用以控制和调节溢流阀进口压力，主阀用于控制主油路的溢流。

图 5-17 所示为先导式溢流阀的结构及图形符号。先导阀是一个小规格的直动型溢流阀，而主阀阀芯常为锥形阀芯，上面开有阻尼孔 5。当进油口压力升高到作用在先导阀上的液压力大于先导阀弹簧作用力时，先导阀打开，液压油就可通过阻尼孔、经先导阀流回油箱，由于阻尼孔的作用，使主阀阀芯上端的液压力 p_2 小于下端液压力 p_1，当这个压力差作用在主阀阀芯上的力超过主阀弹簧力 F_s、轴向稳态液动力 F_{bs}、摩擦力 F_f 和主阀芯自重 G 之和时，主阀芯开启，液压油从进油口 P 流入，经主阀阀口由回油口 T 流回油箱，实现溢流，即有

$$\Delta p = p_1 - p_2 > \frac{F_s + F_{bs} + G \pm F_f}{A} \tag{5-1}$$

式中　A——主阀芯作用面积。

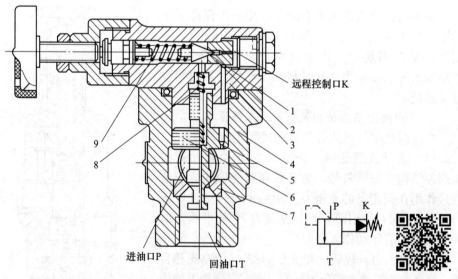

图 5-17　先导式溢流阀的结构及图形符号

1—先导阀阀芯　2—先导阀阀座　3—先导阀阀体　4—主阀阀体　5—阻尼孔
6—主阀阀芯　7—主阀阀座　8—主阀弹簧　9—先导阀弹簧

由于液压油通过阻尼孔而产生的 p_1 与 p_2 之间的压差值不太大，所以主阀芯只需一个小刚度的复位弹簧即可；先导阀弹簧 9 的调压弹簧力除以先导阀阀芯面积即为先导阀的开启压力 p_2，由于先导阀阀芯一般为锥阀，受压面积较小，所以用一个刚度不太大的弹簧即可调整较高的开启压力 p_2；因通过先导阀的流量很小，造成先导阀开口和变化量都很小，所以开启压力 p_2 基本不变，使溢流阀进油口压力 p_1 基本不变，达到溢流稳压的目的。用螺钉调节先导阀弹簧的预紧力，就可调节溢流阀的溢流压力。更换不同刚度的调压弹簧，便能得到不同的调压范围。

先导式溢流阀的阀体上有一个远程控制口 K，当将此口通过二位二通阀接通油箱时，主阀芯上端的弹簧腔压力接近于零，主阀芯在很小的压力下便可移动到上端，阀口开至最大，这时系统的液压油在很低的压力下通过阀口流回油箱，实现液压泵卸荷的作用。如果将 K 口接到另一个远程调压阀上（其结构和溢流阀的先导阀一样），并使打开远程调压阀的压力小于先导阀的调定压力，则主阀芯上端的压力就由远程调压阀来决定。使用远程调压阀后便可对系统的溢流压力实现远程调节。

图 5-18 所示为二级同心先导式溢流阀的典型结构。

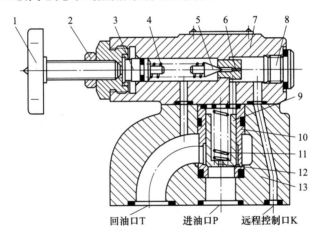

图 5-18　二级同心先导式溢流阀的典型结构

1—调压手轮　2—锁紧螺母　3—弹簧座　4—调压弹簧　5—先导阀阀芯　6—先导阀阀座
7—先导阀阀体　8—螺塞　9—主阀阀芯　10—主阀阀套　11—主阀复位弹簧　12—阻尼孔　13—主阀体

2. 溢流阀的应用

溢流阀在每一个液压系统中都有使用，主要应用如下。

（1）作为溢流阀用　它用在定量泵供油的节流调速回路中。工作时阀口随着压力的波动常开，呈浮动状态，调定系统压力为恒定值，并将多余液压油排回油箱，起稳压溢流作用。

（2）作为安全阀用　它常用在变量泵系统中，用来限制系统的最高压力，防止系统过载。系统在正常工作状态下，阀口关闭；当系统过载时，阀口打开，使液压油经阀流回油箱。

（3）作为背压阀用　溢流阀串联在回油路上，溢流产生背压，使运动部件运动平稳性增加。

（4）作为卸荷阀用　在溢流阀的远程控制口串接一小流量的电磁换向阀，当电磁铁通电时，溢流阀的远程控制口通油箱，此时液压泵卸荷。

（5）作为远程调压阀用　利用先导式溢流阀的远程控制口接至调节方便的远程调节进口处，以实现远程控制目的。

（6）作为多级压力控制用　利用先导式溢流阀的远程控制口，通过换向阀与几个远程调压阀连接，即可实现高低压多级控制。

3. 电磁溢流阀

电磁溢流阀是电磁换向阀与先导式溢流阀的组合，用于系统的多级压力控制或卸荷。图 5-19 所示为电磁溢流阀的结构及图形符号。当电磁铁断电时，电磁换向阀两油口断开，对溢流阀没有影响。当电磁铁通电换向时，通过电磁换向阀将主阀上腔与主阀回油口 T 相连通，溢流阀溢流口全开，导致溢流阀进口卸荷（即压力为零）。

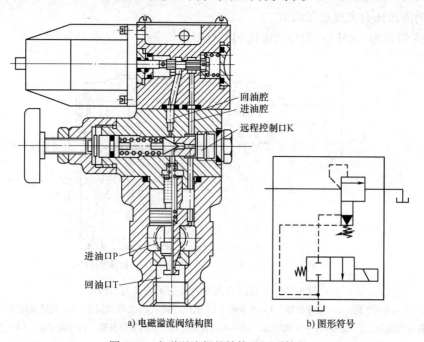

a) 电磁溢流阀结构图　　　　b) 图形符号

图 5-19　电磁溢流阀的结构及图形符号

先导式溢流阀与常闭型二位二通电磁换向阀组合时称为 O 型机能电磁溢流阀；与常开型二位二通电磁换向阀组合时称为 H 型机能电磁溢流阀。

二、减压阀

减压阀是用来降低液压系统中某一分支油路的压力，并使其保持基本恒定，起减压稳压作用。减压阀在各种液压设备的夹紧系统、润滑系统和控制油路中应用较多。减压阀分为定值减压阀、定差减压阀和定比减压阀，其中定值减压阀应用最广，简称为减压阀。定差减压阀和定比减压阀常与其他阀一起组成组合阀。减压阀分为直动式和先导式，常用先导式减压阀。

1. 先导式减压阀

图 5-20 所示为先导式减压阀的结构及图形符号。它是由先导阀和主阀两部分组成。图 5-20 中 P_1 为进油口，P_2 为出油口，液压油通过主阀阀芯下端通油槽、阻尼孔 e，进入主阀阀芯上腔后，进入先导阀前腔。当减压阀出口压力 p_2 小于调定压力时，先导阀阀芯在弹簧作用下关闭，主阀阀芯上下腔压力相等，在弹簧的作用下，主阀阀芯处于下端位置。此时，主阀阀口全开，不起减压作用。当减压阀出口压力达到调定值时，先导阀阀芯打开，液压油经阻尼孔 e 产生压差，主阀阀芯上下腔压力不等，下腔压力大于上腔压力，其差值克服主阀弹簧的作用使阀芯抬起，此时主阀阀口减小，节流作用增强，使出口压力 p_2 低于进口压力 p_1，并保持在调定值上。

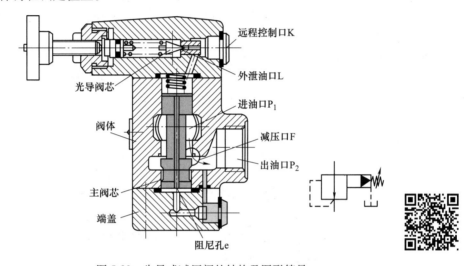

图 5-20　先导式减压阀的结构及图形符号

2. 在系统中的应用

减压阀在系统中用于夹紧、控制、润滑等回路中，构成减压回路。利用先导式减压阀的远程控制口，可以得到两种（及以上）压力，形成多级减压回路。

3. 减压阀与溢流阀的比较

减压阀与溢流阀的比较见表 5-4。

表 5-4　减压阀与溢流阀的比较

减压阀	溢流阀
阀口常开	阀口常闭
出油压力控制阀芯移动	进油压力控制阀芯移动
泄油为外泄方式	泄油为内泄方式
出油腔压力恒定	进油腔压力恒定
阀口开口量随出口油压的升高而减小	阀口开口量随入口油压的升高而增大
串联在系统中起减压和稳压作用	并联在系统中起溢流定压或安全作用

三、顺序阀

顺序阀是以压力作为控制信号，自动接通或切断某一油路的压力阀，常用来控制液压系统中各执行元件动作的先后顺序。顺序阀不是稳压阀，而是开关阀。按控制方式的不同，顺序阀分为内控式和外控式两种。顺序阀也有直动式和先导式两种，前者一般用于低压系统，后者用于中高压系统。

1. 直动式顺序阀

图 5-21 所示为直动式内控顺序阀。工作时，液压油从进油口 P_1（两个）进入，经阀体上的孔道 a 和端盖上的阻尼孔 b 流到控制活塞的底部，当作用在控制活塞上的液压力能克服阀芯上的弹簧力时，阀芯上移，液压油便从 P_2 流出。该阀称为内控外泄式顺序阀，其图形符号如图 5-21b 所示。

必须指出，当进油口一次油路压力 p_1 低于调定压力时，顺序阀一直处于关闭状态，一旦超过调定压力，阀口便全开（溢流阀阀口则是微开），液压油进入二次油路（出油口 P_2），驱动另一个执行元件。

若将图 5-21a 所示的端盖旋转 90°安装，切断进油口通向控制活塞下腔的通道，并打开远程控制口 K，引入控制液压油，便成为外控外泄式顺序阀。外控顺序阀阀口开启与否，与阀的进口压力 p_1 的大小没有关系，仅取决于控制压力的大小。

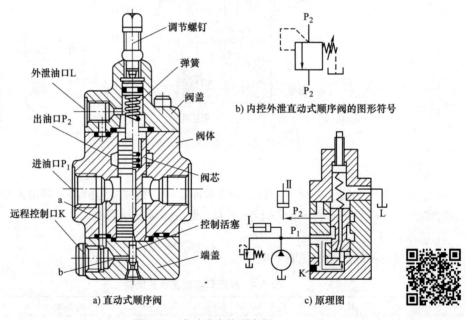

图 5-21　直动式内控顺序阀

2. 先导式顺序阀

图 5-22 所示为先导式顺序阀的结构及图形符号。该阀是由主阀与先导阀组成。液压油从进油口 P_1 进入，一路经通道进入主阀下端；另一路经阻尼孔 e 和先导阀后由外泄油口 L 流回油箱。当系统压力不高时，先导阀关闭，主阀阀芯两端压力相等，复位弹簧将阀芯推向下端，顺序阀进出油口关闭；当压力达到调定值时，先导阀打开，液压油经阻尼孔时形成节流，在主阀阀芯两端形成压力差，此压力差克服弹簧力，使主阀阀芯抬起，液压油经出油口 P_2 流出，K 为远程控制口。

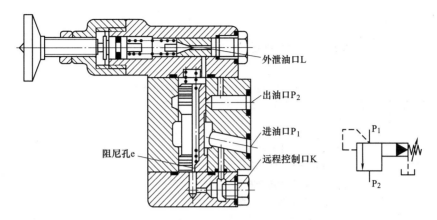

图 5-22 先导式顺序阀的结构及图形符号

3. 顺序阀的应用

1）实现执行元件的顺序动作。

2）与单向阀组合成单向顺序阀。单向顺序阀出口通油箱时称为平衡阀，用在平衡回路上，以防止垂直或倾斜放置的执行元件和与之相连的工作部件因自重而自行下落。

3）外控内泄式顺序阀作为卸荷阀用。

4）内控内泄式顺序阀作为背压阀用，用于液压缸回油路上，增大背压，使活塞运动速度稳定。

4. 顺序阀与溢流阀的主要差别

1）顺序阀的出油口通向系统的另一压力油路，而溢流阀的出油口通油箱。

2）顺序阀打开后，进口处压力可继续升高，而溢流阀保持进口处压力基本不变。

3）顺序阀的泄油方式为外泄式和内泄式两种，而溢流阀为内泄式。

四、压力继电器

压力继电器是利用液体压力来启闭电气触点的液压-电气转换元件。它在液压油压力达到其设定压力时，发出电信号，控制电气元件动作，实现液压泵的加载或卸荷、执行元件的顺序动作或系统的安全保护和连锁等其他功能。压力继电器都是由压力-位移转换装置和微动开关两部分组成。按压力-位移转换装置的结构分，压力继电器有柱塞式、弹簧管式、膜片式和波纹管式四类，其中柱塞式最常用。

图 5-23 所示为柱塞式压力继电器的结构及图形符号。液压油从油口 P 通入，作用在柱塞 1 的底部，若其压力达到弹簧的调定值时，便克服弹簧阻力和柱塞表面摩擦力推动柱塞上升，通过顶杆 2 触动微动

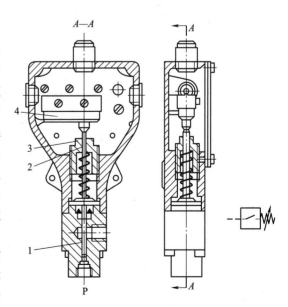

图 5-23 柱塞式压力继电器的结构及图形符号

1—柱塞 2—顶杆 3—调节螺钉 4—微动开关

开关 4 发出电信号。

五、压力控制阀常见故障及排除方法（表 5-5）

表 5-5　压力控制阀常见故障及排除方法

压力控制阀类型	故障现象	产生原因	排除方法
直动式溢流阀	压力调不上去	1）阀芯与阀座配合不良 2）弹簧长度不够，刚性太差	1）修配 2）更换弹簧
先导式溢流阀	压力调不上去	1）主阀阀芯与阀套配合不良 2）先导阀的锥阀与阀座封闭不良 3）调压弹簧长度不够，弯曲或刚性太差	1）修配 2）修配或更换零件 3）更换弹簧
	调节无压力	1）阻尼孔被堵，使主阀阀芯在开启位置卡死 2）主阀阀芯复位弹簧弯曲或折断 3）先导阀调压弹簧损坏 4）远程控制口直接通油箱	1）清洗阻尼孔或过滤、更换液压油 2）更换弹簧 3）更换弹簧 4）在远程控制口加装螺堵，并加强密封
	压力突然上升	1）主阀阀芯工作时，在关闭状态下突然卡死 2）先导阀阀芯打开，调压弹簧弯曲卡死	1）清洗元件，重新研配或检查油质 2）更换弹簧
	压力突然下降	1）主阀阀芯工作时，在开启位置下突然卡死 2）阻尼孔突然被堵 3）调压弹簧突然折断	1）清洗元件，重新研配或检查油质 2）清洗阻尼孔或过滤、更换液压油 3）更换弹簧
减压阀	不起减压作用	1）主阀阀芯在全开位置卡死 2）外泄油口的螺堵未拧出 3）调压弹簧过硬或发生弯曲被卡住	1）清洗元件，重新研配或检查油质 2）拧出螺堵，接上泄油管 3）更换弹簧
	泄漏严重	1）滑阀磨损后与阀体孔的配合间隙过大 2）密封件老化或磨损 3）锥阀与锥阀座接触不良或磨损严重 4）各连接处螺钉松动或拧紧力不均匀	1）重制滑阀 2）更换密封件 3）修配或更换零件 4）紧固螺钉
顺序阀	不起控制顺序作用	1）滑阀被卡死 2）阀芯内阻尼孔被堵，系统建立不起压力 3）调压弹簧断裂、过硬或压力调得过高 4）外泄油口管道中回油阻力过高，阀芯不能移动 5）控制油路堵塞	1）清洗元件，重新研配或检查油质 2）清洗阻尼孔 3）更换弹簧 4）降低回油阻力 5）疏通油路

课题四　流量控制阀

【任务描述】

本课题使学生掌握流量控制阀的基本工作原理、结构特点及应用和常见故障排除方法。

【知识学习】

流量控制阀依靠改变阀口通流面积的大小或通流通道的长短来改变液阻，控制通过阀的流量，达到调节执行元件运动速度的目的。常用的流量控制阀有节流阀、调速阀、溢流节流阀和分流集流阀等。

一、节流口形式及流量特性

1. 节流口形式

液体在突然收缩处的流动称为节流，起节流作用的阀口称为节流口。节流阀的节流口通常采用薄壁小孔和近似薄壁小孔的短孔。

图 5-24 所示为几种常用的节流口形式。图 5-24a 所示为针阀式节流口：它通道长，易堵塞，流量受油温影响较大，一般用于对性能要求不高的场合；图 5-24b 所示为偏心槽式节流口：它的性能与针阀式节流口相同，但容易制造，其缺点是阀芯上的径向力不平衡，一般用于压力较低、流量较大和流量稳定性要求不高的场合；图 5-24c 所示为轴向三角槽式节流口：它的结构简单，水力直径中等，可得到较小的稳定流量，且调节范围较大，但节流通道有一定的长度，油温变化对流量有一定的影响，目前被广泛应用；图 5-24d 所示为周向缝隙式节流口：沿阀芯周向开有一条宽度不等的狭槽，转动阀芯就可改变开口大小，阀口做成薄刃形，通道短，不易堵塞，油温变化对流量影响小，因此其性能接近薄壁小孔，适用于低压小流量场合；图 5-24e 所示为轴向缝隙式节流口：在阀孔的衬套上加工出图示薄壁阀口，阀芯做轴向移动即可改变开口大小，其性能与图 5-24d 所示节流口相似。

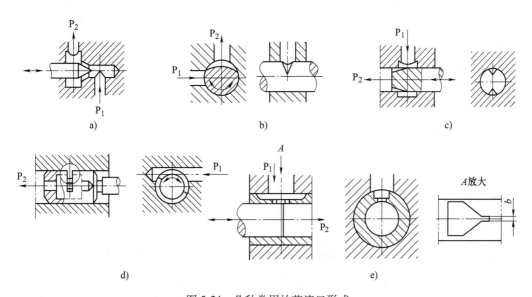

图 5-24　几种常用的节流口形式

2. 节流阀的流量特性

通过节流口的流量 q 及其前后压力差 Δp 的关系符合小孔流量公式：$q = KA\Delta p^m$。三种节流口的流量特性曲线如图 5-25 所示，可知影响流量稳定性的因素有：

1）压差对流量的影响。节流口两端压差 Δp 变化时，通过它的流量要发生变化，三种结构形式的节流口中，通过薄壁小孔的流量受到压差改变的影响最小。

2）温度对流量的影响。油温影响到液压油黏度。对于细长小孔，油温变化时，流量也会随之改变；对于薄壁小孔，黏度对流量几乎没有影响，故油温变化时，流量基本不变。

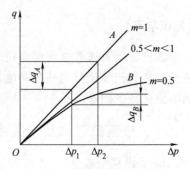

图 5-25　三种节流口的流量
特性曲线

3）节流口的堵塞。节流阀的节流口可能因液压油中的杂质或由于液压油氧化后析出的胶质、沥青等而局部堵塞，使流量发生变化，尤其是当开口较小时，这一影响更为突出，严重时会完全堵塞而出现断流现象。因此节流口堵塞是影响流量稳定性的重要因素，会影响流量控制阀的最小稳定流量。一般流量控制阀的最小稳定流量为 0.05L/min。为保证流量稳定，节流口的形式以薄壁小孔较为理想。

二、节流阀

图 5-21 所示为普通节流阀的结构及图形符号。液压油从进油口 P_1 流入，经节流口从 P_2 流出，节流口的形式为轴向三角槽式，作用于节流阀芯上的力是平衡的，因而调节力矩较小，便于在高压下进行调节。当调节节流阀的手轮时，可通过顶杆推动节流阀阀芯向下移动，节流阀阀芯的复位靠弹簧力来实现，节流阀阀芯的上下移动改变着节流口的开口量，从而实现对流体流量的调节。

节流阀的功能：一是调节流量，节流阀用于调节流量时，需要在节流阀进口处并联一个分支回路，否则，节流阀只能改变其进出口的压力差，而不能调节流量；二是对系统加载，节流阀本身是一个可变液阻，所以可对液压系统加载。

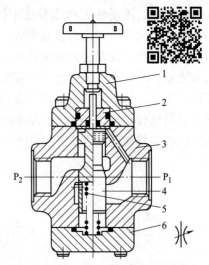

图 5-26　普通节流阀的结构及图形符号
1—顶盖　2—导套　3—阀体
4—阀芯　5—弹簧　6—底盖

三、二通流量阀

通过阀的流量公式 $q = KA\Delta p^m$ 可知，通过节流阀的流量受其进出口两端压差变化影响。在液压系统中，执行元件的负载变化时引起系统压力变化，进而使节流阀两端的压差也发生变化。因此，负载变化，其运动速度也相应发生变化。为了使流经节流阀的流量不受负载变化的影响，必须对节流阀前后的压差进行压力补偿，使其保持在一个稳定值上。使 Δp 基本保持不变的方式有两种：一种是将定差减压阀与节流阀串联构成二通流量阀（调速阀）；另一种是将稳压溢流阀与节流阀并联构成三通流量阀（溢流节流阀）。

如图 5-27 所示，二通流量阀是由定差减压阀与节流阀串联而成。节流阀用以调节通过该阀的流量，定差减压阀能自动保持节流阀两端压差不变，使执行元件的运动速度不受负载变化的影响。它适用于负载变化大、运动稳定性高的场合。由于该阀只有进油口和出油口，因此称为二通流量阀。二通流量阀又分为定差减压阀前置（常用于进口节流的工况）和定差减压阀后置（常用于出口节流的工况）。

图 5-27a 所示为定差减压阀前置的结构图。定差减压阀进口压力 p_1，出口压力 p_2，节流阀出口压力 p_3，则定差减压阀 a 腔、b 腔压力为 p_2，c 腔压力为 p_3；若 a 腔、b 腔、c 腔的作用面积分别为 A_1、A_2、A，则 $A = A_1 + A_2$。

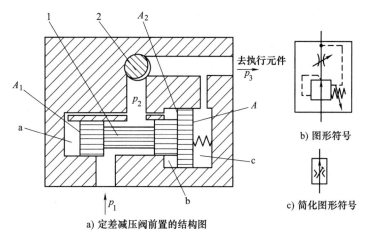

a）定差减压阀前置的结构图

b）图形符号

c）简化图形符号

图 5-27　二通流量阀的结构及图形符号
1—定差减压阀　2—节流阀

当定差减压阀的阀芯在弹簧力 F_s、油液压力 p_2 和 p_3 作用下处于某一平衡位置时（忽略摩擦力和液动力等），则有

$$p_2 A_1 + p_2 A_2 = p_3 A + F_s \tag{5-2}$$

因此有

$$p_2 - p_3 = \Delta p = F_s / A \tag{5-3}$$

因为弹簧刚度较低，且工作过程中定差减压阀阀芯位移很小，可以认为 F_s 基本保持不变。故节流阀两端压力差 $p_2 - p_3$ 也基本保持不变，这就保证了通过节流阀的流量稳定。阀的最小稳定工作压差一般为 0.5MPa，以保证定差减压阀处于工作状态。

由于油温的变化也将引起油液黏度的变化，从而导致通过节流阀的流量发生变化，为此可使用温度补偿调速阀。

四、三通流量阀

三通流量阀是由稳压溢流阀和节流阀并联组合而成。它是靠起定压作用的溢流阀进行压力补偿，保持节流阀两端压差恒定，节流阀用以调节通过该阀的流量。它适用于对速度稳定性要求较高且功率较大的进油路节流调速系统。由于该阀有一个进油口、一个出油口和一个回油口，因此称为三通流量阀。

图 5-28 所示为三通流量阀的结构及图形符号。稳压溢流阀进口压力 p_1，节流阀出口压力 p_2，则稳压溢流阀 a 腔、b 腔压力为 p_1，c 腔压力为 p_2；若 a 腔、b 腔、c 腔的作用面积分别为 A_1、A_2、A，则 $A = A_1 + A_2$。

当稳压溢流阀的阀芯在弹簧力 F_s、油液压力 p_1 和 p_2 作用下处于某一平衡位置时（忽略

摩擦力和液动力等），则有

$$p_1 A_1 + p_1 A_2 = p_2 A + F_s \qquad (5-4)$$

因此有

$$p_1 - p_2 = \Delta p = F_s/A \qquad (5-5)$$

因稳压溢流阀的弹簧刚度很小，因此阀芯位移 x 对弹簧力影响不大，可以认为 F_s 基本保持不变，即节流阀前后压力差（p_1-p_2）保持不变，保证了通过节流阀的流量稳定。三通流量阀通常附带一个安全阀，以避免系统过载。

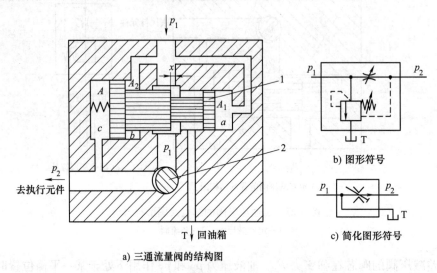

a) 三通流量阀的结构图

b) 图形符号

c) 简化图形符号

图 5-28　三通流量阀的结构及图形符号

1—稳压溢流阀　2—节流阀

五、流量控制阀常见故障及排除方法（表 5-6）

表 5-6　流量控制阀常见故障及排除方法

流量控制阀类型	故障现象	产生原因	排除方法
节流阀	流量调节失灵	1）密封失效 2）弹簧失效 3）液压油污染致使阀芯卡阻	1）拆检或更换密封装置 2）拆检或更换弹簧 3）拆开并清洗阀或换油
	流量不稳定	1）锁紧装置松动 2）节流口堵塞 3）内泄漏量过大 4）油温过高 5）负载压力变化过大	1）锁紧调节螺钉 2）拆洗节流阀 3）拆检或更换阀芯与密封 4）降低油温 5）尽可能使负载不变化或少变化
	行程节流阀不能压下或不能复位	1）阀芯卡阻 2）泄油口堵塞致使阀芯反力过大 3）弹簧失效	1）拆检或更换阀芯 2）泄油口接油箱并降低泄油背压 3）检查更换弹簧

（续）

流量控制 阀类型	故障现象	产生原因	排除方法
调速阀	流量调节 失灵	1）密封失效 2）弹簧失效 3）液压油污染致使阀芯卡阻	1）拆检或更换密封装置 2）拆检或更换弹簧 3）拆开并清洗定差减压阀阀芯和节流阀阀芯或换油
	流量不 稳定	1）调速阀进出口接反 2）锁紧装置松动 3）节流口堵塞 4）内泄漏量过大 5）油温过高 6）负载液压变化过大	1）检查并正确连接进出口 2）锁紧调节螺钉 3）拆洗节流阀 4）拆检或更换阀芯与密封 5）降低油温 6）尽可能使负载不变化或少变化

【拓展知识】　插装阀、电液比例阀和伺服阀

一、插装阀

插装阀（又称为逻辑阀）是一种以二通型插装元件为主体、采用先导控制和插装式连接的液压控制元件。插装阀构成的液压回路外观如图 5-29 所示。插装阀的优点是：主阀芯质量小、行程短、动作迅速、响应灵敏、结构紧凑、工艺性好、工作可靠、寿命长、便于实现无管化连接和集成化控制等。它特别适用于高压大流量系统，其通流流量可达 1000L/min，通径可达 200~250mm。但它的功能比较单一，主要实现通或断，与普通液压控制阀组合使用时才能实现对系统液压油方向、压力和流量的控制。插装阀控制技术在锻压机械、塑料机械、冶金机械、铸造机械，船舶、矿山以及其他工程领域得到了广泛的应用。

图 5-29　插装阀构成的
液压回路外观

（一）插装阀的基本结构及工作原理

1. 插装阀的基本结构

如图 5-30 所示，插装阀一般由先导阀、控制盖板、插装组件、插装块体四部分组成。

（1）先导阀　先导阀 1 安装在控制盖板 2 上，对插装组件的动作进行控制。先导阀一般选用小通径的市售标准阀，常用的通径为 6mm 和 10mm。

（2）控制盖板　控制盖板的作用有三个：一是固定插装组件 3；二是在控制盖板上安装先导阀和节流器、传感器、行程开关等部件；三是沟通先导阀和插装组件的油路。

控制盖板内有控制油通道，配有一个或多个阻尼螺塞。通常控制盖板有五个控制油孔：X、Y、Z_1、Z_2 和中心孔 c（图 5-31）。控制盖板是按通用性来设计的，具体运用到某个控制油路上，有的孔可能被堵住不用。控制盖板上的定位孔，起标定控制盖板方位的作用。

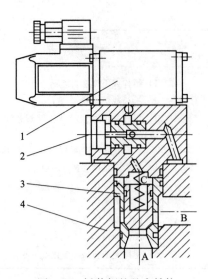

图 5-30　插装阀的基本结构

1—先导阀　2—控制盖板　3—插装组件　4—插装块体

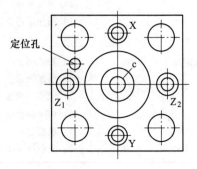

图 5-31　控制盖板油孔

（3）插装组件　插装组件通常由阀芯、阀套、弹簧和密封件等组成。它的主要功能是控制主油路的液流。阀芯的结构有滑阀和锥阀两种，锥阀用得多。插装阀通常是一个或几个插装组件的组合来完成一种或一种以上的功能。

（4）插装块体　插装块体用来安装插装组件、控制盖板和其他控制阀，沟通主要油路。

2. 插装阀的基本工作原理

如图 5-30 所示，插装阀有两个主通道进出油口 A、B 和一个控制油口 C。工作时，阀口是开启还是关闭取决于阀芯的受力状况。通常忽略阀芯的重量、阀芯与阀体的摩擦力和液动力，则

$$\sum F = p_C A_C - p_B A_B - p_A A_A + F_s \tag{5-6}$$

式中　p_C——控制腔 C 腔的压力；

　　　A_C——控制腔 C 腔的控制面积；

　　　p_B——主油路 B 口的压力；

　　　A_B——主油路 B 口的控制面积；

　　　p_A——主油路 A 口的压力；

　　　A_A——主油路 A 口的控制面积，$A_C = A_A + A_B$；

　　　F_s——弹簧力。

当 $\sum F > 0$ 时，阀芯处于关闭状态，A 口与 B 口不通；当 $\sum F < 0$ 时，阀芯开启，A 口与 B 口连通。由式（5-6）可以看出，采取适当的方式控制 C 腔的压力 p_C 就可以控制主油路中 A 口与 B 口的油流方向和压力。如果采取措施控制阀芯的开启高度（也就是阀口的开度），就可以控制主油路中的流量。

二通插装阀 C 腔的控制面积与 A 口的控制面积之比（$\beta = A_C : A_A$），称为面积比，是一个十分重要的参数，对二通插装阀的工作性能有重要的影响。

3. 插装组件结构形式

根据用途不同，插装组件分为方向阀插装组件、压力阀插装组件、流量阀插装组件三

种。图 5-32 所示为三种插装组件的结构。

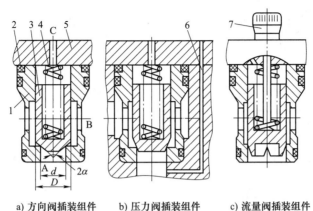

a) 方向阀插装组件　　b) 压力阀插装组件　　c) 流量阀插装组件

图 5-32　三种插装组件的结构

1—阀套　2—密封圈　3—阀芯　4—弹簧　5—盖板　6—阻尼孔　7—阀芯行程调节杆

方向阀插装组件的阀芯半锥角 $\alpha = 45°$，面积比 $\beta = 2$，油口 A、B 可双向流动。

压力阀插装组件中的减压阀阀芯为滑阀，面积比 $\beta = 1$，油口 A 出油。溢流阀和顺序阀的阀芯半锥角 $\alpha = 15°$，面积比 $\beta = 1.1$，油口 A 进油，油口 B 出油。

流量阀插装组件为得到好的压力流量增益，常把阀芯设计成带尾部的结构，尾部窗口可以是矩形，也可以是三角形，面积比 $\beta = 1$ 或 1.1，一般油口 A 进油。油口 B 出油。

（二）插装阀功能

1. 单向阀功能

图 5-33a、b 所示为普通单向阀和与之对应的插装单向阀回路。图 5-33c 所示为液控单向阀和与之对应的插装液控单向阀回路。

在图 5-33a 中，当阀的 A 口通液压油时，B 口无油压，液压油顶开插装组件的阀芯后自 B 口流出，阀单向导通。若 B 口通液压油时，液压油还同时到达插装组件的控制油口 C，液压油作用于插装组件阀芯的上端面上，阀芯的上端面面积大于下端面面积，故阀芯不开启，B 口和 A 口不通，液体不能反向流动。在图 5-33c 中，当先导控制油路 K 有压力时，控制油腔 C 失压，可使 A 口反向与 B 口导通。

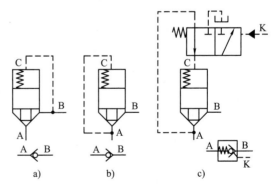

图 5-33　单向阀功能

2. 换向阀功能

（1）二位二通插装换向阀　如图 5-34 所示，当电磁换向阀的电磁铁不通电时，油口 A 与 B 关闭；当电磁换向阀的电磁铁通电时，油口 A 与 B 导通。

（2）二位三通插装换向阀　如图 5-35 所示，当电磁换向阀的电磁铁不通电时，油口 A 与 T 导通，油口 P 关闭；当电磁换向阀的电磁铁通电时，油口 P 与 A 导通，油口 T 关闭。

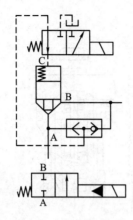

图 5-34　二位二通插装换向阀

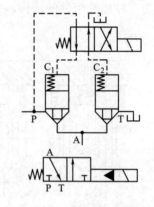

图 5-35　二位三通插装换向阀

（3）三位四通插装换向阀　如图 5-36 所示，当电磁换向阀的电磁铁都不通电时，控制油使四个插装组件关闭，油口 P、T、A、B 互不连通；当电磁换向阀右电磁铁通电时，油口 P 与 B 连通，油口 A 与 T 连通；当电磁换向阀左电磁铁通电时，油口 P 与 A 连通，油口 B 与 T 连通。

3. 压力阀功能

压力阀的插装组件和方向阀的插装组件大同小异。

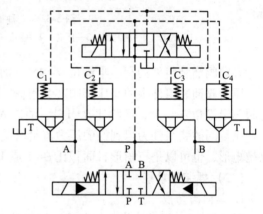

图 5-36　三位四通插装换向阀

（1）溢流阀　如图 5-37 所示，1 是先导阀，当内设阻尼孔的插装组件进油口 A 的压力 p_A 小于先导阀的调定压力时，先导阀不开启，插装组件阻尼孔上下游的压力相等，插装组件的阀芯不上升，进油口 A 和出油口 B 断路。当 p_A 达到先导阀的调定压力时，先导阀开启，从 A 口经先导阀到油箱的控制油路形成通路，阻尼孔上游（插装组件阀芯下部）的压力高于阻尼孔下游（插装组件阀芯上部）的压力，形成压差，此压差克服阀芯上的阻力使阀芯上移，A 口和 B 口相通。当阀进入稳态后，阀芯保持一定开口，使 A 口的压力 p_A 基本上保持常数。B

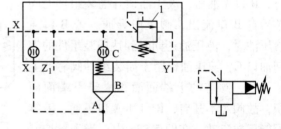

图 5-37　插装溢流阀
1—先导阀

口压力通油箱，维持进口为恒压的原理和普通溢流阀相同。

（2）减压阀　如图 5-38 所示，若改变压力插装组件的结构，可组成插装减压阀回路。主阀芯为常开式，当二次压力 p_A 超过先导阀 1 的调定值时，主阀芯上升而减压，维持 p_A 的调定值。

4. 流量阀功能

控制插装组件中阀芯的开启高度能使它起到节流作用。如图 5-39 所示，插装组件与带行程调节器的盖板组合，由行程调节器上的调节杆限制阀芯的开口大小，就形成了插装节流阀。若将插装节流阀与定差减压阀连接，就组成了插装调速阀。

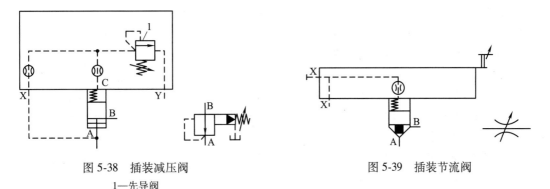

图 5-38　插装减压阀

1—先导阀

图 5-39　插装节流阀

　　插装阀经过适当的连接和组合，可组成各种功能的液压阀。实际的插装阀系统是一个集方向、流量、压力于一体的复合油路，一组插装油路也可以由不同通径规格的插装组件组合，也可与普通液压阀组合，组成复合系统；也可以与比例阀组合，组成电液比例控制的插装阀系统。

二、电液比例阀

　　电液比例阀（简称为比例阀）是采用电气-机械比例转换装置取代普通液压阀的调节和控制装置而构成的。它的输入量是给定的输入电压或电流信号，它的输出量是和输入量成正比的流量或压力，可按比例远程控制流体的方向、压力和流量。电气-机械比例转换装置包括比例电磁铁、力马达和力矩马达等。电液比例阀的性能和造价都介于普通控制阀和伺服阀之间。电液比例阀分为比例流量阀、比例压力阀和比例方向阀，其中比例换向阀既能控制方向，同时又能控制流量。

（一）比例电磁铁

　　比例电磁铁与电磁换向阀所用的电磁铁不同。它的磁路经特殊设计后，能使衔铁在整个工作行程范围内的吸力 F 不变。线圈内输入的直流电流越大，衔铁产生的吸力也越大。

　　由图 5-40 可知，比例电磁铁主要由衔铁 10、导向套 12、极靴（轭铁）1、壳体 5、线圈 2、推杆等组成。导向套前后两段由导磁材料制成，中间用一段非导磁材料（隔磁环 4）焊接。导向套前段和极靴组合形成带锥形端部的盆形极靴，隔磁环前端斜面角度及隔磁环的相对位置，决定了比例电磁铁稳态特性曲线的形状。导向套和壳体之间配置同心螺线管式控制

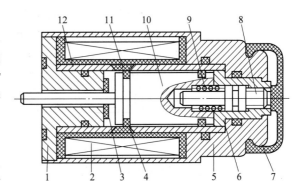

图 5-40　比例电磁铁

1—极靴（轭铁）　2—线圈　3—限位环　4—隔磁环
5—壳体　6—内盖　7—盖　8—调节螺钉　9—弹簧
10—衔铁　11—（隔磁）支承环　12—导向套

线圈。衔铁前端装有推杆，用于输出力或位移，后端装有由弹簧9和调节螺钉8组成的调零

机构，可在一定范围内对比例电磁铁稳态特性曲线进行调整。

比例电磁铁的吸力特性如图 5-41 所示。比例电磁铁的吸力特性可分成三段。在气隙 x 很小的区段 Ⅰ，吸力 F_M 虽然很大，但随位置的改变而急剧变化。而在气隙 x 较大的区段 Ⅲ，吸力 F_M 明显下降。所以吸力 F_M 随位置变化较小的区段 Ⅱ 是比例电磁铁的工作区段。图 5-40 所示限位环 3 用以防止衔铁进入区段 Ⅰ。改变线圈中的电流，即可在衔铁上得到与其成正比的吸力。如果要求比例电磁铁的输出为位移时，则可在衔铁左侧加一弹簧（当衔铁和阀芯直接连接时，此弹簧常处于阀芯左侧），可得到与电流成正比的位移。

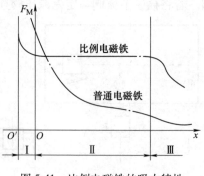

图 5-41　比例电磁铁的吸力特性

（二）电液比例压力阀

常见的电液比例压力阀有比例溢流阀和比例减压阀。

1. 比例溢流阀

比例溢流阀有直控式和先导式两种。图 5-42 所示为直控式比例溢流阀。它相当于用比例电磁铁取代普通直动式溢流阀中的调压手轮。传力弹簧 2 起传力作用，防振弹簧 4 防止锥阀芯 3 与阀座 5 的撞击。比例电磁铁及衔铁推杆 1 通过弹簧座对传力弹簧 2 施加预压缩力，锥阀芯 3 得到的预压缩力与液压力相互作用，当液压力大于弹簧力，液压油口 P 与回油口 T 接通。由于开口量变化小，传力弹簧 2 变形小。如果忽略液动力，控制压力与控制电流成正比。

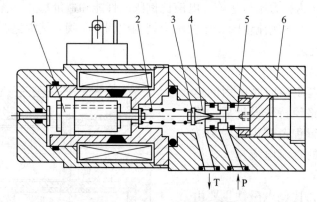

图 5-42　直控式比例溢流阀

1—比例电磁铁及衔铁推杆　2—传力弹簧　3—锥阀芯　4—防振弹簧　5—阀座　6—阀体

图 5-43 所示为先导式比例溢流阀的结构及图形符号。该阀下部的主阀部分与普通溢流阀相同。上部的先导级是用比例电磁铁取代了调压弹簧。主阀进口油压力由 P 口作用于主阀芯的底部，通过控制通道及阻尼孔作用于主阀芯的顶部和先导锥阀 2 上。当液压力达到比例电磁铁的推力时，先导锥阀 2 打开，液压油流回油箱，并在主阀芯底部和顶部产生压差，主阀芯克服弹簧力上升，液压油口 P 与回油口 T 接通，压力不再升高。比例电磁铁输入的直流电越大，溢流阀的调定压力就越高。为防止电路故障而使系统超压，该阀装有安全阀，

由安全阀芯 9 和弹簧 8 组成。

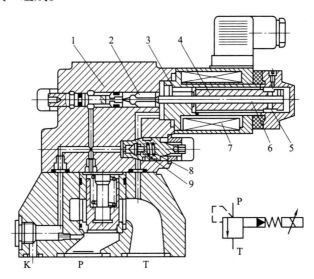

图 5-43　先导式比例溢流阀的结构及图形符号

1—阀座　2—先导锥阀　3—极靴　4—衔铁　5—防振弹簧　6—推杆　7—线圈　8—弹簧　9—安全阀芯

2. 先导式比例减压阀

图 5-44 所示为先导式比例减压阀。它的主阀结构与普通先导式减压阀的结构相同。

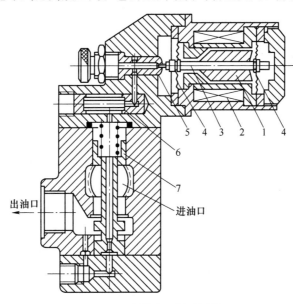

图 5-44　先导式比例减压阀

1—衔铁　2—线圈　3—推杆（挡板）　4—铍青铜片　5—喷嘴　6—烧结过滤器　7—主阀

比例电磁铁的线圈输入电流后，衔铁上产生吸力，作用在有弹性的铍青铜片上，使挡板产生位移，即改变了喷嘴与挡板间的距离。输入电流越大，喷嘴与挡板间的距离越小，出油口的压力越高。远距离控制比例减压阀的电流输入信号，就可以控制液压系统某一支路的二次压力。

（三）电液比例流量阀

普通电液比例流量阀是将流量阀的手调部分改换为比例电磁铁而制成的。节流阀的开度由输入比例电磁铁的电流信号来控制。

图 5-45 所示为先导式比例调速阀。比例调速阀是由普通定差减压阀与比例节流阀组合而成。比例电磁铁的吸力作用在节流阀阀芯上，与弹簧力相平衡，一定的控制电流对应一定的节流开度。远距离控制比例调速阀的输入电流，就能控制液压系统某一回路中的液压油流量，从而调节执行机构的运动速度。

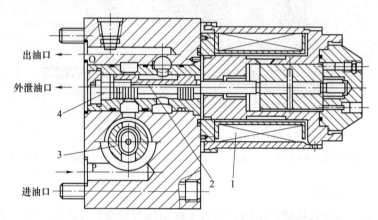

图 5-45　先导式比例调速阀

1—比例电磁铁　2—节流阀阀芯　3—定差减压阀　4—弹簧

（四）电液比例换向阀

将普通四通电磁换向阀中的电磁铁改成比例电磁铁即成为电液比例换向阀。此阀除可换向外，还可使其开口大小与输入电流成比例，以调节通过的流量，从而实现对执行元件运动方向和速度的控制。

图 5-46 所示为普通直动式电液比例换向阀。它主要由两个比例电磁铁 1、6，阀体 3，阀芯（四边滑阀）4，对中弹簧 2、5 组成。当比例电磁铁 1 通电时，阀芯右移，油口 P 与 B 接通、A 与 T 接通，而阀口的开度与比例电磁铁 1 的输入电流成比例；当比例电磁铁 6 通电时，阀芯向左移，油口 P 与 A 接通、B 与 T 接通，而阀口的开度与比例电磁铁 6 的输入电流成比例。

图 5-47 所示为先导式电液比例换向阀。它由先导阀和主阀两部分组成。其中先导阀由电液比例双向减压阀构成，主阀由液动比例双向节流阀构成。如给定左比例电磁铁 1 一定的输入电流，其电磁力经传感柱塞 3 推动先导阀阀芯 4 右移，液压油从中间 X 口（控制口）流向 A′口，A′口的压力升高，并通过先导阀阀芯上的径向孔作用到阀芯上，直到先导阀阀芯受的液压力与电磁力相平衡为止，此时 B′口通 Y 口（泄油口）。因此，A′口压力与电磁力成比例，即与比例电磁铁 1 的输入电流成比例。当 A′口来的压力液体进入到先导腔 10，推动主阀阀芯 11 克服对中弹簧 12 的弹簧力左移，主阀阀芯抬肩上的三角节流槽逐渐打开，直到主阀右端受的液压力和左端的弹簧力平衡为止，这时 P 口接通 A 口，B 口经节流槽接通 T 口。

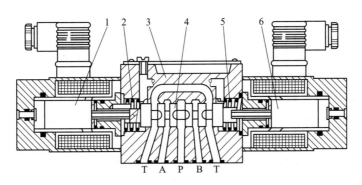

图 5-46　普通直动式电液比例换向阀

1、6—比例电磁铁　2、5—对中弹簧　3—阀体　4—阀芯

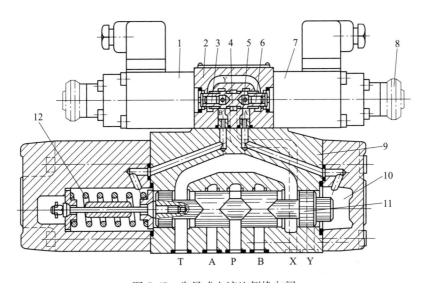

图 5-47　先导式电液比例换向阀

1、7—比例电磁铁　2—先导阀阀体　3、6—传感柱塞　4—先导阀阀芯　5—节流塞
8—手动按钮　9—主阀阀体　10—先导腔　11—主阀阀芯　12—对中弹簧

由于主阀阀芯的位移与先导腔的压力成比例，从而与比例电磁铁的输入电流成比例。因此，改变先导阀比例电磁铁的通电、断电状态，可以改变主阀液流的流动方向；调节比例电磁铁的输入电流大小就可以调节通过主阀的流量，使其具有节流阀的功能。

主阀采用单弹簧对中形式，弹簧有预压缩量，当先导阀无输入信号时，主阀芯对中。单弹簧既简化了阀的结构，又使阀的对称性好。

（五）电液数字控制阀

用计算机产生的数字信号直接控制的液压阀称为电液数字控制阀，简称为数字阀。它可直接与计算机接口相连，不需要"数/模"转换。与伺服阀、比例阀相比，它的结构简单，工艺性好，抗污染能力强，重复性好，工作稳定、可靠，功耗小，在机床、注塑机、压铸机、飞行器等领域广泛采用。

根据控制方式不同，电液数字控制阀分为增量式数字阀和脉宽调制式数字阀两类。

1. 增量式数字阀

它是用计算机发出的脉冲序列，控制步进电动机的转动，再通过机械转换器（凸轮或滚珠丝杠）驱动阀芯移动，从而控制液体的压力、流量和流动方向。它有数字方向阀、数字压力阀和数字流量阀三类。

图 5-48 所示为直控式数字节流阀。步进电动机 1 按计算机的指令转动，通过滚珠丝杠 2 变为轴向位移，使节流阀阀芯 3 打开阀口，从而控制流量。此阀有两个面积梯度不同的节流口，阀芯移动时首先打开左节流口，由于非全周边通流，故流量较小，继续移动时打开全周边通流的右节流口，流量增大。由于液流从轴向流入，且流出阀芯时与轴线垂直，所以阀在开启时的液动力可以将向右作用的液压力部分抵消掉。阀从节流阀阀芯 3、阀套 4 和连杆 5 的相对热膨胀中获得温度补偿。

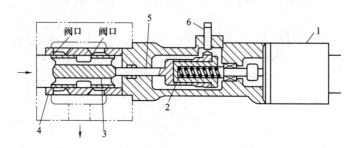

图 5-48　直控式数字节流阀

1—步进电动机　2—滚珠丝杠　3—节流阀阀芯　4—阀套　5—连杆　6—零位移传感器

2. 脉宽调制式数字阀

它是直接用计算机控制阀口的"开"和"关"时间及间隔（脉宽），从而控制液流的方向、流量和压力。

图 5-49 所示为二位三通电磁锥阀式快速开关型数字阀。当电磁铁不通电时，衔铁 1 在弹簧 2 的作用下使锥阀阀芯 4 处于右端，液压油口 P 封闭，工作油口 A 与回油口 T 接通；

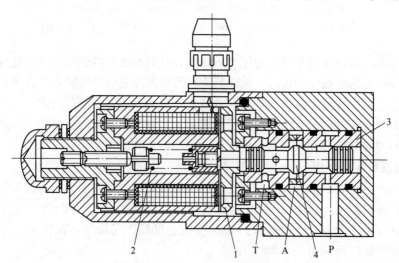

图 5-49　二位三通电磁锥阀式快速开关型数字阀

1—衔铁　2—弹簧　3—阀套　4—锥阀阀芯

当电磁铁有脉冲电信号通过时，电磁吸力使衔铁带动锥阀阀芯处于左端，液压油口 P 与工作油口 A 接通，回油口 T 封闭。

三、伺服阀

液压伺服系统（也称为跟踪系统）是一种自动控制系统。它由液压伺服阀和液压执行元件组成，也称为液压伺服控制系统。液压伺服系统是以液压动力元件作为驱动装置所组成的反馈控制系统。在这种系统中，输出量（位移、速度、力等）能够自动地、快速而准确地复现输入量的变化规律。同时，它还对输入信号进行功率放大，也是一个功率放大装置。液压伺服系统特别是电-液伺服系统在国防工业与一般工业领域都得到了广泛应用。

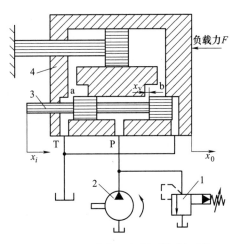

图 5-50　机-液位置伺服系统原理图
1—溢流阀　2—液压泵　3—伺服滑阀阀芯
4—伺服滑阀阀体（缸体）

（一）液压伺服系统的基本工作原理及组成

1. 液压伺服系统的基本工作原理

图 5-50 所示为机-液位置伺服系统原理图。当伺服滑阀阀芯处于中间位置（$x_v = 0$）时，各阀口均关闭，阀没有流量输出，液压缸不动，系统处于静止状态。给伺服滑阀阀芯一个输入位移 x_i，阀口 a、b 便有一个相应的开口量 x_v，使液压油经阀口 b 进入液压缸的右腔，其左腔液压油经阀口 a 回油箱，液压缸在液压力的作用下右移 x_0，由于滑阀阀体与液压缸体固连在一起，因而阀体也右移 x_0，则阀口 a、b 的开口量减小（$x_v = x_i - x_0$），直到 $x_0 = x_i$ 时，$x_v = 0$，阀口关闭，液压缸停止运动，从而完成液压缸输出位移对伺服滑阀输入位移的跟随运动。若伺服滑阀反向运动，液压缸也做反向跟随运动。由上可知，只要给伺服滑阀以某一规律的输入信号，执行元件就自动地、准确地跟随伺服滑阀按照这个规律运动。

可以看出，液压伺服系统有如下特点：

1）跟踪。系统的输出量能够自动地、快速而准确地跟踪输入量的变化规律。

2）放大。移动阀芯所需的力很小，只需要几牛到几十牛，但液压缸输出的力却很大，可达数千到数万牛。功率放大所需要的能量是由液压泵供给的。

3）反馈。把输出量的一部分或全部按一定方式回送到输入端，和输入信号进行比较，这就是反馈。回送的信号称为反馈信号。若反馈信号不断地抵消输入信号的作用，则称为负反馈。负反馈是自动控制系统具有的主要特征。图 5-50 所示的负反馈是通过阀体和缸体的刚性连接来实现的，液压缸的输出位移 x_0 连续不断地回送到阀体上，与阀芯的输入位移 x_i 相比较，其结果使阀的开口减小。此例中的反馈是一种机械反馈。反馈还可以是电气的、气动的、液压的或是它们的组合形式。

4）偏差。输入信号与反馈信号的差值称为偏差。图 5-50 所示的偏差就是滑阀的开口量 x_v，$x_v = x_i - x_0$。只要有 x_v 存在，液压缸就运动，直至缸体的输出位移与阀芯的输入位移一致为止。此时，$y = x_i$，$x_v = 0$。

综上所述，液压伺服控制的基本原理是：利用反馈信号与输入信号相比较得到偏差信号，该偏差信号控制液压能源输入到系统的能量，使系统向减小偏差的方向变化，直至偏差等于零或足够小，从而使系统的实际输出与希望值相符。图 5-51 所示为系统工作原理框图。

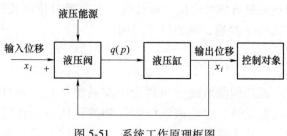

图 5-51　系统工作原理框图

2. 液压伺服系统的组成

液压伺服系统由以下一些基本元件组成。

1）输入元件。输入元件也称为指令元件，它给出输入信号（指令信号）加在系统的输入端，是机械的、电气的、气动的等，如指令电位器或计算机等。

2）反馈测量元件。测量系统的输出并转换为反馈信号。各种传感器常作为反馈测量元件。

3）比较元件。将反馈信号与输入信号进行比较，给出偏差信号。

4）放大转换元件。将偏差信号放大、转换成液压信号（流量或压力），如伺服放大器、机液伺服阀、电液伺服阀、电液比例阀等。

5）执行元件。产生调节动作加在控制对象上，实现调节任务，如液压缸与液压马达。

6）控制对象。被控制的机器设备或物体，即负载。

7）其他。各种校正装置以及不包含在控制回路内的液压能源装置。

3. 液压伺服系统分类

（1）按系统输入信号的变化规律分类

1）定值控制系统。当系统的输入信号为定值时称为定值控制系统。

2）程序控制系统。当系统的输入信号按预先给定的规律变化时，称为程序控制系统。

3）伺服系统。它的输入量是时间的未知函数，而输出量能够准确、快速地复现输入量的变化规律。

（2）按被控物理量的名称分类　它为位置伺服控制系统、速度伺服控制系统、其他物理量的控制系统。

（3）按液压动力元件的控制方式或液压控制元件的形式分类

1）节流式控制（阀控式）系统。它包括阀控液压缸系统与阀控液压马达系统。

2）容积式控制系统。它包括伺服变量泵系统与伺服变量马达系统。

（二）液压伺服阀

伺服阀是液压伺服系统中最重要的元件，起着信号转换和功率放大的作用。常用的有滑阀、射流管阀和喷嘴挡板阀。其中滑阀应用最为普遍。

1. 滑阀

根据滑阀控制边数（起控制作用的阀口数）的不同，有单边、双边和四边滑阀三种结构类型。其中四边滑阀的控制性能最好，用于精度和稳定性要求较高的系统。

图 5-52 所示为四边滑阀。它有四个控制边 a、b、c、d（可变节流口）。它有两个负载口、供油口和回油口共四个通道，称为四通伺服阀。其中 a 和 b 是控制液压油进入液压缸左

右油腔的，c 和 d 是控制液压缸左右油腔回油的。当阀芯向左移动时，x_1、x_4减小，x_2、x_3增大，使 p_1 迅速减小，p_2迅速增大，活塞快速左移。反之亦然。这样就控制了液压缸运动的速度和方向。这种结构形式的滑阀即可控制双杆的液压缸，也可以控制单杆的液压缸。

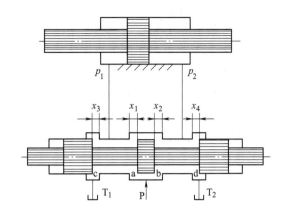

图 5-52 四边滑阀（四通伺服阀）

2. 射流管阀

如图 5-53 所示，射流管阀由射流管、接收器和液压缸组成，射流管由轴 O 支承并可绕轴左右摆动一个不大的角度。接收器上的两个小孔 a 和 b 分别和液压缸的两腔相通。当射流管处于两个接收孔道 a、b 的中间位置时，两个接收孔道 a、b 内的液压油压力相等，液压缸不动；如有输入信号使射流管向左偏转一个很小的角度，两个接收孔道 a、b 内的压力不相等，液压缸左腔的压力大于右腔的压力，液压缸向左移动，反之亦然。

射流管结构简单、加工精度低、抗污染能力强，但惯性大、响应速度低、功率损耗大。它适用于低压及功率较小的伺服系统。

3. 喷嘴挡板阀

喷嘴挡板阀分为单喷嘴和双喷嘴两种形式。图 5-54 所示为双喷嘴挡板阀。它由挡板 1，喷嘴 2、3，节流小孔 4、5 和液压缸等组成。液压油经过两个节流小孔进入中间油室再进入液压缸的两腔，并有一部分经喷嘴挡板的两间隙 δ_1 和 δ_2 流回油箱。当挡板处于中间位置时，液压缸两腔压力相等，液压缸不动；当输入信号使挡板向左移动时，节流缝隙 δ_1 关小，δ_2 开大，p_1 上升，p_2 下降，液压缸向左移动。因负反馈的作用，喷嘴跟随缸体移动直到挡板处于两喷嘴的中间位置时液压缸停止运动，建立新的平衡。

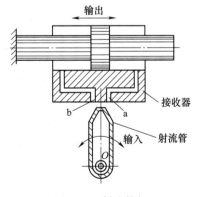

图 5-53 射流管阀

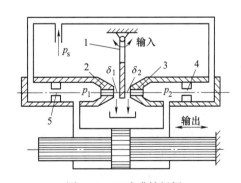

图 5-54 双喷嘴挡板阀

1—挡板 2、3—喷嘴 4、5—节流小孔

喷嘴挡板阀结构简单、加工方便、运动部件惯性小、反应快、精度和灵敏度较高，但无功损耗大，抗污染能力较差，常用于多级放大式伺服元件中的前置级。

（三）电液伺服阀

电液伺服阀由电气-机械转换器、液压放大器和反馈装置所构成，如图5-55所示。其中电气-机械转换器是将电能转换为机械能的一种装置，根据输出量不同分为力马达（输出直线位移）和力矩马达（输出转角）。液压放大器实现控制功率的转换和放大，由前置放大器和功率放大器组成。由于电气-机械转换器输出的力或力矩很小，无法直接驱动功率放大器，必须先由前置放大器进行放大。前置放大器可采用滑阀、喷嘴挡板阀或射流管阀，功率放大器采用滑阀。反馈装置用于滑阀的定位，使电液伺服阀变成一个闭环控制系统，具有闭环控制的全部优点。

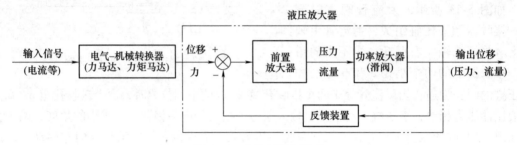

图 5-55　电液伺服阀组成

1. 电液伺服阀原理

图5-56所示为电液伺服阀的结构原理图。它由力矩马达、喷嘴挡板式液压前置放大器和四边滑阀功率放大器三部分组成。衔铁3与挡板7连接在一起，由固定在阀座上的弹簧管6支承着。挡板下端为一球头，嵌放在滑阀9的凹槽内。永久磁铁1和导磁体2、4形成一个固定磁场，当线圈5中没有电流通过时，导磁体和衔铁间四个气隙中的磁通都是Φ_g，且方向相同，衔铁处于中间位置。当有控制电流通入线圈时，一组对角方向的气隙中的磁通增加，另一组对角方向的气隙中的磁通减小，于是衔铁就在磁力作用下克服弹簧管的弹性反作用力而偏转一角度，并偏转到磁力所产生的转矩与弹性反作用力所产生的反转矩平衡时为止。同时，挡板因随衔铁偏转而发生挠曲，改变了它与两个喷嘴8间的间隙，一个间隙减小，另一个间隙加大。

通入伺服阀的液压油经过滤器11、两个对称的节流小孔10和左右喷嘴流出，通向回油。当挡板挠曲，出现上述喷嘴与挡板的两个间隙不相等的情况时，两喷嘴后侧的压力就不相等，它们作用在滑阀的左、右端面上，使滑阀向相应方向移动一段距离，液压油就通过滑阀上的一个阀口A或B，流向液压执行机构，由液压执行机构回来的油则经滑阀上的另一个阀口通向回油。滑阀移动时，挡板下端球头跟着移动。在衔铁挡板组件上产生了一个转矩，使衔铁向相应方向偏转，并使挡板在两喷嘴间的偏移量减少，这就是反馈作用。反馈作用的后果是使滑阀两端的压差减小。当滑阀上的液压作用力和挡板下端球头因移动而产生的弹性反作用力达到平衡时，滑阀便不再移动，并一直使其阀口保持在这一开度上。

通入线圈的控制电流越大，使衔铁偏转的转矩、挡板挠曲变形、滑阀两端的压差以及滑阀的偏移量就越大，伺服阀输出的流量也越大。由于滑阀的位移、喷嘴与挡板之间的间隙、衔铁的转角都依次和输入电流成正比，因此这种阀的输出流量也和电流成正比。输入电流反向时，输出流量也反向。

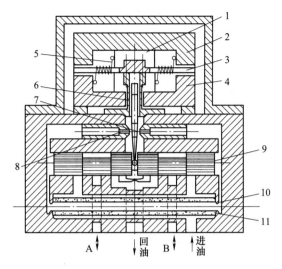

图 5-56 电液伺服阀的结构原理图

1—永久磁铁 2、4—导磁体 3—衔铁 5—线圈 6—弹簧管
7—挡板 8—喷嘴 9—滑阀 10—节流小孔 11—过滤器

2. 电液伺服控制系统

图 5-57 所示为双电位器电液位置伺服系统工作原理图。该系统控制工作台（负载）的位置，使之按照指令电位器给定的规律变化。系统由指令电位器、反馈电位器、伺服放大器、电液伺服阀、液压缸和工作台组成。是一种阀控式电液位置伺服系统。图 5-58 所示为双电位器电液位置伺服系统工作原理框图。

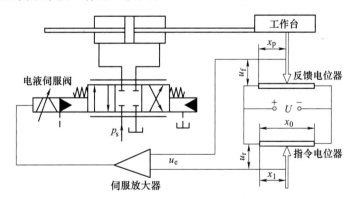

图 5-57 双电位器电液位置伺服系统工作原理图

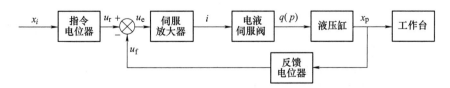

图 5-58 双电位器电液位置伺服系统工作原理框图

【思考与练习】

一、填空题

1. 根据在系统中的功用不同，控制阀主要分为_____、_____、_____。

2. 三位换向阀处于常态位置时，其各个油口的_____称为中位机能。常用的有_____型、_____型、_____型和_____型等。

3. 方向控制阀包括_____和_____。

4. 单向阀的作用是使液压油只能向_____流动。

5. _____是利用阀芯和阀体的相对运动来变换液压油流动的方向、接通或关闭油路。

6. 选择三位四通换向阀的中位机能。为使液压泵卸荷，可选滑阀中位机能为_____型的换向阀；若液压泵保持压力，则可选滑阀中位机能为_____型的换向阀；对于采用双液控单向阀的锁紧回路，则须选用滑阀中位机能为_____型的换向阀。

7. 先导式溢流阀是由_____和_____两部分组成，前者控制_____，后者控制_____。

8. 把先导式溢流阀的远程控制口接回油箱，将会发生_____问题。

9. 减压阀主要用来_____液压系统中某一分支油路的压力，使之低于液压泵的供油压力，以满足执行机构的需要，并保持基本恒定。

10. 溢流阀控制的是_____压力，做调压阀时阀口处于_____状态，做安全阀时阀口处于_____状态，先导阀弹簧腔的泄漏油与_____相通。定值减压阀控制的是_____压力，阀口处于_____状态，先导阀弹簧腔的泄漏油必须_____。

11. _____阀是利用系统压力变化来控制油路的通断，以实现各执行元件按先后顺序动作的压力阀。

12. 压力继电器是一种将液压油的_____信号转换成_____信号的电液控制元件。

13. 流量控制阀是通过改变阀口通流面积来调节阀口流量，从而控制执行元件运动_____的液压控制阀。常用的流量控制阀有_____阀和_____阀两种。

14. 节流阀结构简单、体积小、使用方便、成本低，但负载和温度的变化对流量稳定性的影响较_____，因此只适用于负载和温度变化不大或速度稳定性要求_____的液压系统。

15. 二通流量阀（调速阀）是由定差减压阀和节流阀_____组合而成。用定差减压阀来保证可调节流阀前后的压力差不受负载变化的影响，从而使通过节流阀的_____保持稳定。

二、判断题

（　）1. 单向阀用作背压阀时，应将其弹簧更换成软弹簧。

（　）2. 手动换向阀是用手动杆操纵阀芯换位的换向阀，只有弹簧自动复位一种。

（　）3. 电磁换向阀只适用于流量不大的场合。

（　）4. 液控单向阀控制油口不通液压油时，其作用与单向阀相同。

（　）5. 三位五通换向阀有三个工作位置、五个油口。

（　）6. 三位换向阀的阀芯未受操纵时，其所处的位置上各个油口的连通方式就是它的中位机能。

（   ）7. 三位换向阀的中位机能常用的有 O 型、H 型、Y 型、M 型和 P 型五种。

（   ）8. 液控单向阀的锁紧回路比用中间封闭的滑阀式换向阀的锁紧回路锁紧效果好，其原因是液控单向阀结构简单。

（   ）9. 溢流阀用作系统的限压保护、防止过载时，在系统正常工作中，该阀口处于常闭状态。

（   ）10. 溢流阀通常接在液压泵的出口油路上，它的进口压力即系统压力。

（   ）11. 溢流阀的远程控制口，只能用于系统卸荷。

（   ）12. 利用远程调压阀的调压回路中，只有溢流阀的调定压力高于远程调压阀的调定压力时，远程调压阀才能起调压作用。

（   ）13. 减压阀的主要作用是使阀的出口压力低于进口压力且保持进口压力稳定。

（   ）14. 串联了定值减压阀的分支油路，始终能获得低于系统压力调定值的稳定的工作压力。

（   ）15. 单向顺序阀出口通油箱时，也称为平衡阀。它用于锁定执行元件，防止由于自重或外力等原因使执行元件停留位置发生改变。

（   ）16. 使用可调节流阀进行调速时，执行元件的运动速度不受负载变化的影响。

（   ）17. 流量控制阀有节流阀、调速阀、溢流阀等。

（   ）18. 节流阀是最基本的流量控制阀。

（   ）19. 进口节流阀调速回路比出口节流阀调速回路的运动平稳性好。

（   ）20. 流量控制阀节流口采用薄壁口形式较好。

三、选择题

1. 液压阀按功用分为（   ）大类。
   A. 二　　　　　　B. 三　　　　　　C. 四　　　　　　D. 五

2. 液压方向阀中，除了单向阀外，还有（   ）。
   A. 溢流阀　　　　B. 节流阀　　　　C. 换向阀　　　　D. 顺序阀

3. 使用液控单向阀的锁紧回路比用滑阀的锁紧回路锁紧效果好，其原因是（   ）。
   A. 液控单向阀结构简单　　　　　B. 液控单向阀具有良好的密封性
   C. 换向阀闭锁回路结构复杂　　　D. 换向阀具有良好的密封性

4. 选择三位四通换向阀的中位机能。液压缸闭锁，液压泵不卸荷的是（   ）；液压缸闭锁，液压泵卸荷的是（   ）；液压缸浮动，液压泵卸荷的是（   ）；液压缸浮动，液压泵不卸荷的是（   ）；实现液压缸差动连接回路的是（   ）。
   A. O 型　　　　B. H 型　　　　C. Y 型　　　　D. M 型　　　　E. P 型

5. 溢流阀配合液压泵，溢出液压系统中多余的液压油，使液压系统保持一定的（   ）。
   A. 压力　　　　B. 溢流　　　　C. 流向　　　　D. 清洁度

6. 有两个调整压力分别为 5MPa 和 10MPa 的溢流阀并联在液压泵的出口，液压泵的出口压力为（   ）。
   A. 5MPa　　　　B. 10MPa　　　　C. 15MPa　　　　D. 7.5MPa

7. 要降低液压系统中某一部分的压力时，系统中可以配置（   ）。
   A. 溢流阀　　　　B. 减压阀　　　　C. 节流阀　　　　D. 顺序阀

8. 为平衡重力负载，使运动部件不会因自重而自行下落，在恒重力负载情况下，采用（　　）顺序阀作为平衡阀，而在变重力负载情况下，采用（　　）顺序阀作为限速锁。

　　　　A. 内控内泄式　　B. 内控外泄式　　C. 外控内泄式　　D. 外控外泄式

9. 顺序阀在系统中作为卸荷阀用时，应选用（　　）型，作为背压阀时，应选用（　　）型。

　　　　A. 内控内泄式　　　B. 内控外泄式　　C. 外控内泄式　　D. 外控外泄式

10. 压力控制阀在正常工作状态下，（　　）是处于常闭状态的。

　　　　A. 溢流阀　　　　B. 顺序阀　　　　C. 减压阀　　　　D. 节流阀

11. 在液压系统中，可用于液压执行元件速度控制的阀是（　　）。

　　　　A. 顺序阀　　　　B. 节流阀　　　　C. 溢流阀　　　　D. 换向阀

12. 二通流量阀（调速阀）是一种组合阀，其组成是（　　）。

　　　　A. 可调节流阀与定值减压阀串联　　B. 定差减压阀与可调节流阀并联

　　　　C. 定差减压阀与可调节流阀串联　　D. 可调节流阀与单向阀并联

13. 流量控制阀是通过改变阀口的（　　）来调节阀的流量的。

　　　　A. 形状　　　　　B. 压力　　　　　C. 通流面积　　　D. 压力差

14. 节流阀结构简单、体积小、使用方便，但节流阀的流量会随着（　　）的增加而增大。

　　　　A. 进出口压差　　B. 温度　　　　　C. 湿度　　　　　D. 管道阻力

15. 二通流量阀（调速阀）在（　　）的情况下性能会变差，只相当于一个节流阀。

　　　　A. 进口压力很大　　　　　　　　B. 进出口压差很大

　　　　C. 进出口压差很小　　　　　　　D. 进口压力很小

四、问答题

1. 什么是换向阀的"位"和"通"？

2. 什么是换向阀的中位机能？说出 O 型和 H 型机能的特点。

3. 哪些液压阀能作为背压阀使用？

4. 溢流阀在液压系统中有何功用？

5. 调速阀为什么能够使执行机构的运动速度稳定？

第六单元

液压辅助元件及液压泵站

【学习目标】

本单元主要学习液压系统中常用辅助元件的种类、结构和选用及液压泵站有关知识。辅助元件对系统的动态性能、工作稳定性、工作寿命、噪声和温升等都有直接影响，必须予以重视。要求学生掌握蓄能器、过滤器、油箱、热交换器、管件等常用辅助元件的原理、结构、功用与选用。

课题一　液压辅助元件

【任务描述】

本课题使学生掌握蓄能器、过滤器、油箱、热交换器、管件等常用辅助元件的原理、结构、功用与选用。

【知识学习】

一、蓄能器

蓄能器是储存液压系统多余的压力液体，在需要时又释放出来供给系统的一种能量储存装置。

（一）蓄能器的类型、结构和基本工作原理

蓄能器有重力式、弹簧式和充气式三大类。充气式最常用，分为活塞式、气囊式和隔膜式三种。

1. 活塞式蓄能器

如图6-1所示，活塞式蓄能器中的气体和液压油由活塞1隔开。活塞的上部为压缩氮

气，活塞随下部液压油的储存和释放而在缸筒 2 内来回滑动。这种蓄能器活塞有一定的惯性，和 O 形密封圈存在较大的摩擦力，所以反应不够灵敏。

2. 气囊式蓄能器

如图 6-2 所示，气囊式蓄能器中气体和液压油用气囊隔开，气囊用耐油橡胶制成，气囊内充入压缩氮气，壳体下端的提升阀能防止气囊膨胀挤出油口损坏。

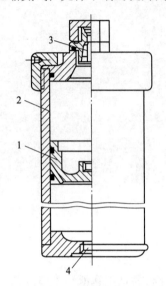
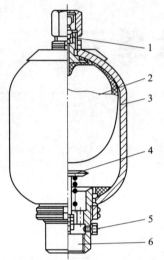
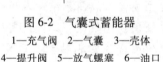

图 6-1　活塞式蓄能器

1—活塞　2—缸筒　3—气门　4—油口

图 6-2　气囊式蓄能器

1—充气阀　2—气囊　3—壳体
4—提升阀　5—放气螺塞　6—油口

（二）蓄能器的功用

1. 作为应急动力源

在液压泵停止向系统提供液压油的情况下，蓄能器能把储存的液压油供给系统，补偿系统泄漏或充当应急能源，使系统在一段时间内维持系统压力，避免停电或系统发生故障时油源突然中断所造成的机件损坏。

2. 作为辅助动力源

实现周期性动作的液压系统，在间歇工作或周期性动作中，蓄能器可以把泵输出的多余液压油储存起来，当系统需要时，由蓄能器释放出来。这样可使系统选用的液压泵流量等于循环周期内平均流量，以减小电动机功率消耗，降低系统温升。

3. 保压、补偿泄漏

对于执行元件长时间不动作，但要保持恒定压力的系统，可用蓄能器来补偿泄漏，从而保持压力恒定。

4. 吸收压力脉动、缓和液压冲击

蓄能器能吸收系统压力突变时的冲击，也能吸收液压泵工作时的因流量脉动所引起的压力脉动。

（三）蓄能器的安装和使用

蓄能器在液压回路中的安放位置随其功用而不同。吸收液压冲击或压力脉动时宜放在冲击源或脉动源近旁，保压、补偿泄漏时宜放在尽可能接近有关的执行元件处。

使用蓄能器须注意如下几点：

1）充气式蓄能器中应使用惰性气体（一般为氮气），允许工作压力视蓄能器结构形式而定，如气囊式为 3.5~32MPa。

2）气囊式蓄能器原则上应垂直安装（油口向下）。

3）装在管路上的蓄能器须用支板或支架固定。

4）蓄能器与管路系统之间应安装截止阀，供充气、检修时使用。蓄能器与液压泵之间应安装单向阀，防止液压泵停车时蓄能器内储存的液压油倒流。

二、过滤器

过滤器是用来过滤混在液压油中的杂质，降低进入系统中液压油的污染度，以保证系统正常、可靠地工作。

（一）过滤器的主要性能指标

1. 过滤比 β_x

过滤比 β_x 用来表示过滤器的过滤能力，其定义为：过滤器上、下游的液压油单位体积中大于某一给定尺寸 x 的污染物颗粒数之比。

2. 过滤精度

过滤精度是指过滤器所能有效捕获（$\beta_x \geq 100$ 时）的最小颗粒尺寸 x，用 μm 表示。它反映了过滤材料中最大通孔尺寸。一般要求液压系统的过滤精度要小于元件运动副间隙的一半。液压系统压力越高，对过滤精度要求越高。国产过滤器的精度系列（μm）为 1、3、5、10、20、30、50、80、100、180，分为粗过滤器（>50μm）、普通过滤器（30~50μm）、精过滤器（10~30μm）、特精过滤器（1~5μm）。各种液压系统的过滤精度要求见表 6-1。

表 6-1　各种液压系统的过滤精度要求

系统类别	润滑系统	传动系统			伺服系统
工作压力/MPa	0~2.5	<14	14~32	>32	≤21
过滤精度 $d/\mu m$	≤100	25~50	≤25	≤10	≤5

3. 压降特性

液压油通过滤芯时要出现压力降低。一般来说，在滤芯尺寸和流量一定的情况下，滤芯的过滤精度越高，压力降越大；在流量一定的情况下，滤芯的有效过滤面积越大，压力降越小；液压油的黏度越大，流经滤芯的压力降也越大。

4. 纳垢容量

纳垢容量是指过滤器在压力降达到规定限值之前可以滤除并容纳的污染物数量。纳垢容量越大，使用寿命越长。一般来说，滤芯尺寸越大，即有效过滤面积越大，纳垢容量就越大。

（二）过滤器的种类和结构特点

过滤器按其滤芯材料的过滤机制分，有表面型过滤器、深度型过滤器和吸附型过滤器三种。表面型过滤器：整个过滤作用是由一个几何面来实现，滤下的污染杂质被截留在滤芯元件液压油上游的一面，由于污染杂质积聚在滤芯表面上，因此滤芯很容易被阻塞，如网式滤芯、线隙式滤芯等。深度型过滤器：滤芯材料为多孔可透性材料，内部具有曲折迂回的通道，大于表面孔径的杂质直接被截留在外表面，较小的污染杂质进入滤材内部，滤材内部曲折的通道有利于污染杂质的沉积，如纸芯、毛毡、烧结金属和各种纤维制品等。吸附型过滤器：滤芯材料把液压油中的有关杂质吸附在其表面上，如磁性滤芯。

1. 网式过滤器

如图 6-3 所示，在开有很多孔的塑料或金属筒形骨架上，包着一层或两层铜丝网，其过滤精度取决于铜网层数和网孔的大小。它的压力损失不超过 0.004MPa，结构简单，通流能力大，清洗方便，过滤精度一般为 80~180μm，一般用于液压泵的吸油口。

2. 线隙式过滤器

如图 6-4 所示，用铜线或铝线密绕在筒形骨架的外部来组成滤芯，依靠丝与丝间的微小间隙滤除混入液体中的杂质。它的结构简单、通流能力大、压力损失为 0.03~0.06MPa，过滤精度一般为 80~180μm，但不易清洗，用于低压管道中，当用在液压泵吸油管上时，其流量规格宜选得比泵大。

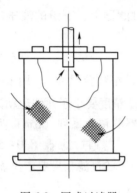

图 6-3　网式过滤器

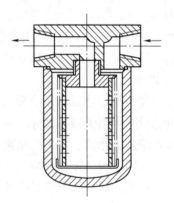

图 6-4　线隙式过滤器

3. 纸芯式过滤器

如图 6-5 所示，滤芯由厚 0.35~0.7mm 的平纹或皱纹的酚醛树脂、木浆或玻璃纤维的微孔滤纸组成。纸芯围绕在带孔的镀锡铁做成的骨架上，以增大强度。为增加过滤面积，纸芯一般做成折叠形。它的过滤精度较高（5~30μm），压力损失为 0.01~0.04MPa，一般用于液压油的精过滤，但堵塞后无

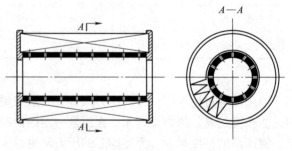

图 6-5　纸芯式过滤器

法清洗。纸芯式过滤器顶部设置了污染指示器，提醒操作人员及时更换滤芯。

4. 烧结式过滤器

如图 6-6 所示，滤芯由金属粉末烧结而成，利用金属颗粒间的微孔来挡住油中杂质通过。它的过滤精度高（10~100μm），压力损失为 0.03~0.2MPa，滤芯能承受高压，但金属颗粒易脱落，堵塞后不易清洗，适用于精过滤。

5. 磁性过滤器

滤芯由永久磁铁制成，能吸住液压油中的铁屑、铁粉，常与其他形式滤芯合起来制成复合式过滤器。

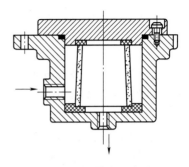

图 6-6 烧结式过滤器

（三）过滤器的选用和安装

1. 选用

选用过滤器时，要考虑下列几点：

1）过滤精度应满足预定要求。

2）能在较长时间内保持足够的通流能力。

3）滤芯具有足够的强度，不因液压的作用而损坏。

4）滤芯耐蚀性好，能在规定的温度下持久地工作。

5）滤芯清洗或更换简便。

因此，过滤器应根据液压系统的技术要求，按过滤精度、通流能力、工作压力、液压油黏度、工作温度等条件选定其型号。

2. 安装

过滤器在液压系统中的安装位置通常有以下几种，如图 6-7 所示。

（1）安装在液压泵的吸油路上（过滤器 1） 液压泵的吸油路上一般都安装有表面型过滤器，目的是滤去较大的杂质微粒以保护液压泵，此外过滤器的过滤能力应为泵流量的两倍以上，压力损失小于 0.02MPa。

（2）安装在液压泵的出口油路上（过滤器 2） 此处安装过滤器的目的是用来滤除可能侵入阀类等元件的污染物，其过滤精度应为 $10\sim15\mu m$，且能承受油路上的工作压力和冲击压力，压力损失应小于 0.35MPa，同时应安装安全阀以防过滤器堵塞。

（3）安装在系统的分支油路上（过滤器 3）

（4）安装在系统的回油路上（过滤器 4） 这种安装起间接过滤作用。一般与过滤器并联安装一背压阀，当过滤器堵塞达到一定压力值时，背压阀打开。

（5）独立过滤系统（过滤器 5） 大型液压系统可专设一液压泵和过滤器组成独立过滤回路。

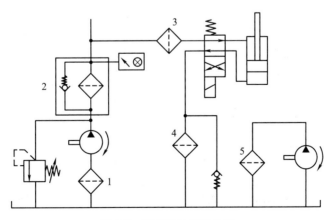

图 6-7 过滤器的安装位置

液压系统中除了整个系统所需的过滤器外，还常常在一些重要元件（如伺服阀、精密节流阀等）的前面单独安装一个专用的精过滤器来确保它们的正常工作。

三、油箱

油箱的功用主要是储存系统所需的足够液压油、散发液压油中热量、释放出混在液压油中的气体、沉淀液压油中污物等。油箱有整体式和分离式两种。整体式油箱利用主机的内腔作为油箱，油箱结构紧凑，但维修不便，散热条件不好；分离式油箱单独设置，与主机分开，减少了油箱发热和液压源振动对主机工作精度的影响，应用较多。油箱又有开式和闭式之分。开式油箱上部开有通气孔，使液面与大气相通，用于一般的液压系统；闭式油箱整体是封闭的，顶部有一充气管，充入 0.3~0.5MPa 过滤纯净的压缩空气，空气被输入到皮囊内不与液压油接触。闭式油箱改善了液压泵的吸油条件，但系统中的回油管、泄油管承受背压，油箱本身还须配置安全阀、电接点压力表等元件以稳定充气压力，因此它只在特殊场合下使用。

1. 油箱的结构

开式油箱的典型结构如图 6-8 所示。油箱内部用隔板 7、9 将吸油管 1 与回油管 4 隔开，把油箱分隔成沉淀室、消泡室和吸油室三部分。顶部、侧部和底部分别装有空气过滤器 3、液位计 6 和排放污油的放油阀 8，油箱顶面上的箱盖（安装板）5 可用于安装液压泵及其驱动电动机等元件。

2. 设计时的注意事项

1）油箱的有效容积 V（油面高度为油箱高度80%时的容积）确定。应根据液压系统发热、散热平衡的原则来计算。一般来说，油箱的有效容积可按液压泵的额定流量 q_p（L/min）估算，即

$$V = \xi q_p \qquad (6\text{-}1)$$

式中　V——油箱的有效容积（L）；

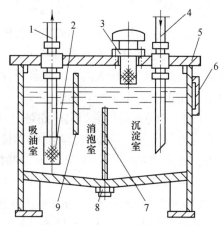

图 6-8　开式油箱的典型结构
1—吸油管　2—过滤器　3—空气过滤器
4—回油管　5—箱盖（安装板）
6—液位计　7、9—隔板　8—放油阀

ξ——与系统压力有关的经验系数，低压系统

$\xi = 2~4\text{min}$，中压系统 $\xi = 5~7\text{min}$，高压系统 $\xi = 10~12\text{min}$。

2）吸油管和回油管应尽量相距远些，两管之间要用隔板隔开，以增加液压油循环距离，使液压油有足够的时间分离气泡、沉淀杂质、消散热量。隔板高度最好为箱内油面高度的 3/4。吸油管入口处要装粗过滤器。回油管管端宜斜切 45°，以增大出油口截面积，减慢出口处油流速度，此外，应使回油管斜切口面对箱壁，以利液压油散热。管端与箱底、箱壁间距离不宜小于管径的 3 倍。粗过滤器距箱底不应小于 20mm。

3）为了防止液压油污染，油箱上的箱盖、管口处都要妥善密封。注油器上要加滤油网。防止油箱出现负压而设置的通气孔上须装空气过滤器。空气过滤器的容量至少应为液压泵额定流量的 2 倍。油箱内回油集中部分及清污口附近宜装设一些磁性块，以去除液压油中的铁屑和带磁性颗粒。

4）为了易于散热和便于对油箱进行搬移及维护保养，箱底离地面至少应在 150mm 以

上。箱底应适当倾斜，在最低部位处设置堵塞或放油阀，以便排放污油。箱体上注油口附近的侧壁必须设置液位计。过滤器的安装位置应便于装拆。箱内各处应便于清洗。

5）油箱中如要安装热交换器，必须考虑好它的安装位置以及测温、控制等措施。

6）分离式油箱一般用 3~6mm 钢板焊成。箱壁越薄，散热越快。建议 100L 容量以内的油箱壁厚取 3mm；容量在 100~315L，油箱壁厚取 3~4mm；容量在 315L 以上，油箱壁厚取 4~6mm。箱底厚度大于箱壁，箱盖厚度应为箱壁的 3 倍。大尺寸油箱要加焊角板、筋板，以增加刚性。当液压泵及其驱动电动机和其他液压件都要装在油箱上时，油箱顶盖要相应地加厚。

7）油箱内壁应涂上耐油防锈的涂料，外壁如涂上一层极薄的黑漆（不超过 0.025mm 厚度），会有很好的辐射冷却效果。铸造的油箱内壁一般只进行喷砂处理，不涂漆。

四、热交换器

液压系统的工作温度最好保持在 30~50℃ 的范围之内，最高不超过 65℃，最低不低于 15℃。如果液压系统靠自然冷却不能使油温控制在上述范围内时，需要安装冷却器或加热器。

1. 冷却器

最简单的冷却器是蛇形管冷却器，如图 6-9 所示。它直接装在油箱内，冷却水从蛇形管内部通过，带走液压油中热量。这种冷却器结构简单，但冷却效率低、耗水量大。还有一种翅片管式冷却器，水管外面增加了许多横向或纵向的散热翅片，扩大了散热面积和热交换效果。

液压系统中用得较多的冷却器是强制对流式多管冷却器，如图 6-10 所示。液压油从进油口 5 流入，从出油口 3 流出，冷却水从进水口 7 流入，通过多根水管后由出水口 1 流出。液压油在水管外部流动时，它的行进路线因冷却器内设置了隔板而加长，因而增加了热交换效果。

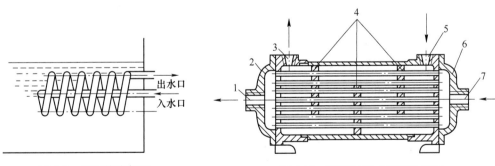

图 6-9　蛇形管冷却器

图 6-10　强制对流式多管冷却器
1—出水口　2、6—端盖　3—出油口　4—隔板
5—进油口　7—进水口

多管冷却器一般应安放在回油管或低压管路上，如溢流阀的出口、系统的主回油路上或单独的冷却系统。冷却器所造成的压力损失一般为 0.01~0.1MPa。

2. 加热器

液压系统的加热常采用结构简单、能按需要自动调节最高和最低温度的电加热器。电加热器的安装方式如图 6-11 所示，用法兰盘横装在箱壁上，发热部分全部浸在液压油内。电加热器应安装在箱内油液流动处，有利于热量的交换。由于液压油是热的不良导体，单个电加热器的功率容量不能太大，以免其周围液压油过度受热后发生变质现象。

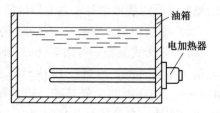

图 6-11　电加热器的安装方式

五、管件

管件是用来连接液压元件、输送液压油的连接件。它应保证足够的强度，密封性能好，压力损失小，拆装方便。它包括油管、管接头等。

（一）油管

液压系统中使用的油管主要是金属硬管和耐压软管。液压系统一般使用硬管，它比软管安全可靠，而且经济。软管通常用于两个有相对运动的部件之间的连接，或需要经常装卸的部件之间的连接。软管本身还具有吸振和降噪声的作用。油管须按照安装位置、工作环境和工作压力来正确选用。液压系统用油管种类、特点和适用场合见表 6-2。

表 6-2　液压系统用油管种类、特点和适用场合

种	类	特点和适用场合
硬管	钢管	能承受高压、价格低廉、耐油、耐蚀、刚性好，但装配时不能任意弯曲；常在装拆方便处用作压力管道，压力 $p<2.5$MPa 选焊接钢管，压力 $p>2.5$MPa 选无缝钢管，超高压系统选合金钢管
	纯铜管	易弯曲成各种形状，但承压能力一般不超过 10MPa，抗振能力较弱，易使液压油氧化；通常用在液压装置内配接不便之处
软管	尼龙管	乳白色半透明，加热后可以随意弯曲成形或扩口，冷却后又能定形不变，承压能力因材质而异，2.5～8MPa 不等
	塑料管	质轻耐油、价格便宜、装配方便，但承压能力低，长期使用会变质老化，只宜用作压力低于 0.5MPa 的回油管、泄油管等
	橡胶管	高压管由耐油橡胶夹几层钢丝编织网制成，钢丝网层数越多，耐压越高，用作中、高压系统中两个相对运动件之间的压力管道；低压管由耐油橡胶夹帆布制成

油管的规格尺寸（油管内径和壁厚）可根据液压系统的压力和流量，按以下两式计算出油管内径 d、壁厚 δ 后，查阅有关的标准选定。

$$d = 2\sqrt{\frac{q}{\pi v}} \tag{6-2}$$

$$\delta = \frac{pdn}{2R_m} \tag{6-3}$$

式中　　d——油管内径；

　　　　q——管内流量；

　　　　v——管中液压油的流速；吸油管取 0.5～1.5m/s；高压管取 2.5～5m/s（压力高的取大值，低的取小值，例如：压力在 6MPa 以上的取 5m/s，在 3～6MPa 之间的取

4m/s，在3MPa以下的取2.5~3m/s；管道较长的取小值，较短的取大值；液压油黏度大时取小值）；回油管取1.5~2.5m/s；短管及局部收缩处取5~7m/s；

δ——油管壁厚；

p——管内工作压力；

n——安全系数；对钢管来说，$p<7$MPa时，取$n=4$；7MPa$<p<17.5$MPa时，取$n=6$；$p>17.5$MPa时，取$n=8$；

R_m——管道材料的抗拉强度。

油管的管径不宜选得过大，以免使液压装置的结构庞大，但也不能选得过小，以免使管内液体流速加大，系统压力损失增加或产生振动和噪声，影响正常工作。

在保证强度的情况下，管壁可尽量选得薄些。薄壁易于弯曲，装接较易。管道应尽量短，最好横平竖直，拐弯少，装配的弯曲半径要足够大，管道悬伸较长时要适当设置管夹。管道尽量避免交叉，以防接触振动。

（二）管接头

管接头是油管与油管、油管与液压件之间的可拆式连接件，必须具有装拆方便、连接牢固、密封可靠、外形尺寸小、通流能力大、压降小、工艺性好等条件。它的规格品种可查阅有关手册。管路用的连接螺纹采用国家标准米制锥螺纹和细牙普通螺纹。锥螺纹依靠自身的锥体旋紧和采用聚四氟乙烯等进行密封，广泛用于中、低压液压系统；细牙普通螺纹密封性好，常用于高压系统，但要采用组合垫圈或O形圈进行端面密封，有时也可用纯铜垫圈。

管接头的种类很多，按管接头和管道的连接方式分，有扩口式管接头、卡套式管接头和焊接式管接头等。

1. 扩口式管接头

如图6-12所示，当旋紧螺母3时，通过套管2使油管1端部的扩口压紧在接头本体4的锥面上。被扩口的管子只能是薄壁且塑性良好的管子，如铜管。此种接头的工作压力不高于8MPa。

2. 卡套式管接头

如图6-13所示，拧紧螺母2后，卡套3发生弹性变形便将油管1夹紧。它对轴向尺寸要求不严，装拆方便，但对连接用管道的尺寸精度要求较高。

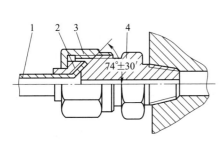

图6-12　扩口式管接头

1—油管　2—套管　3—螺母　4—接头本体

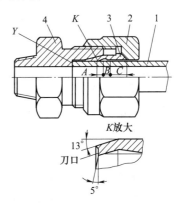

图6-13　卡套式管接头

1—油管　2—螺母　3—卡套　4—接头本体

3. 焊接式管接头

如图 6-14a 所示，把接管 1 焊在被连接的钢管端部。接头本体 4 用螺纹拧入液压元件的基体中。用组合密封垫圈 5 防止液压油从元件中外漏。将 O 形密封圈放在接头本体 4 的端面处，将螺母 2 拧在接头本体 4 上即完成连接。

图 6-14b 所示的接管端部做成球面、螺母拧紧在接头本体上后，球面和接头本体的内锥面压紧而防止漏油。接头本体的锥螺纹将拧入某元件的基体中。

焊接式管接头制作简单、工作可靠，对被连接的管件尺寸精度要求不高，工作压力可达32MPa 或更高。它的缺点是对焊接质量要求较高。它是目前应用最多的一种管接头。

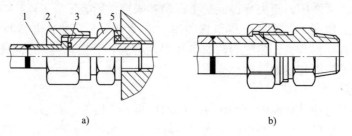

图 6-14　焊接式管接头

1—接管　2—螺母　3—O 形密封圈　4—接头本体　5—组合密封垫圈

4. 扣压式胶管接头

如图 6-15 所示，它用来连接高压软管，结构紧凑，密封可靠，耐冲击和振动。

5. 快换管接头

图 6-16 所示为液压系统常见的快换管接头。当系统中某一局部不需要经常供油时或执行元件的连接管路要经常拆卸时，往往采用快换管接头与高压软管配合使用。图 6-16 中快换管接头各零件的位置为油路接通位置，外套 6 把钢球 8 压入槽底使接头本体 10

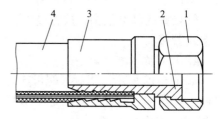

图 6-15　扣压式胶管接头

1—接头螺母　2—接头本体
3—接头外套　4—橡胶软管

和 2 连接起来，单向阀 4 和 11 互相推挤使油路接通。1 为挡圈，5 为 O 形密封圈，9 为弹簧卡圈。当需要断开时，可用力将外套向左推，同时拉出接头本体 10，油路断开。与此同时，单向阀 4 和 11 在各自弹簧 3 和 12 的作用下外伸，顶在接头本体 2 和 10 的阀座上，使两个管内的油封闭在管中，弹簧 7 使外套回位。这种快换管接头在液压和气压系统中均有应用。

图 6-17 所示为插销式快换管接头，常用于软管与软管，或软管与液压元件间的连接。该管接头分为插销头 1 和套管 3 两部分，插销头上带有环形槽，套管上开有处于中心线上方和下方并垂直于中心线的两个通孔，把插销头插入套管内，再把 U 形卡子 2 从套管上的两个孔插入，卡住插销头上的环形槽，使它们连接起来。这种接头没有螺纹连接件，拆装方便、迅速。插销头端面上装有橡胶密封圈 4 防止泄漏。

液压系统中的泄漏问题大部分都出现在管路中的接头上，为此对管材的选用，接头形式的确定（包括接头设计，垫圈、密封、箍套、防漏涂料的选用等）、管路系统的设计（包括弯管设计、管道支承点和支承形式的选取等）以及管道的安装（包括正确的运输、储存、清洗、组装等）要做到精心、细致，以免影响整个液压系统的使用质量。

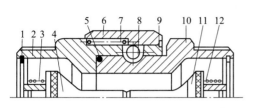

图 6-16　液压系统常见的快换管接头

1—挡圈　2、10—接头本体　3、7、12—弹簧
4、11—单向阀　5—O 形密封圈　6—外套
8—钢球　9—弹簧卡圈

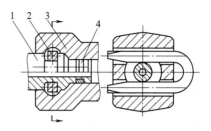

图 6-17　插销式快换管接头

1—插销头　2—U 形卡子　3—套管
4—橡胶密封圈

六、密封装置

密封装置用来防止系统液压油的内、外泄漏以及外界灰尘和异物的侵入，保证系统建立必要压力。密封装置按其工作原理分为间隙密封和接触式密封；按密封装置的运动状况，分为静密封、动密封（包括往复运动密封和回转运动密封）。

对密封装置的要求主要有：

1）在工作压力和一定的温度范围内，应具有良好的密封性能，并随着压力的增加能自动提高密封性能。

2）密封装置和运动件之间的摩擦力要小，摩擦系数要稳定。

3）耐蚀能力强，不易老化，工作寿命长。

4）结构简单，使用、维护方便，价格低廉。

（一）间隙密封

间隙密封是靠相对运动零件配合面之间的微小间隙里的油膜来进行密封的，常用于柱塞、活塞或阀的圆柱配合副中，一般在阀芯的外表面开有几条等距离的均压槽，使阀芯所受的径向压力分布均匀，减少液压卡紧力，使阀芯在阀孔中有自动对中作用，以减小泄漏。均压槽所形成的阻力，对减少泄漏也有一定的作用。均压槽一般宽为 0.3~0.5mm，深为 0.5~1.0mm。圆柱面配合间隙与直径大小有关，对于阀芯与阀孔一般为 $5~17\mu m$ 。

间隙密封摩擦力小，但是磨损后间隙不能自动补偿，主要用于直径较小的圆柱面之间，如液压泵的柱塞与缸孔之间，滑阀的阀芯与阀孔之间的配合。

（二）接触式密封

在需要密封的两个零件表面之间加入弹性元件，靠弹性元件的变形起密封作用。接触式密封常用的密封件是由耐油橡胶制成的密封圈。

1. O 形密封圈

O 形密封圈用耐油橡胶制成，其横截面呈圆形。它具有良好的密封性能，内外侧和端面都能起密封作用，结构紧凑，运动件的摩擦阻力小，制造容易，装拆方便，成本低且高低压均可以用，在液压系统中得到广泛的应用。

图 6-18 所示为 O 形密封圈结构和工作情况。图 6-18a 所示为其外形图；图 6-18b 所示为装入密封沟槽的情况，δ_1、δ_2 为 O 形圈装配后的预压缩量。对于固定密封、往复运动密封和回转运动密封，应分别达到 15%~20%、10%~20% 和 5%~10%，才能取得满意的密封效果。

当液压油工作压力超过 10MPa 时，O 形密封圈在往复运动中容易被液压油压力挤入间隙而提早损坏，如图 6-18c 所示。为此，要在它的侧面安放 1.2 ~ 1.5mm 厚的聚四氟乙烯挡圈。单向受力时在受力侧的对面安放一个挡圈，如图 6-18d 所示；双向受力时则在两侧各安放一个挡圈，如图 6-18e 所示。

O 形密封圈的安装沟槽，除矩形外，也有 V 形、燕尾形、半圆形、三角形等，实际应用中可查阅有关手册及国家标准。

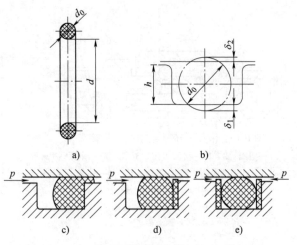

图 6-18　O 形密封圈结构和工作情况

2. 唇形密封圈

唇形密封圈根据截面的形状可分为 Y 形、V 形、U 形、L 形等。Y 形密封圈的工作原理如图 6-19 所示。液压力将密封圈的两唇边 h_1 压向形成间隙的两个零件的表面。这种密封作用的特点是能随着工作压力的变化自动调整密封性能，压力越高则唇边被压得越紧，密封性能越好；当压力降低时唇边压紧程度也随之降低，从而减小了摩擦阻力和功率消耗，还能自动补偿唇边的磨损，保持密封性能不降低。

目前，液压缸中普遍使用如图 6-20 所示的 Y_x 形密封圈作为活塞和活塞杆的密封。其中图 6-20a 所示为轴用密封圈，图 6-20b 所示为孔用密封圈。这种 Y_x 形密封圈的特点是断面宽度和高度的比值大，增加了底部支承宽度，可以避免摩擦力造成的密封圈的翻转和扭曲。

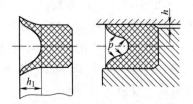

图 6-19　Y 形密封圈的工作原理

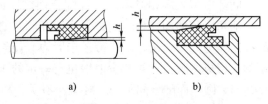

图 6-20　Y_x 形密封圈

在高压和超高压情况下（压力大于 25MPa）V 形密封圈也有应用。V 形密封圈如图 6-21 所示，它由多层涂胶织物压制而成，通常由压环、密封环和支承环三个圈叠在一起使用。当压力更高时，可以增加中间密封环的数量。这种密封圈在安装时要预压紧，所以摩擦阻力较大。

唇形密封圈安装时其唇边开口要面对液压油，使两唇张开，分别贴紧在机件的表面上。

3. 组合式密封装置

包括密封圈在内的两个及以上元件组成的组合式密封装置。

图 6-22a 所示为 O 形密封圈与截面为矩形的聚四氟乙烯塑料滑环组成的孔用组合式密封装置（也称为格莱圈）。其中，滑环 2 紧贴密封面，O 形密封圈 1 为滑环提供弹性预压力，构成密封。由于密封间隙靠滑环，而不是 O 形密封圈，因此摩擦阻力小而且稳定，可以用

于压力≤40MPa的高压元件，往复运动密封时，速度可达15m/s。矩形滑环组合式密封的缺点是抗侧倾能力稍差，在高低压交变的场合下工作容易漏油。

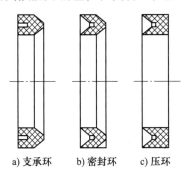

a) 支承环　　b) 密封环　　c) 压环

图6-21　V形密封圈

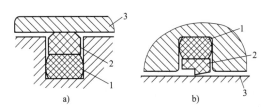

a)　　　　　　　　b)

图6-22　组合式密封装置
1—O形密封圈　2—滑环　3—被密封件

图6-22b所示为由滑环2和O形密封圈1组成的轴用组合式密封（也称为斯特圈），滑环与被密封件3之间为线密封，其工作原理类似唇边密封。

组合式密封装置充分发挥了橡胶密封圈和滑环的优点，工作可靠，摩擦力低而稳定，使用寿命比普通橡胶密封提高近百倍，在工程上应用广泛。

4. 油封

图6-23所示为一种耐油橡胶制成的回转轴用密封圈（油封）。它的内部有直角形圆环铁骨架支承，密封圈的内边围着一条螺旋弹簧，把内边收紧在轴上来进行密封。这种密封圈主要用于液压泵、液压马达和回转式液压缸的回转轴的密封，它的工作压力一般不超过0.1MPa，最大允许线速度为4~8m/s，须在有润滑情况下工作。

5. 防尘圈

如图6-24所示，在灰尘较多、条件恶劣环境中工作的液压缸，常需在活塞杆密封处增添防尘圈，并放在向着活塞杆外伸的一端，以防止外界杂质进入液压缸内部。

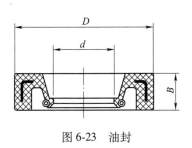

图6-23　油封

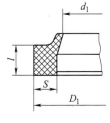

图6-24　防尘圈

课题二　液压泵站

【任务描述】

本课题主要介绍液压泵站结构、类型。

【知识学习】

液压泵站是由多种液压元件及附件组合而成的装置。作为液压系统的动力源，它为一个或几个液压系统存放具有一定清洁度的介质，并输出一定压力、流量的液体动力，兼作安放液压控制装置基座的整体装置。

一、液压泵站的组成

液压泵站通常由液压泵组、油箱组件、控温组件、过滤器组件和蓄能器组件五个相对独立的部分组成，见表 6-3。除这五个部分外，还可以组合控制阀组、集成块和电气控制箱。液压泵站适应于主机与液压装置可以分离的各种液压设备。

表 6-3　液压泵站的组成

组成部分	元器件	作用	组成部分	元器件	作用
液压泵组	液压泵	将原动机的机械能转换为液压能	控温组件	油温计	显示、观测液压油温度
	原动机（电动机或内燃机）	驱动液压泵		温度传感器	检测并控制油温
	联轴器	连接原动机和液压泵		加热器	液压油加热
	传动底座	安装和固定液压泵及原动机		冷却器	液压油冷却
油箱组件	油箱	储存液压油、散发液压油热量、逸出空气、分离水分、沉淀杂质和安装元件	过滤器组件	过滤器	分离液压油中的固体颗粒，防止堵塞小截面流道，保持液压油清洁度
	液位计	显示和观测液面高度	蓄能器组件	蓄能器	蓄能、吸收液压脉动和冲击
	空气过滤器	注油、过滤空气		支承架台	安装蓄能器
	放油塞	清洗油箱或更换液压油放油			

二、液压泵站的类型

液压泵站的类型颇多，分类方式及特点各异。

1. 按液压泵组布置方式分类

（1）上置卧式液压泵站　如图 6-25 所示，电动机卧式安装，液压泵、电动机以及控制阀组（含集成块）置于油箱盖板之上。它占地面积小，结构紧凑，应用广泛。应注意液压泵的吸油高度不超过其允许值。

（2）上置立式液压泵站　如图 6-26 所示，电动机立式安装，液压泵置于油箱内。它的特点是占地面积小，结构紧凑。液压泵置于油箱内立式安装，噪声低且便于收集漏油，在中、小功率液压泵站中被广泛采用，但不利于维修。

（3）旁置式液压泵站　如图 6-27 所示，泵组安装在油箱的旁侧，有整体型和分离型两种。整体型为泵组与油箱组件共用一个底座。分离型为泵组与油箱组件分离。由于液压泵置于油箱液面以下，液压泵的吸入性能好，且具有高度低、便于维护的优点，但占地面积大。它用于油箱容量大于250L、电动机功率7.5kW以上的液压系统。

（4）下置式液压泵站 如图6-28所示，泵组安装在油箱的下面，液压泵的吸入性能好，一般属于大型液压泵站，通常在液压泵的吸油管路上要加装截止阀，便于拆卸液压泵。

图6-25 上置卧式液压泵站外形

图6-26 上置立式液压泵站外形

图6-27 旁置式液压泵站外形

图6-28 下置式液压泵站外形

（5）便携式液压泵站 便携式液压泵站是将液压泵及其驱动电动机、油箱及少数控制元件集成在一起的液压动力单元或液压动力包，电动机一般立式布置。它的特点是体积与质量较小、压力高（可达25MPa以上），但油箱容量较小（通常为3~30L）。

2. 按液压泵组的驱动方式分类

液压泵站有电动机型、机动型和手动型三种驱动方式。

以电动机作为原动机的液压泵站适宜有稳定电力供应的固定式机械设备采用，工作噪声低，应用最为普通。

以柴油机或汽油机为原动机的机动型液压泵站，不需要电源，适用于没有电力供应或电力短缺的偏远地区以及野外作业的各类施工设备使用，但工作时噪声较大。

以人力操作的手动型液压泵站，实质是一种手摇泵，其工作效率较低，但通过简单配管即可向小行程液压缸供油，常与小型压力机、试验机、弯管机、抢险救援拆破器具、液压剪等手动机具和设备配套使用，并可作为机动车辆的便携式动力源，用于车辆抢修及日常维护保养等。

3. 按液压泵组输出压力高低和流量特性分类

按液压泵组输出压力高低可将液压泵站分为低压、中压、高压和超高压等类型；按液压泵组输出流量特性可将液压泵站分为定量型和变量型两种，变量型泵站按压力-流量的调节特性又可分为恒功率式、恒压式、恒流量式及压力切断式等。不同的输出压力和流量特性分别可以适应不同的主机工况和工作要求。

4. 按液压泵站的冷却方式分类

（1）自然冷却　靠油箱本身与空气热交换冷却，一般用于油箱容量小于 250L 的系统。

（2）强迫冷却　采取冷却器进行强制冷却，一般用于油箱容量大于 250L 的系统。

三、液压泵站的参数

液压泵站以油箱的有效储油量及电动机功率为主要技术参数。油箱容量共有 18 种规格（单位为 L）：25、40、63、100、160、250、400、630、800、1000、1250、1600、2000、2500、3200、4000、5000、6000。

液压泵站可以根据设备要求和使用条件进行配置，如：

1）可以按液压系统要求配置集成块，也可不带集成块。

2）可根据液压系统需要调整液压系统压力和配备相应的电动机。

3）可根据液压系统需要设置冷却器、加热器、蓄能器等。

4）可根据液压系统需要设置电气控制装置。

【思考与练习】

一、填空题

1. 蓄能器有_____式、_____式和_____式三类，常用的是_____式。

2. 蓄能器的功用是_____、_____、_____和缓和冲击，吸收压力脉动。

3. 过滤器的功用是过滤混在液压油中的_____，降低进入系统中液压油的_____度，保证系统正常地工作。

4. 过滤器在液压系统中的安装位置通常有：装在液压泵的_____处、液压泵的_____油路上、系统的_____油路上、系统的_____油路上或独立过滤系统。

5. 油箱的功用主要是_____液压油，同时还起着_____液压油中热量、_____混在液压油中的气体、沉淀液压油中污物等作用。

6. 常用的硬管管接头有_____管接头、_____管接头、_____管接头。

7. 液压泵站按液压泵组布置方式有_____、_____、_____和便携式液压泵站等。

二、判断题

（　　）1. 过滤器和空气过滤器都是依据过滤精度来选择确定的。

（　　）2. 过滤器只能单向使用，即按规定的液流方向安装。

（　　）3. 防止液压系统液压油污染的唯一方法是采用高质量的液压油。

（　　）4. 液压泵吸油管路如果密封不好（有一个小孔），液压泵可能吸不上油。

（　　）5. 蓄能器应垂直安装，其他液压元件可以在其上安装固定。

三、选择题

1. 蓄能器在液压系统中的主要功能不包括（　　　　）。

    A. 辅助能源　　　　B. 吸收压力脉动　　　　C. 保压　　　　D. 增压

2. 在 20MPa 的液压系统中，可以选用（　　　　）作为液压系统的管道。

    A. 塑料管　　　　B. 尼龙管　　　　C. 无缝钢管　　　　D. 焊接钢管

3. 强度高、耐高温、耐蚀性强以及过滤精度高的精过滤器是（　　　　）。

    A. 网式过滤器　　B. 线隙式过滤器　　C. 烧结式过滤器　D. 纸芯式过滤器

4. 用过一段时间后过滤器的过滤精度略有（　　　　）。

    A. 提高　　　　B. 降低

5. 在液压系统中使用最为广泛的密封圈是（　　　　）。

    A. Y 形密封圈　　B. O 形密封圈　　　C. V 形密封圈　　　D. Y_x 形密封圈

6. 与（　　　　）管接头连接的油管对外壁尺寸精度要求最高。

    A. 焊接式　　　　B. 扩口式　　　　C. 卡套式　　　　D. 快换式

四、问答题

1. 蓄能器有哪些功用？

2. 过滤器有哪些功用？一般应安装在什么位置？

3. 简述油箱以及油箱内隔板的功能。

4. 密封装置有哪些类型？

5. 液压泵站由哪些组件组成？

第七单元

液压基本回路

【学习目标】

通过本单元的学习，使学生熟悉和掌握常用液压系统的主回路、压力控制回路、方向控制回路、速度控制回路和多缸动作回路的工作原理、组成、特点、功能及应用；通过实训来认识、绘制和组建简单的液压系统，掌握液压基本回路安装、调试及维护方面的知识。

课题一 液压系统的主回路

【任务描述】

本课题使学生掌握基本回路的概念、分类，了解典型开式系统和闭式系统的组成、原理、特点和应用。

【知识学习】

由若干液压元件组成，具有特定功能的典型回路称为基本回路。它是从实际液压系统中归纳、综合、提炼出来的。液压系统都是由一些基本回路组成的。熟悉和掌握基本回路的工作原理、组成及特点，才能准确分析、正确使用、维护和设计液压系统。基本回路按其实现的功能不同，可分为方向控制回路、速度控制回路、压力控制回路和多缸动作回路等基本形式。

主回路是指液压泵和执行元件所组成的回路。根据液压油在主回路中的循环方式不同，液压系统分为开式系统和闭式系统。

一、开式系统

开式系统（图7-1）是指液压泵由电动机驱动，从油箱经过滤器吸油，液压泵排出的液压油经换向阀进入液压缸，推动活塞运动，液压缸的回油经换向阀再排回油箱的系统。溢流阀用以维持系统所需要的工作压力和防止系统过载。开式系统结构比较简单，液压油在油箱中能够很好地冷却和沉淀杂质，液压缸的起动、停止和换向由换向阀控制。它的缺点是油箱体积较大，液压油与空气长期接触，空气、污物易浸入液体。

二、闭式系统

由液压泵排出的液压油直接进入液压马达或液压缸，而执行元件排出的液压油又直接返回液压泵的吸油口，液压油如此不停地循环流动称为闭式系统。

1. 液压泵-液压马达闭式系统

图 7-2 所示为变量泵-液压马达闭式系统。为了补充系统液压油的漏损，必须设置辅助泵 2 向主泵 4 供油。辅助泵补充的液压油一般为主泵流量的 $1/5 \sim 1/3$。系统中的液压油因不经油箱，油温较高，为了解决散热问题，在闭式系统中，一般均要设置一个液控换向阀 10，使液压马达或液压缸排出的部分低压热油经背压阀 12 流回油箱冷却。低压溢流阀 14 的调定压力要大于背压阀 12 的调定压力，以便冷油把多余的热油挤回油箱，高压安全阀 7 起过载保护作用。闭式系统一般都采用双向变量泵，以控制液压马达的转向和转速（或液压缸的方向和速度）。闭式系统结构紧凑，封闭性能好，回油有一定压力，空气和灰尘难于浸入液压油，有效地提高了液压元件和液压油的使用寿命，油箱容积较小，但结构复杂，散热条件差。图 7-2 所示闭式系统主要用于大功率传动的行走机械中。

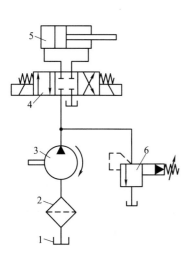

图 7-1　开式系统

1—油箱　2—过滤器　3—液压泵
4—换向阀　5—液压缸　6—溢流阀

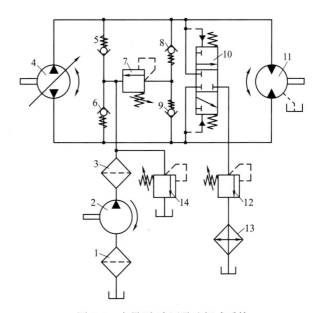

图 7-2　变量泵-液压马达闭式系统

1、3—过滤器　2—辅助泵　4—主泵　5、6、8、9—单向阀
7—高压安全阀　10—液控换向阀　11—液压马达
12—背压阀　13—冷却器　14—低压溢流阀

2. 液压泵-液压缸闭式系统

图 7-3 所示为液压泵-液压缸闭式系统。由于液压缸 7 两腔作用面积不相等，当液压泵 1 向上排油时，液压缸活塞腔进液，活塞杆向下运动，活塞杆腔回油到液压泵吸油口，同时，蓄能器 4 储存的压力液体通过单向阀 3 到液压泵吸油口，满足液压泵的吸油要求；当液压泵向下排油时，液压缸活塞杆腔进液，同时打开液控单向阀 2，活塞杆向

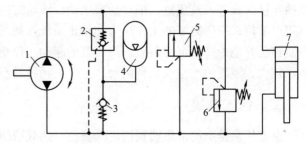

图 7-3　液压泵-液压缸闭式系统
1—液压泵　2—液控单向阀　3—单向阀　4—蓄能器
5、6—安全阀　7—液压缸

上运动，活塞腔回油到液压泵吸油口，活塞腔回油多余的液体通过液控单向阀 2 到蓄能器 4 中储存。安全阀 5、6 起安全保护作用。

课题二　压力控制回路

【任务描述】

本课题使学生掌握常见压力控制回路的种类、组成、原理及应用；通过实训掌握常见压力控制回路的组装、调试及数据分析。

【知识学习】

压力控制回路是用压力阀来控制和调节液压系统主油路或某一支路的压力，以满足执行元件所需的力或力矩的要求。它可实现对系统进行调压（稳压）、减压、增压、卸荷、保压与平衡等各种控制。

一、调压回路

调压回路用来调定或限制液压系统的工作压力，使之与负载相适应。当液压泵一直工作在系统的调定压力时，就要通过溢流阀调节并稳定液压泵的工作压力。当系统在不同的工作时间内需要有不同的工作压力时，可采用二级或多级调压回路。

1. 单级调压回路

图 7-4a 所示为单级调压回路。用在定量泵节流调速系统时，溢流阀使泵在恒压下工作。在变量泵系统中或旁路节流调速系统中，用溢流阀限制系统的最高安全压力。溢流阀的调定压力必须大于执行元件和管路上各种压力损失之和，作为溢流阀使用时可大 5%~10%；作为安全阀使用时可大 10%~20%。

2. 二级和多级调压回路

图 7-4b 所示为二级调压回路，主溢流阀 1 调定系统最高压力，当远程调压阀 3 的调定压力小于主溢流阀的调定值，用二位二通电磁换向阀 2 切换，获得二级调定压力。图 7-4c 所示为多级调压回路，远程调压阀 3 和 4 的调定压力不同，利用三位四通电磁换向阀 5 切换，可获得三级调定压力。

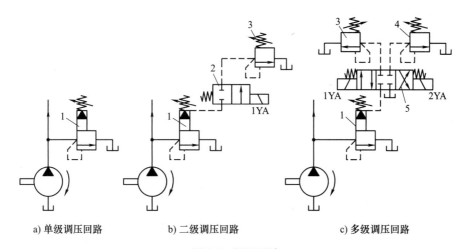

a) 单级调压回路　　　　b) 二级调压回路　　　　c) 多级调压回路

图 7-4　调压回路

1—主溢流阀　2—二位二通电磁换向阀　3、4—远程调压阀　5—三位四通电磁换向阀

3. 比例调压回路

图 7-5 所示为采用电液比例溢流阀的比例调压回路。调节进入阀的输入电流（或电压）的大小，即可实现系统压力的调节。它的优点是回路简单，压力切换平稳，更容易实现远距离控制或程序控制。

4. 双向调压回路

当执行元件正反行程需要不同压力时，可采用双向调压回路。在图 7-6a 中，当换向阀处于图示位置时，活塞向右工作进给，液压泵出口由先导式溢流阀 1 调定为较高的压力，液压缸右腔的回油经换向阀流回油箱，此时先导式溢流阀 2 不起作用；当换向阀处于右位时，活塞向左退回，液压泵出口由先导式溢流阀 2 调定为较低的压力，此时先导式溢流阀 1 不起作用。在图 7-6b 中，当换向阀处于图示位置时，直动式溢流阀 4 的出口被高压油封闭，即先导式溢流阀 3 的远程控制口被堵塞，此时液压泵出口压力较高，压力由先导式溢流阀3

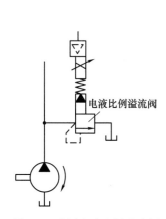

图 7-5　采用电液比例溢流阀
的比例调压回路

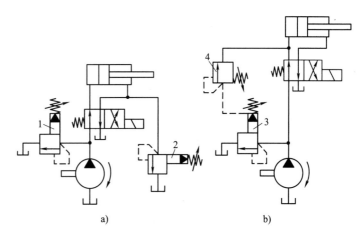

a)　　　　　　　　　　b)

图 7-6　双向调压回路

1~3—先导式溢流阀　4—直动式溢流阀

调定；当换向阀处于右位时，直动式溢流阀 4 的出口通油箱，直动式溢流阀 4 相当于先导式溢流阀 3 的远程调压阀，液压泵出口压力由直动式溢流阀 4 调定，阀 3 的调定压力值应大于阀 4 的调定压力值。

二、减压回路

泵的输出压力是高压而局部回路或支路要求低压时，可采用减压回路，如机床液压系统中的定位、夹紧以及液压元件的控制油路等。

图 7-7a 所示为单级减压回路。回路中单向阀作用是，当主油路压力降低（低于减压阀调定压力）时防止液压油倒流，起短时保压作用。图 7-7b 所示为二级减压回路，利用先导式减压阀 1 的远程控制口接一远程调压阀 3，则可由先导式减压阀 1、远程调压阀 3 各调得一种低压。阀 3 的调定压力值一定要低于先导式减压阀 1 的调定减压值。

为使减压回路工作可靠，减压阀最低调定压力不应小于 0.5MPa，最高调定压力至少比系统压力小 0.5MPa。当减压回路中的执行元件需要调速时，调速元件应放在减压阀的后面，以避免减压阀泄漏（指由减压阀泄油口流回油箱的液压油）对执行元件的速度产生影响。

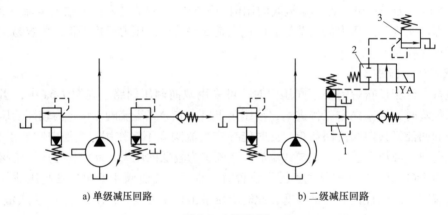

a) 单级减压回路　　　　　　　　　　　　b) 二级减压回路

图 7-7　减压回路

1—先导式减压阀　2—二位二通电磁换向阀　3—远程调压阀

三、增压回路

如果系统的某一分支油路需要压力较高但流量又不大的液压油，采用高压泵又不经济时，这时常采用增压回路，以满足局部工作机构的需要。这样不仅容易选择液压泵，而且系统工作较可靠，噪声小。增压回路中提高压力的主要元件是增压缸或增压器。

1. 单作用增压缸的增压回路

如图 7-8a 所示，液压泵供给增压缸 2 的大活塞腔以较低的液压油 p_1，在小活塞腔即可得到所需的较高压力 p_2；当二位四通电磁换向阀 1 换位后，增压缸活塞返回，辅助油箱 3 中的液压油经单向阀 4 向小活塞腔补油。该回路只能实现间歇增压。

2. 双作用增压缸的增压回路

如图 7-8b 所示，采用双作用增压缸 10 增压。该回路由二位四通电磁换向阀 5 的反复换向（通过增压缸的行程控制来实现）使增压缸的活塞不断往复运动，两端便交替输出高压油，从而实现了连续增压。四个单向阀6、7、8、9组成的是定向回路，保证增压缸往复运动时，能够向增压缸补充低压液体，始终向液压系统排出高压液体。

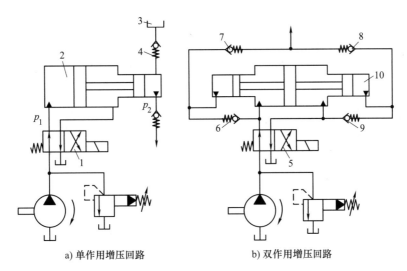

a) 单作用增压回路   b) 双作用增压回路

图 7-8   增压回路

1、5—二位四通电磁换向阀   2、10—增压缸   3—辅助油箱   4、6~9—单向阀

四、卸荷回路

卸荷回路的功用是当液压系统的执行元件在短时间内不工作时，使液压泵在功率输出接近于零的情况下运转，以减少功率损耗，降低系统发热，延长液压泵和电动机的寿命。液压泵卸荷分为流量卸荷和压力卸荷两种。流量卸荷是使用变量泵，使变量泵仅为补偿泄漏而以最小流量运转，但液压泵仍处在高压状态下运行，液压泵的温升大，磨损比较严重，适合短时运行。压力卸荷是使液压泵在接近零压下运转，这种方法最常用。

1. 换向阀的卸荷回路

采用 M、H 和 K 型中位机能的三位换向阀，当阀处于中位时液压泵即卸荷。如图 7-9 所示为采用 M 型中位机能的电液动换向阀的卸荷回路。这种回路切换时压力冲击小，但回路中必须设置单向阀，以使系统能保持 0.3~0.5MPa 的压力，供操纵控制油路之用。

2. 电磁溢流阀的卸荷回路

图 7-10 所示为采用电磁溢流阀的卸荷回路。电磁溢流阀 1 是带远程控制口的先导式溢流阀与二位二通电磁阀的组合。当执行元件停止运动时，二位二通电磁阀得电，溢流阀的远程控制口通过电磁阀回油箱，液压泵输出的液压油以很低的压力经溢流阀回油箱，实现液压泵卸荷。

3. 卸荷阀的卸荷回路

用蓄能器 4 保持系统压力而用卸荷阀 1（外控内泄式顺序阀）使液压泵卸荷的回路，如图 7-11 所示。当电磁铁 1YA 得电时，液压泵和蓄能器同时向液压缸左腔供油，推动活塞快速右移，接触工件后，系统压力升高。当系统压力升高到卸荷阀的调定值时，卸荷阀打开，液压泵通过卸荷阀卸荷，而系统压力用蓄能器保持。若蓄能器压力降低到允许的最小值时，卸荷阀关闭，液压泵重新向蓄能器和液压缸供油，以保证液压缸左腔的压力是在允许的范围内。图7-11中先导式溢流阀2作为安全阀使用。

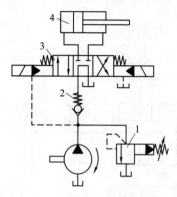

图7-9　采用M型中位机能的
电液动换向阀的卸荷回路
1—先导式溢流阀　2—单向阀
3—三位四通电液动换向阀　4—液压缸

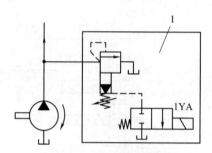

图7-10　采用电磁溢流阀的卸荷回路
1—电磁溢流阀

4. 限压式变量泵的卸荷回路

图7-12所示为限压式变量泵的卸荷回路。当系统压力升高达到限压式变量泵压力调节螺钉调定压力时，压力补偿装置动作，限压式变量泵1输出流量随供油压力升高而减小，直到维持系统压力所必需的流量，回路实现保压卸荷，系统中的溢流阀2作为安全阀使用，以防止液压泵的压力补偿装置失效而导致压力异常。

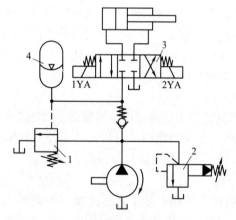

图7-11　卸荷阀的卸荷回路
1—卸荷阀　2—先导式溢流阀
3—三位四通电磁换向阀　4—蓄能器

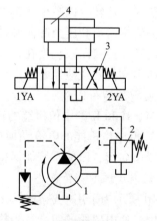

图7-12　限压式变量泵的卸荷回路
1—限压式变量泵　2—溢流阀
3—三位四通电磁换向阀　4—液压缸

五、保压回路

在液压系统中，常要求液压执行机构在一定的行程位置上停止运动或在有微小的位移下稳定地维持一定的压力，这就要采用保压回路。最简单的保压回路是密封性能较好的液控单向阀的回路，但是，阀类元件处的泄漏使得这种回路的保压时间不能维持太久。常用的保压回路有以下几种。

1. 利用液压泵的保压回路

在保压过程中，液压泵仍以较高的压力（保压所需压力）工作。此时，若采用定量泵则液压油几乎全经溢流阀流回油箱，系统功率损失大，易发热，故只在小功率的系统且保压时间较短的场合下才使用。若采用变量泵，在保压时泵的压力较高，但输出流量几乎等于零，因而，液压系统的功率损失小，这种保压方法能随泄漏量的变化而自动调整输出流量，因而其效率也较高。

2. 利用蓄能器的保压回路

图 7-11 所示为用蓄能器保持系统压力并补偿泄漏的回路。

3. 自动补油保压回路

采用液控单向阀和电接触式压力表的自动补油保压回路，如图 7-13 所示。当 2YA 得电，三位四通电磁换向阀，右位接入回路，液压缸上腔压力上升至电接触式压力表 4 的上限值时，上触点接电，使电磁铁 2YA 失电，三位四通电磁换向阀处于中位，液压泵卸荷，液压缸由液控单向阀 3 保压。当液压缸上腔压力下降到预定下限值时，下触点接电，使 2YA 得电，液压泵再次向系统供油，使压力上升。该回路能自动地使液压缸补充液压油，使其压力保持在一定范围内。它适应于保压时间不太长，压力变化为 1~2MPa，要求功率损失较小的场合。

六、制动回路

制动回路的作用是使执行元件平稳地由运动状态转换成静止状态。要求对油路中出现的异常高压和负压的情况能迅速反应，并使制动时间尽可能短，冲击尽可能小。如图 7-14 所

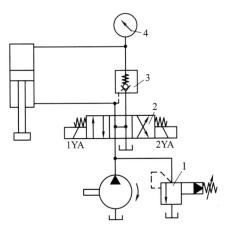

图 7-13 自动补油保压回路
1—先导式溢流阀 2—三位四通电磁换向阀
3—液控单向阀 4—电接触式压力表

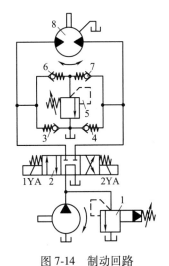

图 7-14 制动回路
1—先导式溢流阀 2—三位四通电磁换向阀
3、4、6、7—单向阀 5—安全阀 8—液压马达

示，采用安全阀 5 的制动回路，单向阀 3、4 和 6、7 组成定向回路。当三位四通电磁换向阀 2 突然切换到中位时，执行元件回油路液压油压力由于运动部件的惯性而突然升高，当压力超过安全阀 5 的调定压力，打开溢流阀，缓和管路中的液压冲击，同时进油路可以通过单向阀 3 或 4 补油，防止产生吸空现象。安全阀 5 的调定压力一般比液压泵的调定压力高 0.5~1MPa。

七、平衡回路

平衡回路的功用在于防止垂直（或倾斜）放置的液压缸和与之相连的工作部件因自重而自行下落或在下行运动中速度超过液压泵供油所能达到的速度，而使工作腔中出现真空。如果负载力的方向与其运动方向相同，则此负载称为超越负载（负值负载）。平衡回路是在立式液压缸的下行回路上设置一个适当的阻力，产生一定的背压与超越负载相平衡。

1. 采用单向顺序阀的平衡回路

图 7-15 所示为采用单向顺序阀的平衡回路。调节单向顺序阀 1 的开启压力，使其稍大于立式液压缸下腔的背压。活塞下行时，由于回路上存在一定背压来支承重力负载，活塞将平稳下落；电磁换向阀处于中位时，活塞停止运动。此处的单向顺序阀又称为平衡阀。这种平衡回路由于回路上有背压，功率损失较大。如果超越负载变化较大，则应采用外控式顺序阀。另外，由于顺序阀和滑阀存在内部泄漏，活塞不可能长时间停在任意位置，故这种回路适用于工作负载固定且液压缸闭锁要求不高的场合。

2. 采用单向节流阀的平衡回路

图 7-16 所示为采用单向节流阀的平衡回路。回油路上的单向节流阀 2 是用于给定液压缸下腔的背压，保证活塞向下运动的平稳性。液控单向阀 1 可使液压缸停留在任意位置，因液控单向阀密封性好、泄漏小，所以闭锁性能好。

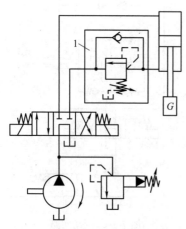

图 7-15　采用单向顺序阀的平衡回路
1—单向顺序阀

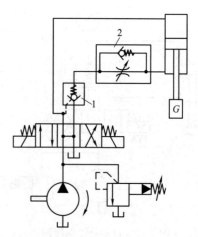

图 7-16　采用单向节流阀的平衡回路
1—液控单向阀　2—单向节流阀

课题三　速度控制回路

【任务描述】

本课题使学生掌握常见速度控制回路的种类、组成、原理及应用；通过实训掌握速度控制回路的组装、调试及数据分析。

【知识学习】

速度控制回路是实现执行元件的速度调节或速度换接。常用的速度控制回路有调速回路、快速运动回路、速度换接回路等。

一、调速回路

调速回路的基本原理：液压缸的运动速度 $v=q/A$，液压马达的转速 $n_m=q/V_m$；改变液压缸的运动速度，可通过改变输入流量 q 实现；改变液压马达的转速可通过改变输入流量 q 或改变液压马达的排量 V_m 来实现；而改变输入流量 q 可以通过采用流量控制阀或变量泵来实现，改变液压马达的排量 V_m 可通过采用变量液压马达来实现。因此，调速回路主要有以下三种方式。

1）节流调速回路。由定量泵供油，用流量控制阀调节进入或流出执行元件的流量来实现调速。

2）容积调速回路。用调节变量泵或变量马达的排量来调速。

3）容积节流调速回路。用限压式变量泵供油，由流量控制阀调节进入执行机构的流量，并使变量泵的流量与流量控制阀的调节流量相适应来实现调速。

此外还可采用几个定量泵并联，按不同速度需要，起动一个泵或几个泵供油实现分级调速。

（一）节流调速回路

节流调速回路是通过改变回路中流量控制阀的通流面积大小来控制流入执行元件的流量，达到调节速度的目的。按照流量控制阀在回路中的不同位置，节流调速回路可以分为三种基本形式：进油路节流调速回路、回油路节流调速回路和旁路节流调速回路。

1. 进油路节流调速回路

如图 7-17 所示，将节流阀串联在液压泵和液压缸之间，用它来控制进入液压缸的流量从而达到调速的目的，此回路称为进油路节流调速回路。在这种回路中，定量泵输出的多余流量通过溢流阀流回油箱。由于溢流阀有溢流，泵的出口

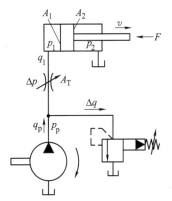

图 7-17　进油路节流调速回路

压力 p_p 为溢流阀的调定压力，这是进油路节流调速回路能够正常工作的条件。

（1）速度负载特性　当不考虑回路中各处的泄漏和液压油的压缩时，活塞运动速度为

$$v = \frac{q_1}{A_1} \tag{7-1}$$

活塞受力方程为

$$p_1 A_1 = p_2 A_2 + F \tag{7-2}$$

式中　F——外负载力；

　　　p_2——液压缸回油腔压力，当回油腔通油箱时，$p_2 \approx 0$。

于是

$$p_1 = \frac{F}{A_1} \tag{7-3}$$

进油路上通过节流阀的流量方程为

$$q_1 = K A_\text{T} (\Delta p)^m = K A_\text{T} (p_\text{p} - p_1)^m = K A_\text{T} \left(p_\text{p} - \frac{F}{A_1} \right)^m \tag{7-4}$$

于是

$$v = \frac{q_1}{A_1} = \frac{K A_\text{T}}{A_1^{1+m}} (p_\text{p} A_1 - F)^m \tag{7-5}$$

式中　K——与节流阀口种类等有关的系数；

　　　A_T——节流阀的通流面积；

　　　Δp——节流阀前后的压差，$\Delta p = p_\text{p} - p_1$；

　　　m——节流阀口的指数，当为薄壁孔口时，$m = 0.5$。

式（7-5）即为进油路节流调速回路的速度负载特性方程，它描述了执行元件的速度 v 与负载 F 之间的关系。如以 v 为纵坐标，F 为横坐标，将式（7-5）按不同节流阀通流面积 A_T 作图，可得一组抛物线，称为进油路节流调速回路的速度负载特性曲线，如图 7-18 所示。

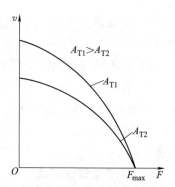

图 7-18　进油路节流调速
回路的速度负载特性曲线

由式（7-5）和图 7-18 可以看出，其他条件不变时，活塞的运动速度 v 与节流阀通流面积 A_T 成正比，调节 A_T 就能实现无级调速。这种回路的调速范围较大，$v_\text{max}/v_\text{min} \approx 100$。当节流阀通流面积 A_T 一定时，活塞运动速度 v 随着负载 F 的增加按抛物线规律下降。但不论节流阀通流面积如何变化，当 $F = p_\text{p} A_1$ 时，节流阀两端压差为零，没有流体通过节流阀，活塞也就停止运动，此时液压泵的全部流量经溢流阀流回油箱。该回路的最大承载能力即为 $F_\text{max} = p_\text{p} A_1$。

（2）功率特性　调速回路的功率特性是以其自身的功率损失（不包括液压缸、液压泵和管路中的功率损失）、功率损失分配情况和效率来表达的。

在图 7-17 中，液压泵输出功率即为该回路的输入功率，即 $P_\text{p} = p_\text{p} q_\text{p}$。

液压缸输出的有效功率为 $P_1 = p_1 q_1$。

回路的功率损失 ΔP 由两部分组成：溢流功率损失 $\Delta P_1 = p_\text{p} \Delta q$ 和节流功率损失 $\Delta P_2 = \Delta p q_1$。

回路的输出功率与回路的输入功率之比定义为回路效率。进油路节流调速回路的回路效率为

$$\eta = \frac{P_{\mathrm{p}} - \Delta P}{P_{\mathrm{p}}} = \frac{p_1 q_1}{p_{\mathrm{p}} q_{\mathrm{p}}} \tag{7-6}$$

2. 回油路节流调速回路

如图 7-19 所示，将节流阀串联在液压缸的回油路上，借助节流阀控制液压缸的排油量来调节其运动速度，此回路称为回油路节流调速回路。

用同样的分析方法可以得到与进油路节流调速回路相似的速度负载特性为

$$v = \frac{q_2}{A_2} = \frac{K A_{\mathrm{T}}}{A_2^{1+m}} \left(p_{\mathrm{p}} A_1 - F \right)^m \tag{7-7}$$

其功率特性与进油路节流调速回路相同。

进油路和回油路节流调速的速度负载特性公式相似，功率特性相同，但它们在以下几方面的性能有明显差别，在选用时应加以注意。

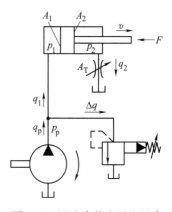

图 7-19　回油路节流调速回路

1）承受负值负载的能力。回油路节流调速回路的节流阀在液压缸的回油腔能形成一定的背压，能承受一定的负值负载；对于进油路节流调速回路，要使其能承受负值负载，就必须在执行元件的回油路上加上背压阀，这必然会导致功率消耗增加，液压油发热量增加。

2）运动平稳性　回油路节流调速回路由于回油路上存在背压，可以有效地防止空气从回油路吸入，因而低速运动时不易爬行，高速运动时不易颤振，即运动平稳性好。进油路节流调速回路在不加背压阀时不具备这种特点。

3）实现压力控制的方便性　在进油路节流调速回路中，进油腔的压力将随负载而变化，当工作部件碰到止挡块而停止后，其压力将升到溢流阀的调定压力，利用这一压力变化来实现压力控制很方便；在回油路节流调速回路中，只有回油腔的压力才会随负载而变化，当工作部件碰到止挡块后，其压力将降至零，虽然也可以利用这一压力变化来实现压力控制，但可靠性差，一般不采用。

4）液压油发热对回路的影响。在进油路节流调速回路中，通过节流阀产生的节流功率损失转变为热量，一部分由元件散发出去，另一部分使液压油温度升高，直接进入液压缸，会使缸的内外泄漏增加，速度稳定性不好，而回油路节流调速回路液压油经节流阀温升后，直接回油箱，对系统泄漏影响较小。

5）起动性能。回油路节流调速回路中若停车时间较长，液压缸回油箱的液压油会泄漏回油箱，重新起动时背压不能立即建立，会引起瞬间工作机构的前冲现象，对于进油路节流调速，只要在开车时调小节流阀即可避免起动冲击。

综上所述，进油路、回油路节流调速回路结构简单，价格低廉，但效率较低，只宜用在负载变化不大、低速、小功率场合，如某些机床的进给系统中。

3. 旁路节流调速回路

把节流阀装在与液压缸并联的支路上，利用节流阀把液压泵供油的一部分排回油箱实现速度调节的回路，称为旁路节流调速回路。如图 7-20 所示。在这个回路中，由于溢流功能由节流阀来完成，故正常工作时，溢流阀处于关闭状态，溢流阀作为安全阀用，其调定压力是最大负载压力的 1.1~1.2 倍，液压泵的供油压力 p_{p} 取决于负载。采用与前述相同的分析

方法可得其速度负载特性为

$$v = \frac{q_1}{A_1} = \frac{q_p - \Delta q}{A_1} = \frac{q_p - KA_T \left(\frac{F}{A_1} \right)^m}{A_1} \tag{7-8}$$

图 7-21 所示为旁路节流调速回路的速度负载特性曲线，分析曲线可知，旁路节流调速回路有如下特点。

1）调大节流阀开口，活塞运动速度减小；调小节流阀开口，活塞运动速度增大。

2）节流阀调定后（A_T 不变），负载增加时活塞运动速度减小，从它的速度负载特性曲线可以看出，其速度稳定性更差。

3）当节流阀通流截面面积较大（工作机构运动速度较低）时，所能承受的最大载荷较小。同时，当载荷较大、节流开口较小时，速度受载荷的变化较小，所以旁路节流调速回路适用于高速大载荷的情况。

4）液压泵输出液压油的压力随负载的变化而变化，同时回路中只有节流功率损失，而无溢流损失，因此这种回路的效率较高，发热量少。

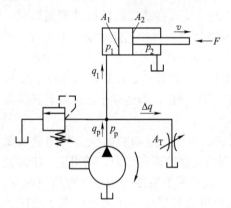

图 7-20　旁路节流调速回路

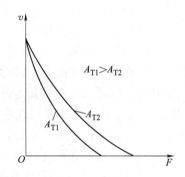

图 7-21　旁路节流调速回路
的速度负载特性曲线

根据以上分析可知，旁路节流调速回路宜用在负载变化小、对运动平稳性要求低的高速大功率场合，如牛头刨床的主运动传动系统；有时也用在随着负载增大要求进给速度自动减小的场合。

使用节流阀的节流调速回路，速度受负载变化的影响比较大，变载荷下的运动平稳性比较差。为克服这个缺点，回路中的节流阀可用二通流量阀来代替。二通流量阀能在负载变化的条件下保证节流阀进出油口间的压差基本不变，在使用二通流量阀后，节流调速回路的速度负载特性得到改善。二通流量阀的工作压差一般最小须 0.5MPa，高压二通流量阀需 1MPa 左右。

（二）容积调速回路

容积调速回路可用变量泵供油，根据需要调节泵的输出流量，或应用变量液压马达，调节其排量以进行调速，也可以采用变量泵和变量液压马达联合调速。容积调速回路的主要优点是没有节流调速时通过溢流阀和节流阀的溢流功率损失和节流功率损失，所以发热少，效率高，适用于功率较大并需要有一定调速范围的液压系统中。

容积调速回路按所用执行元件的不同，分为泵-缸容积调速回路和泵-马达容积调速回路。这里主要介绍泵-马达容积调速回路。

1. 变量泵-定量马达容积调速回路

图 7-22 所示为变量泵-定量马达容积调速回路。回路中压力管路上的安全阀 4 用以防止回路过载，低压管路上连接一个小流量的辅助液压泵 1，以补偿变量泵 3 和定量马达 5 的泄漏，其供油压力由溢流阀 6 调定。辅助液压泵与溢流阀使低压管路始终保持一定压力，不仅改善了主泵的吸油条件，而且可置换部分发热液压油，降低系统温升。

在这种回路中，液压泵转速 n_p 和液压马达排量 V_m 都为恒值，改变液压泵排量 V_p 可使马达转速 n_m 和输出功率 P_m 随之成比例地变化。马达的输出转矩 T_m 和回路的工作压力 p 都由负载转矩来决定，不因调速而发生改变，这种回路常被称为恒转矩调速回路，回路的工作特性曲线如图 7-23 所示。在这种回路中，因泵和马达的泄漏量随负载的增加而增加，致使马达输出转速下降。该回路的调速范围 $R_C \approx 40$。

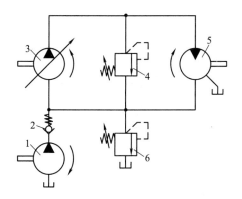

图 7-22　变量泵-定量马达容积调速回路
1—辅助液压泵　2—单向阀　3—变量泵
4—安全阀　5—定量马达　6—溢流阀

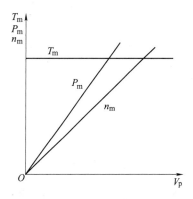

图 7-23　变量泵-定量马达容积调速
回路的工作特性曲线

2. 定量泵-变量马达容积调速回路

图 7-24 所示为定量泵-变量马达容积调速回路，定量泵 1 的排量 V_p 不变，变量液压马达 4 的排量 V_m 大小可以调节，2 为安全阀，3 为换向阀。

在这种回路中，液压泵转速 n_p 和排量 V_p 都是常值，改变液压马达排量 V_m 时，马达输出转矩的变化与 V_m 成正比，输出转速 n_m 则与 V_m 成反比。马达的输出功率 P_m 和回路的工作压力 p 都由负载功率决定，不因调速而发生变化，这种回路常被称为恒功率调速回路，回路的工作特性曲线如图 7-25 所示。该回路的优点是能在各种转速下保持很大输出功率不变，其缺点是调速范围小（$R_C \approx 3 \sim 4$），因此这种调速方法往往不能单独使用。

3. 变量泵-变量马达容积调速回路

图 7-26 所示为双向变量泵和双向变量马达组成的容积调速回路。回路中各元件对称布置，改变双向变量泵 3 的供油方向，就可实现双向变量马达 7 的正反向旋转，单向阀 4 和 5 用于辅助泵 1 的双向补油。一般机械要求低速时输出转矩大，高速时能输出较大的功率，这种回路恰好可以满足这一要求。在低速段，先将马达排量调到最大，用变量泵调速，当泵的排量由小调到最大，马达转速随之升高，输出功率随之线性增加，此时因马达排量最大，马

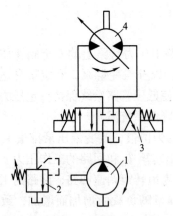

图 7-24 定量泵-变量马达容积调速回路

1—定量泵 2—安全阀 3—换向阀 4—变量液压马达

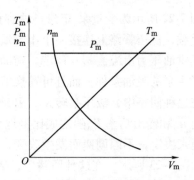

图 7-25 定量泵-变量马达容积调速
回路的工作特性曲线

达能获得最大输出转矩，且处于恒转矩状态；在高速段，泵为最大排量，用变量马达调速，将马达排量由大调小，马达转速继续升高，输出转矩随之降低，此时因泵处于最大输出功率状态，故马达处于恒功率状态，回路的工作特性曲线如图 7-27 所示，该回路调速范围 $R_c \approx 100$。

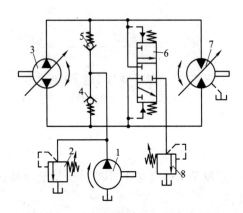

图 7-26 双向变量泵和双向变量马达组成
的容积调速回路

1—辅助泵 2—溢流阀 3—双向变量泵 4、5—单向阀
6—三位三通液控换向阀 7—双向变量马达 8—背压阀

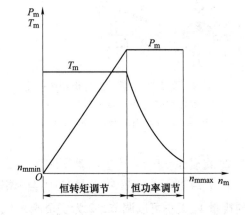

图 7-27 双向变量泵和双向变量马达容积调
速回路的工作特性曲线

（三）容积节流调速回路

容积节流调速回路的工作原理是采用压力补偿型变量泵供油，用流量控制阀调定进入液压缸或由液压缸流出的流量来调节液压缸的运动速度，并使变量泵的输油量自动地与液压缸所需的流量相适应，这种调速回路没有溢流损失，效率较高，速度稳定性也比单纯的容积调速回路好，常用在速度范围大、中小功率的场合，如组合机床的进给系统等。

图 7-28a 所示为由限压式变量泵和二通流量阀组成的容积节流调速回路。

图 7-28b 所示为调速回路的调速特性，由图 7-28b 可知，这种回路虽无溢流损失，但仍

有节流损失，其大小与液压缸工作腔压力 p_1 有关。液压缸工作腔压力的正常工作范围是

$$p_2 \frac{A_2}{A_1} \leqslant p_1 \leqslant p_p - \Delta p \tag{7-9}$$

式中　Δp——保持二通流量阀正常工作所需的压差，一般应在 0.5MPa 以上。

当 $p_1 = p_{1max}$ 时，回路中的节流损失为最小。泵的输出流量越小，泵的压力就越高；负载越小，则上式中的压力 p_1 便越小。因而在速度小（q_p 小）、负载小（p_1 小）的场合下，这种调速回路效率就很低。

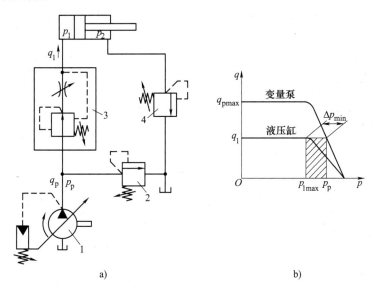

图 7-28　限压式变量泵和二通流量阀组成的容积节流调速回路
1— 限压式变量泵　2—安全阀　3—二通流量阀　4—背压阀

二、快速运动回路

为了提高生产率，设备上的空行程一般都需做快速运动。根据 $v = q/A$ 可知，增加进入液压缸的流量或缩小液压缸的有效工作面积，都能提高活塞的运动速度。

1. 差动连接的快速运动回路

采用差动式液压缸实现差动连接的快速运动回路，如图 7-29 所示。图 7-29 中采用二位三通电磁换向阀 3 连接成差动回路，当电磁铁通电时，换向阀连通液压缸 4 的左右腔，并且同时接通液压油，由于活塞左端面上所受的液压油作用力大于右端面上所受的液压油作用力，因此，活塞向右运动。此时液压缸 4 右腔的液压油也同时流入左腔，于是达到了快进的目的。工进时，电磁铁不通电，二位三通电磁换向阀 3 的左位工作，液压油进入液压缸左腔，右腔的回油通过二位三通电磁换向阀 3 直接流回油箱。这种液压回路简单经济，应用较多；但液压缸速度加快得不多，当 $A_1 = 2A_2$ 时，差动连接只比非差动连接的最大速度快一倍，有时不能满足主机快速运动的要求，因此常常要和其他方法联合使用。

2. 双泵供油的快速运动回路

如图 7-30 所示，由低压大流量泵 2 和高压小流量泵 1 组成的双泵作为动力源，外控式顺序阀 3 和先导式溢流阀 5 分别设定双泵供油和高压小流量泵 1 单独供油时系统的最高工作

压力。当二位二通电磁换向阀 7 处于图 7-30 所示位置，且外负载很小，使系统压力低于外控式顺序阀 3 的调定压力时，两个泵同时向系统供油，活塞快速向右运动；当二位二通电磁换向阀 7 的电磁铁通电，右位工作，液压缸有杆腔油液经二通流量阀 6 回油箱，当系统压力达到或超过外控式顺序阀 3 的调定压力，低压大流量泵 2 通过外控式顺序阀 3 卸荷，单向阀 4 自动关闭，只有高压小流量泵 1 单独向系统供油，活塞慢速向右运动，高压小流量泵 1 的最高工作压力由先导式溢流阀 5 调定。这里应注意，外控式顺序阀 3 的调定压力至少应比先导式溢流阀 5 的调定压力低 10%~20%。低压大流量泵 2 的卸荷减少了动力消耗，回路效率较高。这种回路常用在执行元件快进和工进速度相差较大的场合，特别是在机床中得到了广泛的应用。

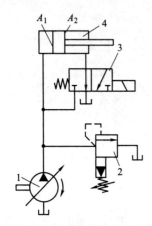

图 7-29　差动连接的快速运动回路

1—变量泵　2—先导式溢流阀
3—二位三通电磁换向阀　4—液压缸

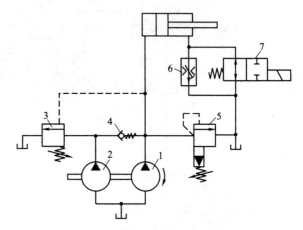

图 7-30　双泵供油的快速运动回路

1—高压小流量泵　2—低压大流量泵　3—外控式顺序阀
4—单向阀　5—先导式溢流阀　6—二通流量阀
7—二位二通电磁换向阀

三、速度换接回路

在设备的工作部件实现自动工作循环的过程中，需要进行速度切换。例如：从快速运动转换成慢速的工作进给；从一种进给速度变换为另一种进给速度等。在速度切换过程中，尽可能使切换平稳，不出现前冲现象。

1. 行程阀控制的换接回路

图 7-31 所示为用行程阀与节流阀并联的快慢速换接回路。这种回路能实现快进→工进→快退→停止的工作循环。当二位四通电磁换向阀 3 的右位工作时，液压泵 1 的流量通过二位四通电磁换向阀 3 全部进入液压缸 4，回油则经行程阀 5 进入油箱，工作部件实现快速运动。当工作台移动一定距离后，触动行程阀 5，使其上位工作，行程阀 5 关闭，

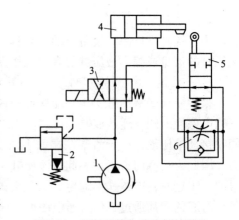

图 7-31　用行程阀与节流阀并联的
快慢速换接回路

1—液压泵　2—先导式溢流阀
3—二位四通电磁换向阀　4—液压缸
5—行程阀　6—单向节流阀

液压缸 4 回油只能经单向节流阀 6 中的节流阀流回油箱。这时，进入液压缸 4 的流量便受到节流阀的控制，多余的油经先导式溢流阀 2 流回油箱，快速运动切换成工作进给运动。当工作进给结束时，二位四通电磁换向阀 3 左位工作，液压油经二位四通电磁换向阀 3、单向节流阀 6 中的单向阀进入液压缸右腔，工作部件快速退回。用行程阀的快慢速换接回路，由于切换时阀开口是逐渐关闭的，速度换接平稳，比采用电气元件动作可靠。但行程阀必须安装在运动部件附近，有时管路要接得很长，压力损失就较大。

2. 两种工进速度的换接回路

一些设备的进给部件，有时需要有两种工作进给速度。一般第一种工进速度较大，多用于粗加工；第二种工进速度较小，多用于半精加工或精加工。两种工进速度是由两个二通流量阀（或节流阀）来分别调节的。图 7-32a 所示为由二通流量阀 A 和二通流量阀 B 串联的两工进回路，图 7-32b 所示为两个二通流量阀并联的两工进回路。两回路中二通流量阀 A 开口比二通流量阀 B 开口大。

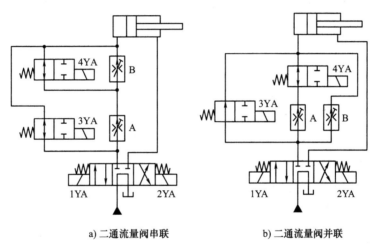

a) 二通流量阀串联   b) 二通流量阀并联

图 7-32 两种工进速度的换接回路

课题四 方向控制回路

【任务描述】

本课题使学生掌握常见方向控制回路的种类、组成、原理及应用；通过实训掌握方向控制回路的组装、调试及数据分析。

【知识学习】

一、换向回路

运动部件的换向一般可采用各种换向阀来实现。在容积调速的闭式回路中，也可以利用双向变量泵控制油流的方向来实现液压缸（或液压马达）的换向。

依靠重力或弹簧返回的单作用液压缸或差动缸，可以采用二位三通换向阀 1 进行换向，如图 7-33a 所示。双作用液压缸的换向，一般都可采用二位四通（或五通）及三位四通（或五通）换向阀来进行换向。按不同用途可选用不同控制方式的换向回路。双作用液压缸也可以利用二位三通换向阀 2 实现的差动连接来实现换向，如图 7-33b 所示。

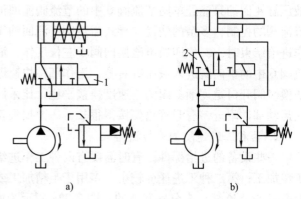

a)　　　　　　b)

图 7-33　用二位三通换向阀的换向回路
1、2—二位三通换向阀

二、锁紧回路

锁紧回路可使液压缸活塞在任一位置停止，并可防止其停止后窜动。使执行元件锁紧最简单的方法是利用三位换向阀的 M 型或 O 型中位机能封闭液压缸两腔，使执行元件在其行程的任意位置上锁紧。但由于滑阀式换向阀不可避免地存在泄漏，使得锁紧不够可靠，只适用于锁紧时间短且要求不高的回路中。

最常用的方法是采用液控单向阀，双液控单向阀（液压锁）1 实现的锁紧回路，如图 7-34 所示。液控单向阀有良好的密封性能，即使在外力作用下，也能使执行元件长期锁紧。为了保证在三位换向阀中位时锁紧，换向阀应采用 H 型或 Y 型机能。这种回路常用于汽车起重机的支腿油路中，也用于矿山采掘机械（如液压支架）的锁紧回路中。

三、浮动回路

浮动回路是把执行元件的进、出油路连通或同时接通油箱，借助于自重或负载的惯性力，使其处于无约束的自由浮动状态。可用 P 型、Y 型、H 型的三位四通换向阀或二位二通换向阀使液压马达或液压缸处于浮动状态。用二位二通换向阀使液压马达浮动的回路如图 7-35 所示，常用于液压起重机。

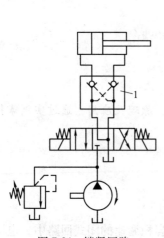

图 7-34　锁紧回路
1—双液控单向阀（液压锁）

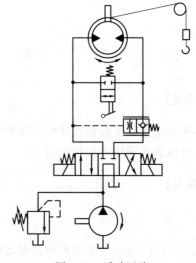

图 7-35　浮动回路

144

课题五　多缸动作回路

【任务描述】

本课题使学生掌握常见多缸动作回路的种类、组成、原理及应用；通过实训掌握多缸动作回路的组装、调试及数据分析。

【知识学习】

一、顺序动作回路

在多缸液压系统中，往往需要按照一定要求的顺序动作，如转位机构的转位和定位，夹紧机构的定位和夹紧等。

顺序动作回路根据其控制方式的不同，分为行程控制、压力控制和时间控制三类。其中以前两种用得最多。

1. 行程控制顺序动作回路

图 7-36 所示为一种采用行程开关和电磁换向阀配合的顺序动作回路。

操作时首先按起动按钮，使电磁铁 1YA 得电，液压油进入液压缸 3 的左腔，使活塞按箭头①所示方向向右运动。当活塞杆上的挡块压下行程开关 2S 后，通过电气上的连锁使 1YA 断电，3YA 得电。液压缸 3 的活塞停止运动，液压油进入液压缸 4 的左腔，使其按箭头②所示的方向向右运动。当活塞杆上的挡块压下行程开关 4S 后，使 3YA 断电，2YA 得电，液压油进入液压缸 3 的右腔，使其活塞

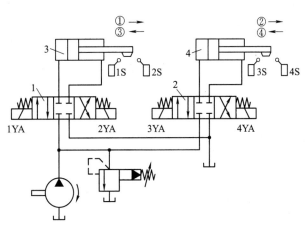

图 7-36　一种采用行程开关和电磁换向阀配合的
顺序动作回路
1、2—三位四通电磁换向阀　3、4—液压缸
1S、2S、3S、4S—行程开关

按箭头③所示的方向向左运动。当活塞杆上的挡块压下行程开关 1S，使 2YA 断电，4YA 得电，液压油进入液压缸 4 右腔，使其活塞按箭头④所示的方向返回。当挡块压下行程开关 3S 后，4YA 断电，活塞停止运动，至此完成一个工作循环。

这种顺序动作回路的优点是：调整行程比较方便，改变电气控制线路就可以改变液压缸的动作顺序，利用电气互锁可以保证顺序动作的可靠性。

2. 压力控制顺序动作回路

（1）压力继电器实现的顺序动作回路　如图 7-37 所示，按起动按钮，使 1YA 得电，三位四通电磁换向阀 1 左位工作，液压缸 3 的活塞向右移动，实现动作顺序①；到行程端点后，液压缸 3 左腔压力上升，达到压力继电器 1K 的调定压力时发信号，使电磁铁 1YA 断

电，3YA 得电，三位四通电磁换向
阀 2 左位工作，液压油进入液压缸 4
的左腔，其活塞右移，实现动作顺
序②；到行程端点后，液压缸 4 左
腔压力上升，达到压力继电器 3K 的
调定压力时发信号，使电磁铁 3YA
断电，2YA 得电，三位四通电磁换
向阀 1 右位工作，液压油进入液压
缸 3 的右腔，其活塞左移，实现动
作顺序③；到行程端点后，液压缸 3
右腔压力上升，达到压力继电器 2K
的调定压力时发信号，使电磁铁
2YA 断电，4YA 得电，三位四通电
磁换向阀 2 右位工作，液压缸 4 的

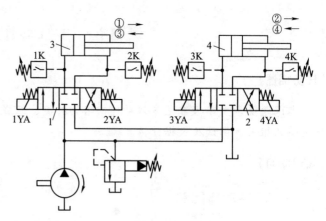

图 7-37　压力继电器实现的顺序动作回路
1、2—三位四通电磁换向阀　3、4—液压缸
1K、2K、3K、4K—压力继电器

活塞向左退回，实现动作顺序④。到行程端点后，液压缸 4 右端压力上升，达到压力继电器
4K 的调定压力时发信号，使电磁铁 4YA 断电，1YA 得电，三位四通电磁换向阀 1 左位工
作，液压油进入液压缸 3 左腔，自动重复上述动作循环，直到按下停止按钮为止。

在这种顺序动作回路中，为了防止压力继电器在前一行程液压缸到达行程端点以前发生
误动作，压力继电器的调定值应比前一行程液压缸的最大工作压力高 0.3~0.5MPa，同时，
为了能使压力继电器可靠地发出信号，其压力调定值又应比溢流阀的调定压力低
0.3~0.5MPa。

（2）单向顺序阀的顺序动作回路　如图 7-38 所示，单向顺序阀 4 控制两液压缸前进时
的先后顺序，单向顺序阀 3 控制两液压缸后退时的先后顺序。这种顺序动作回路的可靠性，
在很大程度上取决于顺序阀的性能及其压力调定值。顺序阀的调定压力应比先动作的液压缸
的工作压力高 0.8~1MPa，以免在系统压力波动时，发生误动作。

二、同步回路

在多缸工作的液压系统中，常常会遇到要求两个或两个以上的执行元件同时动作的情
况，并要求它们在运动过程中克服负载、摩擦阻力、泄漏、制造精度和结构变形上的差异，
维持相同的速度或相同的位移，即做同步运动。同步运动包括速度同步和位置同步两类。速
度同步是指各执行元件的运动速度相同，即采用流量控制实现；位置同步是指各执行元件在
运动中或停止时都保持相同的位移量，即采用容积控制实现。同步回路就是用来实现同步运
动的回路。由于负载、摩擦、泄漏等因素的影响，很难做到精确同步。

1. 机械连接的同步回路

这种同步回路是用刚性梁、齿轮、齿条等机械零件在两个液压缸的活塞杆间实现刚性连
接以便来实现位移的同步。图 7-39 所示为液压缸机械连接的同步回路。这种同步方法比较
简单经济，能基本上保证位置同步的要求，但由于机械零件在制造、安装上的误差，同步精
度不高。同时，两个液压缸的负载差异不宜过大，否则会造成卡死现象。

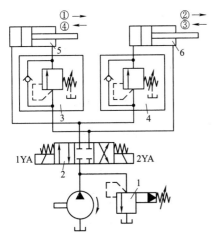

图 7-38 单向顺序阀的顺序动作回路
1—先导式溢流阀 2—三位四通电磁换向阀
3、4—单向顺序阀 5、6—液压缸

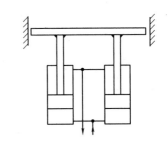

图 7-39 液压缸机械连接的同步回路

2. 采用二通流量阀的同步回路

图 7-40 所示为采用二通流量阀的单向同步回路，属于流量控制。两个液压缸是并联的，在它们的进（回）油路上分别串接一个二通流量阀，仔细调节两个二通流量阀的开口大小，便可控制和调节进入或流出两个液压缸的流量，使两个液压缸在一个运动方向上实现同步，即单向同步。这种同步回路结构简单，但是两个二通流量阀的调节比较麻烦，而且还受油温、泄漏等因素影响，故同步精度不高，不宜用在偏载或负载变化频繁的场合。

3. 串联液压缸的同步回路

图 7-41 所示为带有补偿装置的两个液压缸串联的同步回路，属于容积控制。当两液压缸同时下行时，若液压缸 5 活塞先到达行程端点，则挡块压下行程开关 1S，电磁铁 3YA 得电，三位四通电磁换向阀 3 左位投入工作，液压油经三位四通电磁换向阀 3 和液控单向阀 4 进入液压缸 6 上腔，进行补油，使其活塞继续下行到达行程端点。如果液压缸 6 活塞先到达行程端点，行程开关 2S 使电磁铁 4YA 得电，三位四通电磁换向阀 3 右位投入工作，液压油进入液控单向阀 4 控制腔，打开液控单向阀 4，液压缸 5 下腔与油箱接通，使其活塞继续下行到达行程端点，从而消除累积误差。这种回路允许较大偏载，偏载所造成的压差不影响流量的改变，只会导致微小的压缩和泄漏，因此同步精度较高，回路效率也较高。注意这种回路中泵的供油压力至少是两个液压缸工作压力之和。

4. 同步马达的同步回路

采用相同结构、相同排量的液压同步马达作为等流量分流装置的同步回路如图 7-42 所示，属于容积控制。这种同步回路的同步精度比节流控制的要高，由于所用同步马达一般为容积效率较高的柱塞式马达，所以费用较高。四个单向阀和一个溢流阀组成的交叉溢流补油回路，可以在液压缸行程的上、下端点消除位置误差。

三、多缸快慢速互不干扰回路

在多缸的液压系统中，往往由于其中一个液压缸快速运动时，造成系统的压力下降，影响其他液压缸工作进给的稳定性。因此，在工作进给要求比较稳定的多缸液压系统中，必须采用快慢速互不干扰回路。

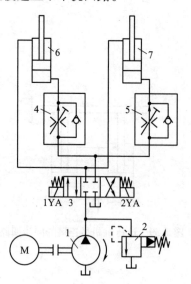

图 7-40　采用二通流量阀的单向同步回路

1—液压泵　2—先导式溢流阀　3—三位四通电磁换向阀

4、5—单向二通流量阀　6、7—液压缸

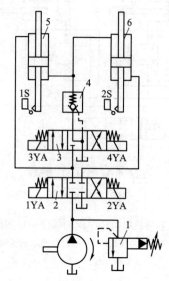

图 7-41　带有补偿装置的两个液压缸串联的同步回路

1—先导式溢流阀　2、3—三位四通电磁换向阀

4—液控单向阀　5、6—液压缸　1S、2S—行程开关

在图 7-43 所示的回路中，液压缸 A 和 B 分别要完成快进、工作进给和快退的自动循环。回路采用双泵的供油系统，液压泵 1 为高压小流量泵，供给各缸工作进给所需液压油；液压泵 2 为低压大流量泵，为各液压缸快进或快退时输送低压油，它们的压力分别由先导式溢流阀 3、4 调定。

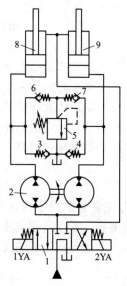

图 7-42　同步马达的同步回路

1—三位四通电磁换向阀　2—同步马达

3、4、6、7—单向阀　5—溢流阀　8、9—液压缸

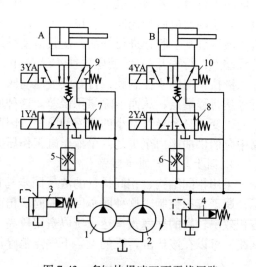

图 7-43　多缸快慢速互不干扰回路

1、2—液压泵　3、4—先导式溢流阀　5、6—二通流量阀

7~10—二位五通电磁换向阀

当开始工作时，电磁铁 1YA、2YA 断电且 3YA、4YA 通电时，液压泵 2 输出的液压油同时与两液压缸的左、右腔连通，两个液压缸都做差动连接，使活塞快速向右运动，高压油路分别被二位五通电磁换向阀 7、8 关闭。这时若某一个液压缸（如液压缸 A）先完成了快速运动，实现了快慢速换接（电磁铁 1YA 通电、3YA 断电），二位五通电磁换向阀 7、9 将低压油路关闭，所需液压油由液压泵 1 供给，由二通流量阀 5 调节流量获得工进速度。当两液压缸都转换为工进、都由液压泵 1 供油之后，如某个液压缸（如液压缸 A）先完成了工进运动，实现了反向换接（1YA、3YA 都通电），二位五通电磁换向阀 9 将高压油关闭，液压泵 2 输出的低压油经二位五通电磁换向阀 9 进入液压缸 A 的右腔，左腔的回油经二位五通电磁换向阀 9、二位五通电磁换向阀 7 流回油箱，活塞快速退回。这时液压缸 B 仍由液压泵 1 供油继续进行工进，速度由二通流量阀 6 调节，不受液压缸 A 运动的影响。当所有电磁铁都断电时，两液压缸才都停止运动。这种回路可以用在具有多个工作部件各自分别运动的机床液压系统中。

【思考与练习】

一、填空题

1. 方向控制回路是指在液压系统中，起控制执行元件的_____、_____及换向作用的基本回路；它主要包括_____回路和_____回路等。

2. 速度控制回路是使执行元件获得能满足工作需求的运动_____。它包括_____回路、_____回路、_____回路等。

3. 节流调速回路是用_____泵供油，通过调节流量控制阀的通流面积大小来改变进入执行元件的_____，从而实现运动速度的调节。

4. 容积调速回路是通过改变回路中液压泵或液压马达的_____来实现调速的。

5. 行程控制顺序动作回路是利用工作部件到达一定位置时，发出信号来控制液压缸的先后动作顺序，它可以利用_____、_____或顺序缸来实现。

6. 为平衡重力负载，使运动部件不会因自重而自行下落，在恒重力负载情况下，采用_____顺序阀作为平衡阀，而在变重力负载情况下，采用_____顺序阀作为限速锁。

7. 顺序动作回路按其控制方式不同，分为_____控制、_____控制和时间控制三类，其中_____用得较多。

二、判断题

( ) 1. 使用调速阀进行调速时，执行元件的运动速度不受负载变化的影响。

( ) 2. 当存在负值负载时，宜采用进油路节流调速回路。

( ) 3. 进油路节流调速回路和回油路节流调速回路损失的功率都较大，效率都较低。

( ) 4. 液压缸机械连接的同步回路宜用于两液压缸负载差别不大的场合。

( ) 5. 凡液压系统中有顺序动作回路，则必定有顺序阀。

三、选择题

1. 属于压力控制回路的是（   ）。

A. 保压回路　　　B. 锁紧回路　　　C. 同步回路　　　D. 调速回路

2. 液压系统中的工作机构在短时间停止运行，可采用（   ）以达到节省动力损耗、减少液压系统发热、延长泵的使用寿命的目的。

A. 调压回路　　　B. 减压回路　　　C. 卸荷回路　　　D. 增压回路

3. 系统功率不大，负载变化较小，采用的调速回路为（　　）。

A. 进油节流　　　B. 旁油节流　　　C. 回油节流　　　D. A 或 C

4. 容积节流调速回路（　　）。

A. 主要由定量泵和调速阀组成　　　B. 工作稳定、效率较高

C. 运动平稳性比节流调速回路差　　　D. 在较低速度下工作时运动不够稳定

四、分析题

1. 已知液压泵的额定压力和额定流量，若忽略管道及元件的损失，试说明图 7-44 所示的各种工况下，液压泵出口的工作压力是多少？

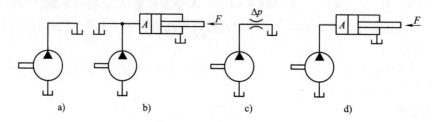

a)　　　　　b)　　　　　c)　　　　　d)

图 7-44　分析题 1 题图

2. 试分析图 7-45 所示的回路。若忽略管道及元件的损失，在下列情况下，泵的最高出口压力为多少（各阀的调定压力注在阀的一侧）？

1）全部电磁铁断电。

2）电磁铁 2YA 通电，1YA 断电。

3）电磁铁 2YA 断电，1YA 通电。

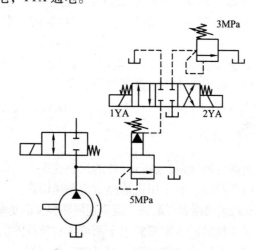

图 7-45　分析题 2 题图

3. 图 7-46 所示的调压回路（各阀的调定压力注在阀的一侧），试问：

1）1YA 通电、2YA 断电时，A 点和 B 点的压力各为多少？

2）2YA 通电、1YA 断电时，A 点和 B 点的压力各为多少？

3）1YA 和 2YA 都通电时，A 点和 B 点的压力各为多少？

4）1YA 和 2YA 都断电时，*A* 点和 *B* 点的压力各为多少？

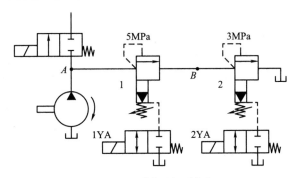

图 7-46 分析题 3 题图

4. 图 7-47 所示的回路中，溢流阀的调定压力为 5MPa，减压阀的调定压力为 3MPa，液体流经单向阀的压力损失为 0.3MPa，流经非工作状态减压阀的压力损失为 0.2MPa。试分析下列情况，并说明减压阀阀口处于什么状态（忽略管路和液压缸的摩擦损失）？

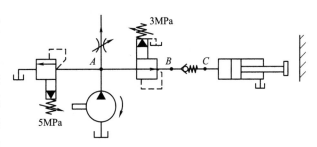

图 7-47 分析题 4 题图

1）夹紧缸在夹紧工件前做空载运动时，*A*、*B*、*C* 三点的压力各为多少？

2）夹紧缸使工件夹紧后，*A*、*B*、*C* 三点的压力各为多少？

5. 图 7-48 所示的回路中，液压缸 *B* 进退所需压力均为 2MPa，各压力阀的调定压力如图所示，试确定在下列工况时，*C* 缸的工作压力是多少？

1）在图示状况下，*C* 缸的工作压力是（　　　）。

2）在图示状况下，当 *B* 缸活塞杆顶上死挡块时，*C* 缸的工作压力是（　　　）。

3）当电磁铁 1YA 通电后，*B* 缸活塞退回运动时，*C* 缸的工作压力是（　　　）。

A. 1.5MPa　　　　B. 3MPa　　　　C. 5MPa　　　　D. 4MPa。

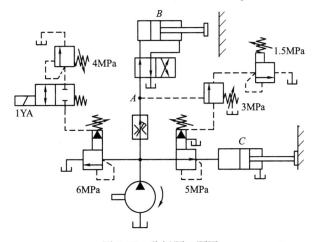

图 7-48 分析题 5 题图

6. 两腔面积相差很大的双作用单活塞杆液压缸用二位四通换向阀换向。有杆腔进油时，无杆腔回油流量很大，为避免使用大通径的二位四通换向阀，可用一个液控单向阀或液控二位二通换向阀进行分流，请画出回路图。

7. 如图 7-49 所示回路是用两个二位三通电磁换向阀组成的换向回路，两个二位三通电磁换向阀并联组合，功能上相当于一个四位四通电磁换向阀。请画出等效于四位四通电磁换向阀的图形符号。

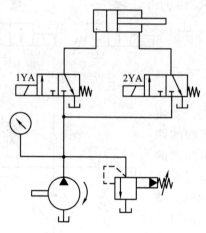

图 7-49　分析题 7 题图

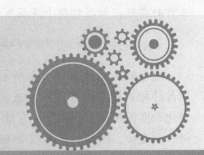

第八单元

液压系统

【学习目标】

通过本单元的学习，使学生掌握识读液压系统的方法及步骤，能分析典型液压系统的原理、元件作用和特点，了解液压系统常见故障及排除方法。

课题一　典型设备的液压系统

【任务描述】

本课题使学生掌握识读液压系统的方法及步骤，学会分析液压系统的原理、元件作用和特点。

【知识学习】

液压技术广泛应用于国民经济各个领域。各领域设备液压系统执行元件的工作循环、动作特点等各不相同，系统组成、作用和特点也不尽相同。液压系统图是用规定的图形符号画出的液压系统原理图，表明了组成液压系统的所有液压元件及元件之间相互连接的情况，各执行元件所实现的运动循环及其控制方式等。

分析和阅读较复杂的液压系统图的步骤如下。

1）了解设备的功用及对液压系统动作和性能的要求。

2）初步分析液压系统图，并按执行元件数将其分解为若干个子系统。

3）对每个子系统进行分析，分析组成子系统的基本回路及各液压元件的作用，按执行元件的工作循环分析实现每步动作的进油和回油路线。

4）根据设备对液压系统中各子系统之间的顺序、同步、互锁、防干扰或联动等要求，分析它们之间的联系，弄懂整个液压系统的工作原理。

5）归纳出液压系统的特点和使设备正常工作的要领，加深对整个液压系统的理解。

一、组合机床动力滑台液压系统

组合机床结构如图 8-1 所示，它是由通用部件和某些专用部件所组成的高效率和自动化程度较高的专用机床。它能完成钻、镗、铣、刮端面、倒角、攻螺纹等加工和工件的转位、定位、夹紧、输送等动作。

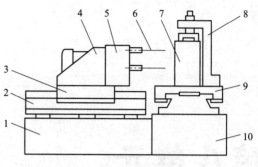

图 8-1　组合机床结构
1—床身　2—滑座　3—动力滑台
4—动力头　5—主轴箱　6—刀具　7—工件
8—夹具　9—工作台　10—底座

动力滑台是组合机床的一种通用部件。在动力滑台上可以配置各种工艺用途的切削头，如钻削头、铣削头、镗削头等。组合机床液压动力滑台可以实现多种不同的工作循环，其中一种比较典型的工作循环是：快进→一工进→二工进→死挡铁停留→快退→停止。完成这一工作循环的动力滑台液压系统原理图如图 8-2 所示。系统中采用限压式变量叶片泵供油，并使液压缸差动连接以实现快速运动。由电液动换向阀 5 换向，用行程阀 17、液控顺序阀 7 实现快进与工进的转换，用二位二通电磁换向阀 14 实现一工进和二工进之间的速度换接。为保证进给的尺寸精度，采用了死挡铁停留来限位。实现工作循环的工作原理如下。

1. 快进

按下起动按钮，电液动换向阀 5 的先导电磁换向阀 1YA 得电，使之阀芯右移，左位进入工作状态，这时的主油路是：

进油路：过滤器 1→变量泵 2→单向阀 3→管路 4→电液动换向阀 5 的 P 口到 A 口→管路 10、11→行程阀 17→管路 18→液压缸 19 左腔。

回油路：液压缸 19 右腔→管路 20→电液动换向阀 5 的 B 口到 T_2 口→管路 8→单向阀 9→管路 11→行程阀 17→管路 18→液压缸 19 左腔。

这时形成差动连接回路。因为快进时，动力滑台的载荷较小，同时进油可以经行程阀 17 直通液压缸左腔，系统中压力较低，所以变量泵 2 输出流量大，动力滑台快速前进，实现快进。

2. 第一次工进

快进行程结束，动力滑台上的行程挡块压下行程阀 17，行程阀 17 上位工作，使管路 11 和 18 断开。电磁铁 1YA 继续通电，电液动换向阀 5 左位仍在工作，二位二通电磁换向阀 14 的电磁铁处于断电状态。进油路必须经调速阀 12 进入液压缸左腔，与此同时，系统压力升高，将液控顺序阀 7 打开，并关闭单向阀 9，使液压缸实现差动连接的油路切断。回油经液控顺序阀 7 和背压阀 6 回到油箱，这时的主油路是：

进油路：过滤器 1→变量泵 2→单向阀 3→管路 4→电液动换向阀 5 的 P 口到 A 口→管路 10→调速阀 12→二位二通电磁换向阀 14→管路 18→液压缸 19 左腔。

回油路：液压缸 19 右腔→管路 20→电液动换向阀 5 的 B 口到 T_2 口→管路 8→液控顺序阀 7→背压阀 6→油箱。

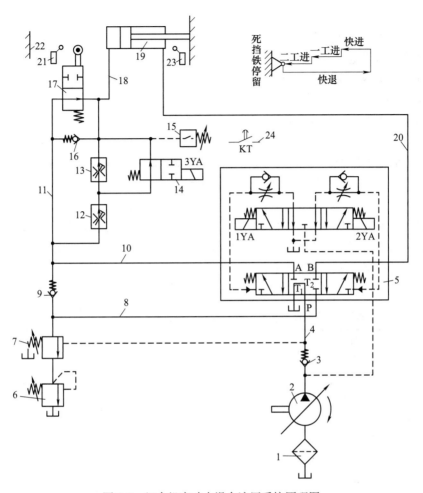

图 8-2 组合机床动力滑台液压系统原理图

1—过滤器 2—变量泵 3、9、16—单向阀 4、8、10、11、18、20—管路 5—电液动换向阀
6—背压阀 7—液控顺序阀 12、13—调速阀 14—二位二通电磁换向阀 15—压力继电器
17—行程阀 19—液压缸 21、23—行程开关 22—行程挡块 24—时间继电器

因为工作进给时油压升高，所以变量泵 2 的流量自动减小，动力滑台向前做第一次工作进给，进给量的大小可以用调速阀 12 调节。

3. 第二次工进

在第一次工作进给结束时，动力滑台上的行程挡块压下行程开关 21，使二位二通电磁换向阀 14 的电磁铁 3YA 得电，其右位接入工作，切断了该阀所在的油路，经调速阀 12 的液压油必须经过调速阀 13 进入液压缸的左腔，其他油路不变。由于调速阀 13 的开口量小于调速阀 12，进给速度降低，进给量的大小可由调速阀 13 来调节。

4. 死挡铁停留

当动力滑台第二次工作进给终了碰上死挡铁 22 后，液压缸停止不动，系统的压力进一步升高，达到压力继电器 15 的调定值时，经过时间继电器 24 的延时，再发出电信号，使动力滑台退回。在时间继电器 24 延时动作前，动力滑台停留在死挡铁 22 限定的位置上。

5. 快退

时间继电器 24 发出电信号后，2YA 得电，1YA 失电，3YA 失电，电液动换向阀 5 右位工作，这时的主油路是：

进油路：过滤器 1→变量泵 2→单向阀 3→管路 4→电液动换向阀 5 的 P 口到 B 口→管路 20→液压缸 19 的右腔。

回油路：液压缸 19 的左腔→管路 18→单向阀 16→管路 11、10→电液动换向阀 5 的 A 口到 T₁ 口→油箱。

这时系统的压力较低，变量泵 2 输出流量大，动力滑台快速退回。由于活塞杆的面积大约为活塞的一半，所以动力滑台快进、快退的速度大致相等。

6. 原位停止

当动力滑台退回到原始位置时，挡块压下行程开关 23，这时电磁铁 1YA、2YA、3YA 都失电，电液动换向阀 5 处于中位，动力滑台停止运动，变量泵 2 输出液压油的压力升高，使泵的流量自动减至最小。表 8-1 列出了组合机床动力滑台液压系统电磁铁和行程阀的动作顺序表。

表 8-1　组合机床动力滑台液压系统电磁铁和行程阀的动作顺序表

动作	1YA	2YA	3YA	行程阀 17（压下"+"，脱开"-"）
快　进	+	–	–	–
一工进	+	–	–	+
二工进	+	–	+	+
死挡铁停留	+	–	+	+
快　退	–	+	–	–
原位停止	–	–	–	–

通过以上分析可以看出，为实现自动工作循环，该液压系统应用了下列一些基本回路。

1）调速回路。采用了由限压式变量泵和调速阀的调速回路，调速阀放在进油路上，回油经过背压阀。

2）快速运动回路。利用限压式变量泵在低压时输出流量大的特点，并采用差动连接来实现快速前进。

3）换向回路。应用电液动换向阀实现换向，工作平稳、可靠，并由压力继电器与时间继电器发出的电信号控制换向信号。

4）快速运动与工作进给的换接回路。采用行程阀实现速度的换接，换接的性能较好。同时利用系统中的压力升高使液控顺序阀接通，系统由快速运动的差动连接转换为使回油排回油箱的工作进给运动。

5）两种工作进给的速度换接回路。采用了两个调速阀串联的回路结构。

二、液压机液压系统

液压机是对金属、木材、塑料等进行调直、压装、冷冲压、冷挤压和弯曲等工艺的压力加工机械。液压机液压系统用于机器的主传动，以压力控制为主，系统压力高、流量大、功率大，应该注意提高系统效率和防止液压冲击。

液压机外形和典型工作循环如图 8-3 所示。主液压缸的工作循环有快速下行→慢速加压→保压→快速返回及保持活塞停留在行程的任意位置等基本动作，当有辅助液压缸时，如需顶料，顶出缸的工作循环一般是顶出上升→停止→向下退回，薄板拉深则要求有液压缸上升→停止→压力回程等动作，有时还需要压边缸将料压紧。

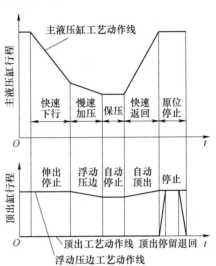

图 8-3　液压机外形和典型工作循环

图 8-4 所示为 YM-200T 四柱式液压机液压系统原理图，主液压缸最大压制力为 2000kN。系统采用恒功率变量柱塞泵 2 供油，以满足低压快速行程和高压慢速行程的要求，最高工作压力由先导式溢流阀 4 调定，控制液压油由齿轮泵 3 供给，压力由溢流阀 7 调定。

工作原理如下。

1. 起动

按下起动按钮，电磁铁全部处于失电状态，恒功率变量泵 2 输出的油→电液动换向阀 8 的 M 型中位→电液动换向阀 22 的 K 型中位→油箱，恒功率变量柱塞泵 2 空载起动。

2. 主液压缸快速下行

使电磁铁 1YA 和 5YA 得电，电液动换向阀 8 右位工作。齿轮泵 3 的控制油经二位三通电磁换向阀 20，打开液控单向阀 19，接通主液压缸 17 下腔与液控单向阀 19 的回油通道。

进油路：恒功率变量柱塞泵 2→电液动换向阀 8→单向阀 11→主液压缸 17 上腔。

回油路：主液压缸 17 下腔→液控单向阀 19→电液动换向阀 8→电液动换向阀 22 的 K 型中位→油箱。

主液压缸 17 活塞依靠重力快速下行时，主泵（恒功率变量柱塞泵 2）始终处于最大流量状态，但仍不能满足其需要，因而其上腔形成负压，充液油箱 15 中的液压油经液控单向阀（充液阀）16 向主液压缸 17 上腔充液，实现主液压缸 17 快速下行。

3. 滑块接触工件，主液压缸开始慢速下行（增压下行）

主液压缸 17 上的滑块碰到行程开关 2s 使 5YA 断电，切断主液压缸 17 下腔经液控单向

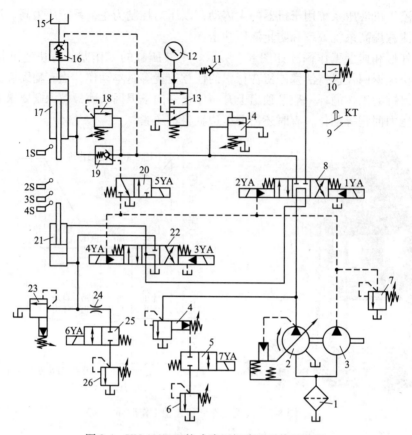

图 8-4　YM-200T 四柱式液压机液压系统原理图

1—过滤器　2—恒功率变量柱塞泵　3—齿轮泵　4、23—先导式溢流阀　5、25—二位二通电磁换向阀
6、7、26—溢流阀　8、22—电液动换向阀　9—时间继电器　10—压力继电器　11—单向阀
12—电接触压力表　13—二位三通液动换向阀　14—外控式顺序阀　15—充液油箱
16、19—液控单向阀　17—主液压缸　18—内控式顺序阀
20—二位三通电磁换向阀　21—顶出缸　24—节流器

阀 19 快速回油通路，上腔压力升高，同时关闭液控单向阀 16。

进油路：恒功率变量柱塞泵 2→电液动换向阀 8→单向阀 11→主液压缸 17 上腔。

回油路：主液压缸 17 下腔→内控式顺序阀 18（平衡滑块及活塞重量）→电液动换向阀 8→电液动换向阀 22 的 K 型中位→油箱。

4. 保压

主液压缸 17 上腔压力升高达到预调压力，电接触压力表 12 发出信息，1YA 断电，主液压缸 17 进口油路切断。单向阀 11 和液控单向阀 16 的密封性能确保主液压缸 17 活塞对工件保压。利用主液压缸 17 上腔压力很高，推动二位三通液动换向阀 13 阀芯下移，打开外控式顺序阀 14，使液控单向阀 16 的控制油路通过外控式顺序阀 14 泄压，防止液控单向阀误动作。当主液压缸 17 上腔压力低于电接触压力表 12 的调定压力时，电接触压力表 12 又会使 1YA 通电，恒功率变量柱塞泵 2 会向主液压缸 17 上腔供应液压油。

保压时间由压力继电器 10 控制的时间继电器 9（0～24min）调整。

5. 保压结束、主液压缸上腔释压

保压时间到位，时间继电器 9 发出信号，2YA 通电（1YA 断电），此时主液压缸 17 上腔压力很高，二位三通液动换向阀 13 处于上位，外控式顺序阀 14 处于打开状态。此时，油液经恒功率变量柱塞泵 2→电液动换向阀 8→外控式顺序阀 14 流回油箱，压力不足以立即打开液控单向阀 16 到充液油箱 15 的通道，只能先打开液控单向阀 16 的卸荷阀芯，实现主液压缸 17 上腔（极小部分液压油经卸荷阀口回充液油箱 15）先释压，然后再进行接通油箱的顺序动作（当定程压制成形时，可由行程开关 3s 发出信号）。

6. 主液压缸快速上行

主液压缸 17 上腔卸压达到液控单向阀 16 的开启压力值时，二位三通液动换向阀 13 复位，外控式顺序阀 14 关闭。

进油路：恒功率变量柱塞泵 2→电液动换向阀 8→液控单向阀 19→主液压缸 17 下腔。

回油路：主液压缸 17 上腔→液控单向阀 16→充液油箱 15。

7. 原位停止

主液压缸 17 上的滑块上升到触动行程开关 1s 时，电磁铁 2YA 断电，电液动换向阀 8 中位工作，使主液压缸 17 下腔封闭，主液压缸 17 停止不动。

8. 顶出缸上升

在行程开关 1s 发出信号使 2YA 断电的同时也使 3YA 得电，使电液动换向阀 22 右位接入工作。

进油路：恒功率变量柱塞泵 2→电液动换向阀 8 的 M 型中位→电液动换向阀 22→顶出缸 21 下腔。

回油路：顶出缸 21 上腔→电液动换向阀 22→油箱。

顶出缸上行完成顶出工作，顶出压力由先导式溢流阀 23 设定。

9. 顶出缸下降

在顶出缸顶出工件后，行程开关 4s 发出信号，使 4YA 通电、3YA 断电，电液动换向阀 22 左位工作。

进油路：恒功率变量柱塞泵 2→电液动换向阀 8 的 M 型中位→电液动换向阀 22→顶出缸 21 上腔。

回油路：顶出缸 21 下腔→电液动换向阀 22→油箱。

10. 浮动压边拉深

薄板拉深时，要求顶出缸 21 下腔保持一定的压力，以便顶出缸 21 活塞能随主液压缸 17 驱动动模一同下行对薄板进行拉深。3YA 通电，电液动换向阀 22 右位工作，6YA 通电，二位二通电磁换向阀 25 工作，溢流阀 26 调节顶出缸 21 下腔液压油工作压力。7YA 通电，由溢流阀 6 调节恒功率变量柱塞泵 2 的工作压力。

进油路：恒功率变量柱塞泵 2→电液动换向阀 8→电液动换向阀 22→顶出缸 21 下腔。

吸油路：油箱→电液动换向阀 22→填补顶出缸 21 上腔的负压空腔。

该系统采用高压大流量恒功率变量柱塞泵供油和利用拉延滑块自动充油的快速运动回路，既符合工艺要求，又节省了能量。表 8-2 列出了 YM-200T 四柱式液压机液压系统电磁铁动作顺序表。

表 8-2　YM-200T 四柱式液压机液压系统电磁铁动作顺序表

动作		电磁铁						
		1YA	2YA	3YA	4YA	5YA	6YA	7YA
主缸	快速下行	+	−	−	−	+	−	−
	慢速加压	+	−	−	−	−	−	−
	保压	−	−	−	−	−	−	−
	释压回程	−	+	−	−	−	−	−
	停止	−	−	−	−	−	−	−
顶出缸	顶出	−	−	+	−	−	−	−
	下降	−	−	−	+	−	−	−
	压边	+	−	+	−	−	+	+

三、汽车起重机液压系统

汽车起重机是将起重机安装在汽车底盘上的一种起重运输设备，如图 8-5 所示。它主要由起升、回转、变幅、伸缩和支腿等工作机构组成，这些动作由液压系统来实现。对于汽车起重机的液压系统，一般要求输出力大，动作要平稳，耐冲击，操作要灵活、方便、可靠、安全。

图 8-5　汽车起重机外形图
1—载重汽车　2—回转机构　3—支腿　4—大臂变幅缸　5—大臂伸缩缸　6—起升机构　7—基本臂

图 8-6 所示为 Q2-8 型汽车起重机液压系统原理图，其完成各个动作的回路原理如下。

1. 支腿回路

汽车轮胎的承载能力是有限的，在起吊重物时，必须由支腿液压缸来承受负载，而使轮胎架空，这样也可以防止起吊时整机的前倾或颠覆。

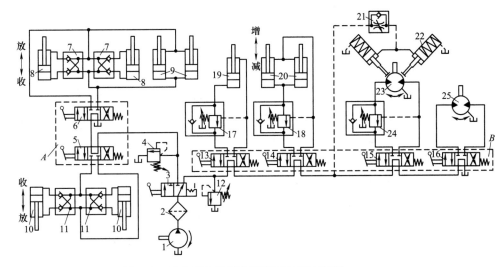

图 8-6 Q2-8 型汽车起重机液压系统原理图

1—液压泵 2—过滤器 3—二位三通手动换向阀 4、12—溢流阀 5、6、13～16—三位四通手动换向阀
7、11—液压锁 8—后支腿液压缸 9—锁紧缸 10—前支腿液压缸 17、18、24—平衡阀 19—大臂伸缩液压缸
20—变幅液压缸 21—单向节流阀 22—制动缸 23—起升马达 25—回转马达

支腿动作的顺序是：锁紧缸 9 锁紧后桥板簧，同时后支腿液压缸 8 放下后支腿到所需位置，再由前支腿液压缸 10 放下前支腿。作业结束后，先收前支腿，再收后支腿。

进油路：液压泵 1→过滤器 2→二位三通手动换向阀 3 左位→三位四通手动换向阀 5 中位→三位四通手动换向阀 6 右位：①锁紧缸 9 下腔锁紧板簧；②液压锁 7→后支腿液压缸 8 下腔。

回油路：①后支腿液压缸 8 上腔→液压锁 7→三位四通手动换向阀 6 右位→油箱。

②锁紧缸 9 上腔→三位四通手动换向阀 6 右位→油箱。

回路中的液压锁 7 和 11 的作用是防止液压支腿在支承过程中因泄漏出现软腿现象，或行走过程中支腿自行下落，或因管道破裂而发生倾斜事故。

2. 起升回路

起升机构要求所吊重物可升降或在空中停留，速度要平稳、变速要方便、冲击要小、起动转矩和制动力要大，本回路中采用 ZMD40 型柱塞式液压马达带动重物升降，变速和换向是通过改变三位四通手动换向阀 15 的开口来实现的，用液控单向顺序阀（平衡阀 24）来限制重物超速下降。单作用液压缸是制动缸 22。单向节流阀 21 的作用：一是保证液压油先进入马达，使马达产生一定的转矩，再解除制动，以防止重物带动马达旋转而向下滑；二是保证吊物升降停止时，制动缸中的油马上与油箱相通，使马达快速制动。

起升重物时，三位四通手动换向阀 15 切换至左位工作，液压泵 1 排出的液压油经过滤器 2、二位三通换向阀 3 右位、三位四通手动换向阀 13 和 14、三位四通手动换向阀 15 左位、平衡阀 24 中的单向阀进入起升马达 23 左腔；同时液压油经单向节流阀 21 到制动缸 22，从而解除制动使马达旋转。

重物下降时，三位四通手动换向阀 15 切换至右位工作，起升马达反转，回油经平衡阀 24、三位四通手动换向阀 15 右位回油箱。

当停止作业时，三位四通手动换向阀 15 处于中位，液压泵卸荷。制动缸 22 上的制动瓦在弹簧作用下使起升马达制动。

3. 大臂伸缩回路

本机大臂伸缩采用单级长液压缸驱动。在工作中，改变三位四通手动换向阀 13 的开口大小和方向即可调节大臂运动速度和使大臂伸缩。行走时，应将大臂缩回。大臂缩回时，因液压力与负载力方向一致，为防止大臂在重力作用下自行收缩，在收缩缸的下腔回油腔安置了平衡阀 17，提高了收缩运动的可靠性。

4. 变幅回路

大臂变幅机构是用于改变作业高度，要求能带载变幅，动作要平稳。本机采用两个液压缸并联，提高了变幅机构承载能力，其动作要求及回路与大臂伸缩回路相同。

5. 回转回路

回转机构要求大臂能在任意方位起吊。本机采用 ZMD40 型柱塞式液压马达，回转速度 1~3r/min。由于惯性小，一般不设缓冲装置，操作三位四通手动换向阀 16，可使马达正、反转或停止。

该液压系统的特点是：

1）因重物在下降时以及大臂收缩和变幅时，负载与液压力方向相同，执行元件会失控，为此，在其回油路上必须设置平衡阀。

2）因工况作业的随机性较大且动作频繁，所以大多采用手动弹簧复位的多路换向阀来控制各动作。换向阀常用 M 型中位机能。当换向阀处于中位时，各执行元件的进油路均被切断，液压泵出口通油箱使泵卸荷，减少了功率损失。

课题二　液压系统的使用维护与故障处理

【任务描述】

本课题使学生掌握液压系统安装、调试及维护方面的知识，能正确诊断和排除液压回路及系统的常见故障。

【知识学习】

一、液压系统的安装

1. 安装前的准备工作与要求

液压系统的安装应按液压系统原理图，管道连接图，有关的泵、阀、辅助元件使用说明书的要求进行。安装前应对上述资料进行仔细分析，了解工作原理，元件、部件、辅件的结构和安装使用方法等，按图样准备好所需的液压元件、部件、辅件，并要进行认真的检查，看元件是否完好、灵活，仪器仪表是否灵敏、准确、可靠，检查密封件型号是否合乎图样要求和完好。管件应符合要求，有缺陷应及时更换，油管应清洗、干燥。

2. 液压元件的安装与要求

1）安装各种泵和阀时，必须注意各油口的位置不能接错，各接口要紧固，密封要可靠，不得漏油。

2）液压泵输入轴与电动机驱动轴的同轴度应控制在 $\phi0.1mm$ 以内，安装好后用手转动时，应轻松无卡滞现象。

3）液压缸安装时应使活塞杆（或柱塞）的轴线与运动部件导轨面平行度控制在 0.1mm 以内，安装好后，用手推拉工作台时，应灵活轻便无局部卡滞现象。

4）方向阀一般应保持水平安装，蓄能器一般应保持轴线竖直安装。

5）各种仪表的安装位置应考虑便于观察和维修。

6）安装阀件前后应检查各控制阀移动或转动是否灵活，若出现卡滞现象，应查明是否是由于脏物、锈斑、平直度不好或紧定螺钉扭紧力不均衡使阀体变形等原因引起，应通过清洗、研磨、调整加以消除，如不符合要求应及时更换。

3. 液压管道的安装与要求

管道安装应注意以下几方面。

1）管道的布置要整齐，油路走向应平直、距离短，直角转弯应尽量少，同时应便于拆装、检修。管道弯曲半径应尽可能大，钢管最小弯曲半径一般取 3 倍钢管外径（或见表8-3），软管最小弯曲半径一般要 ≥（5~6）软管外径。固定点之间的管段至少要有一个松弯以适应热胀冷缩。各平行与交叉的油管间距离应大于 10mm，长管道应用支架固定。各油管接头要紧固可靠，密封良好，不得出现泄漏。

表8-3　钢管最小弯曲半径　（单位：mm）

管子外径	10	14	18	22	28	34	42	50	63
最小弯曲半径	50	70	75	75	90	100	130	150	190

高压软管的工作寿命在很大程度上取决于它安装得是否正确。使用软管时，要保证软管不被拉紧（图8-7）、不被弯成过小半径（图8-8）、不在接头附近弯曲（图8-9）、不互相或与机件摩擦（图8-10），应对软管加以约束，以免软管失效时带来危险。

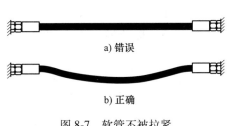

图 8-7　软管不被拉紧

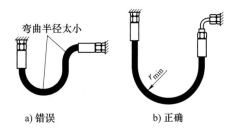

图 8-8　不被弯成过小半径

2）吸油管与液压泵吸油口处应涂密封胶，保证良好的密封；液压泵的吸油高度一般不大于 300mm；吸油管路上应设置过滤器，过滤精度不超过 $100\mu m$，要有足够的通油能力。

3）回油管应插入油面以下足够的深度，以防飞溅形成气泡，伸入油中的一端管口应切成45°，且斜口指向箱壁一侧，使回油平稳，便于散热；凡外部有泄油口的阀（如减压阀、顺序阀等），其泄油路不应有背压，应单独设置泄油管通油箱。

4）溢流阀的回油管口与液压泵的吸油管不能靠得太近，以免吸入温度较高的液压油。

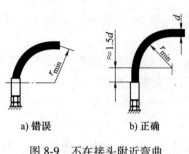

图8-9 不在接头附近弯曲

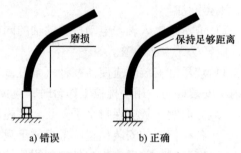

图8-10 不互相或与机件摩擦

二、液压系统的调试

1. 空载调试

空载调试的目的是全面检查液压系统各回路、各液压元件工作是否正常,工作循环或各种动作的自动转换是否符合要求。步骤为:

1)起动液压泵,检查泵在卸荷状态下的运转。正常后,即可使其在工作状态下运转。

2)调整系统压力,在调整溢流阀压力时,从压力为零开始,逐步提高压力使之达到规定压力值。

3)调整流量控制阀,先逐步关小流量阀,检查执行元件能否达到规定的最低速度及平稳性,然后按其工作要求的速度来调整。

4)将排气装置打开,使运动部件速度由低到高,行程由小至大运行,然后运动部件全程快速往复运动,以排出系统中的空气,空气排尽后应将排气装置关闭。

5)调整自动工作循环和顺序动作,检查各动作的协调性和顺序动作的正确性。

6)工作部件在空载条件下,按预定的工作循环或工作顺序连续运转2~4h后,应检查油温及液压系统要求的精度(如换向、定位、停留等),正常后,方可进入负载调试。

2. 负载试车

负载试车是使液压系统在规定的负载条件下运转,进一步检查系统的运行质量和存在的问题,机器的工作情况,安全保护装置的工作效果,有无噪声、振动和外泄漏等现象,系统的功率损耗和液压油温升等。

在负载试车时,一般应先在低于最大负载和速度的情况下试车,如果轻载试车一切正常,才逐渐将压力阀和流量阀调节到规定值,以进行最大负载和速度试车,以免试车时损坏设备。若系统工作正常,即可投入使用。

三、液压系统使用的注意事项

在实际工作中,除了必须采取各种措施控制液压油的污染外,还应注意以下事项。

1)液面。必须经常检查液面并及时补油。

2)过滤器。对于不带堵塞指示器的过滤器,一般每三个月检查一次,根据堵塞程度及时更换。对于带堵塞指示器的过滤器,要不断监视。

3)蓄能器。只准向充气式蓄能器中充入氮气。

4)调整。所有压力控制阀、流量控制阀、泵调节器以及压力继电器、行程开关、热继电器之类的信号装置，都要进行定期检查、调整。

5）冷却器。冷却器的积垢要定期清理。

6）设备若长期不用，应将各调节旋钮全部放松，防止弹簧产生永久变形而影响元件的性能。

7）其他检查。提高警惕并密切注意细节，可以早发现事故苗头，防止酿成大祸。

四、液压系统的维护保养

对液压系统的维护保养分为三个阶段。

1. 日常检查

日常检查也称为点检，是减少液压系统故障最重要的环节，是操作者在使用中经常通过目视、耳听及手触等比较简单的方法，在泵起动前、起动后和停止运转前检查油量、油温、油质、压力、泄漏、噪声、振动等情况。出现不正常现象应停机检查原因，及时排除。

2. 定期检查

定期检查也称为定检。为保证液压系统正常工作，提高其寿命与可靠性，必须进行定期检查，以便早日发现潜在的故障，及时进行修复和排除。定期检查的内容包括：调查日常检查中发现而又未及时排除的异常现象、潜在的故障预兆，并查明原因给予排除。对规定必须定期维修的基础部件，应认真检查加以保养，对需要维修的部位，必要时分解检修。定期检查的时间一般与过滤器检修间隔时间相同，约三个月。

3. 综合检查

综合检查大约每年一次，其主要内容是检查液压装置的各元件和部件，判断其性能和寿命，并对产生的故障进行检修或更换元件。

五、液压系统的故障处理及排除方法

液压系统的故障是多种多样的，有的是由某一液压元件失灵而引起的，有的是因系统中多个液压元件的综合性因素造成的，有的是因为液压油被污染造成的，也有的是由机械、电气以及外界因素引起的。这些故障不像机械故障那样可以直接观察到，检测也不如电气系统方便，但液压元件是在润滑充分的条件下工作，液压系统有可靠的过载保护装置（如溢流阀等），很少发生金属零件破损、严重磨坏等现象。液压系统中的故障，有的用调整的方法即可排除；有的可用更换易损件（如密封圈等）、更换液压油、更换液压元件或清洗液压元件的方法排除；有的因设备使用年久、精度超差，则需经机加工修复才能恢复其性能。因此只要熟悉设备的液压系统原理图，熟悉各液压元件的结构、性能、作用以及在液压系统中的安装位置，了解设备的使用和维护情况，认真分析故障可能的原因，采用"先外后内""先调后拆""先洗后修"的步骤，通过看、听、摸、问及查阅有关记录及技术档案，大多数故障是会很快排除的。

1. 常用液压回路的故障及排除方法

在组成回路时，如果液压元件的选择、装配不当，即使液压元件本身合格，组成的回路也会出现故障。常见液压回路的故障及排除方法见表8-4。

表 8-4　常见液压回路的故障及排除方法

回路	故障现象	产生原因	排除方法
速度控制回路	速度不稳定	1）节流阀前后压差过小 2）调速阀前后压差过小	提高溢流阀的调定值，使节流阀、调速阀前后压差达到合理值
方向控制回路	换向后仍向前冲	换向阀换向滞后	在速度换接部位并联一个单向阀
	液压缸不能锁紧	换向阀选择不当	更换相应滑阀机能的换向阀
	电液动换向阀不动作	控制油路在泵卸荷时无压力	在泵的排液路上安装一个单向阀或在系统回液路上安装背压阀
压力控制回路	振动啸叫	1）溢流阀调定值过高 2）溢流阀远程控制管路过长 3）两溢流阀共用一个回油管路 4）两溢流阀共振	1）降低溢流阀调定值 2）将溢流阀远程控制管变短、变细 3）溢流阀回油路分别接油箱 4）将两溢流阀的调定值相差 1MPa 左右
	减压阀压力不稳定	减压阀外泄油路有背压	将减压阀外泄油路单独接油箱
	顺序动作不正常	溢流阀与顺序阀的调定值不配	将溢流阀的压力调到比顺序阀的压力高 0.5~0.8MPa

2. 常用液压系统的故障及排除方法

不同用途的液压设备因其液压系统的组成不同，所出现的故障也会有一定差别，但其常见故障主要有振动和噪声、液压冲击、泄漏、温升、爬行和液压油污染等。

（1）系统产生振动和噪声（表 8-5）

表 8-5　系统产生振动和噪声

故障现象	产生原因	排除方法
液压缸（或马达）内有空气	停止运转期间系统渗入空气	利用排气装置排气
液压泵吸空	1）油箱内液面太低 2）油箱通气孔堵塞 3）吸液管浸入油池中太浅 4）过滤器堵塞 5）液压泵吸液高度过高 6）液压泵吸液管漏气 7）吸液管过细、过长 8）连接处松动 9）液压油黏度过大 10）补油泵供油不足	1）加足液压油 2）清理通气孔 3）吸液口浸入油池 2/3 处，且与回液管隔开 4）经常清洗 5）将吸液高度降至 500mm 以下 6）找出漏气处并排除 7）增大管径，减少弯头 8）紧固 9）选择适当黏度的液压油 10）检查补油泵
液压泵故障	1）齿轮泵齿形精度低 2）叶片泵困油 3）轴向间隙过大，内泄漏严重 4）泵的型号不对，转速过高 5）泵内轴承等元件损坏或精度变差	1）对研齿轮 2）修正配流盘的三角槽 3）调整轴向间隙 4）更换液压泵，调整转速 5）检修并更换已损坏零件

（续）

故障现象	产生原因	排除方法
控制阀故障	1）弹簧变形、损坏 2）阀座密封不良 3）阻尼孔堵塞 4）阀芯移动不灵活 5）节流阀开口小、流速高，产生喷射 6）换向过快，造成换向冲击	1）更换弹簧 2）修研密封面，更换密封件 3）清理阻尼孔 4）清除污物，研光阀芯 5）减小节流阀前后压差，或换用小规格节流阀 6）降低换向速度
安装不良	1）液压泵与电动机同轴度低 2）联轴器松动 3）油管细长且未加固定，产生振动 4）油管相互撞击	1）重新安装联轴器，保证同轴度小于 $\phi0.1$mm 2）紧固 3）加设支承管夹 4）分开油管

（2）系统运转不起来或压力提不高（表 8-6）

表 8-6　系统运转不起来或压力提不高

故障源	产生原因	排除方法
电动机	1）电动机接反 2）电动机功率不足，转速不够高	1）调换电动机接线 2）检查电压、电流大小，采取措施解决
液压泵	1）泵进、出油口接反 2）泵吸油不畅，进气 3）泵轴向、径向间隙过大 4）泵体缺陷造成高、低压腔互通 5）叶片泵叶片与定子内表面接触不良或卡死 6）柱塞泵柱塞卡死	1）调换进、出油管位置 2）清理滤网，排除空气 3）检修液压泵 4）更换液压泵 5）检修叶片及修研定子内表面 6）检修柱塞泵
控制阀	1）压力阀主阀芯或锥阀芯卡死在开口位置 2）压力阀弹簧断裂或永久变形 3）某阀泄漏严重以致高、低压油路连通 4）控制阀阻尼孔被堵塞 5）控制阀的油口接反或接错	1）清洗、检修压力阀，使阀芯移动灵活 2）更换弹簧 3）检修阀，更换已损坏的密封件 4）清洗、疏通阻尼孔 5）检查并纠正接错的管路
液压油	1）黏度过高 2）黏度过低，泄漏太多	1）用指定黏度的液压油 2）用指定黏度的液压油

（3）运动部件速度低或不运动（表 8-7）

表 8-7　运动部件速度低或不运动

故障源	产生原因	排除方法
液压泵	泵供油不足，压力不足	检修或更换液压泵
控制阀	1）压力阀卡死，进、回油路连通 2）流量阀的节流小孔被堵塞 3）互通阀卡住在互通位置	1）清洗，更换液压油 2）清洗、疏通节流小孔 3）检修互通阀

（续）

故障源	产生原因	排除方法
液压缸	1）装配精度或安装精度超差 2）活塞密封圈损坏，缸内泄漏严重 3）间隙密封的活塞、缸壁磨损过大，内泄漏多 4）缸盖处密封圈摩擦力过大 5）活塞杆处密封圈磨损严重或损坏	1）检查，保证达到规定的精度 2）更换密封圈 3）修研缸内孔，重配新活塞 4）适当调松缸盖螺钉 5）调紧缸盖螺钉或更换密封圈

（4）工作循环不能正确实现（表8-8）

表8-8　工作循环不能正确实现

故障现象	产生原因	排除方法
液压回路间互相干扰	1）同一个泵供油的各液压缸压力、流量差别大 2）主油路与控制油路用同一泵供油，当主油路卸荷时，控制油路压力太低	1）改用不同泵供油或用控制阀（单向阀、减压阀、顺序阀等）使油路互不干扰 2）在主油路上设控制阀，使控制油路始终有一定压力，能正常工作
控制信号不能正确发出	1）行程开关、压力继电器开关接触不良 2）某些元件的机械部分卡住（如弹簧、杠杆）	1）检查及检修各开关接触情况 2）检修有关机械部分
控制信号不能正确执行	1）电压过低，弹簧过软或过硬使电磁阀失灵 2）行程挡块位置不对或未紧固	1）检查电路的电压，检修电磁阀 2）检查挡块位置并将其紧固

（5）系统产生爬行（表8-9）

表8-9　系统产生爬行

产生原因	排除方法
1）液压缸内进入空气 2）液压元件运动件间的摩擦阻力太大或变化 3）液压缸轴线与导轨不平行，活塞杆弯曲，缸筒内圆拉毛，两端油封调整过紧 4）节流阀性能差 5）导轨几何精度低 6）导轨润滑不良 7）液压油污染 8）回油无背压 9）负载变化，引起供油波动	1）防止液压泵吸空，更换损坏的密封件，紧固各连接处，利用排气装置排气 2）检修液压元件 3）检修液压缸，调整安装位置 4）更换节流阀 5）修复导轨 6）调整润滑压力与流量，选用防爬行导轨润滑油 7）更换液压油，保持清洁 8）设置背压阀 9）选用低速稳定性好的调速阀

（6）系统产生泄漏（表8-10）

表8-10　系统产生泄漏

产生原因	排除方法
1）密封件装错、装反	1）更换、重装密封件
2）密封件损坏	2）更换密封件
3）结合面几何精度低	3）修研结合面
4）阀芯磨损、间隙增大	4）重配阀芯
5）连接处、管接头松动	5）紧固
6）压力过高	6）调整压力至规定范围
7）油管破裂造成严重泄漏	7）更换油管

（7）系统产生液压冲击（表8-11）

表8-11　系统产生液压冲击

产生原因	排除方法
1）换向阀换向过快	1）换向阀阀芯做成锥角或开轴向三角槽；采用电液动换向阀
2）液压缸缓冲柱塞与端盖柱塞孔间隙过大	2）修复、研配缓冲柱塞
3）液压缸的缓冲节流阀调节不当	3）调整节流阀开口至适当大小
4）运动件、液压油惯性力大	4）增设蓄能器

（8）系统温度升高（表8-12）

表8-12　系统温度升高

产生原因	排除方法
1）液压泵及各连接处泄漏，容积效率低	1）检修液压泵，严防泄漏
2）油箱容积小，散热性能差	2）增大油箱容积，必要时增设冷却装置
3）控制元件规格选用不合理，工作不良	3）更换、调整
4）系统阻力大，沿程功率损失大	4）选择合适管径，减少弯头，缩短长度
5）液压元件加工精度低，装配不良，摩擦力大	5）检修液压元件，重新装配
6）压力调定值过高	6）适当降低调定值
7）定量泵功率浪费，造成温度升高	7）改用变量泵
8）液压油黏度太大	8）选择适当黏度的液压油
9）环境温度过高	9）设置反射板或利用隔热材料将系统与热源隔开

【拓展知识】　液压系统设计简介

对于一般的液压系统，在设计过程中应遵循以下几个步骤。

1）明确设计要求。

2）分析工况，确定主要参数。

3）拟定液压系统原理图。

4）计算和选择液压元件。

5）验算液压系统性能。

6）绘制工作图，编写技术文件。

上述工作大部分情况下要穿插、交叉进行，对于比较复杂的系统，需多次反复才能最后确定。在设计简单系统时，有些步骤可以合并或省略。

一、明确设计要求

1）确定哪些运动由液压传动来完成。

2）确定各运动的工作顺序或自动循环，液压元件的运动方式及工作范围，各元件之间顺序动作、转换和互锁要求。

3）确定执行元件的运动速度、调速范围。

4）确定执行元件的负载大小及性质。

5）确定工作性能（平稳性、可靠性、转换精度等）要求。

二、分析工况，确定主要参数

1. 分析工况

（1）液压缸的负载分析　液压缸的负载：切削阻力、摩擦阻力、惯性力、重力、密封阻力、背压阻力等。

（2）绘制负载图和速度图

2. 确定主要参数

主要是指确定液压系统执行元件的工作压力和最大流量。

（1）初选液压缸的工作压力

1）根据负载图中最大负载来选取。

2）根据主机的类型选取。

（2）确定液压缸主要结构尺寸

（3）确定最大流量　按照速度图中的最大速度计算。

3. 绘制工况图

它包括压力、流量和功率图。

三、拟定液压系统原理图

液压系统要根据所要求的液压传动特点来拟定，可以根据各个运动的要求分别选择和拟定基本回路，然后将各个回路组合成液压系统。在机床液压系统中，调速回路往往是液压系统的核心，所以选择回路时，首先从调速回路开始。

1. 调速回路

调速回路可以根据压力、流量、功率以及对系统温升、工作平稳性等方面要求选择。

压力较小、功率较小（2~3kW）、工作平稳性要求不高的场合选择节流阀调速回路。负载变化较大、速度稳定性要求较高的场合选择调速阀调速回路。功率中等（3~5kW）的场合选择节流、容积、容积节流调速回路。功率较大（>5kW）、温升小、稳定性要求不太高的场合选择容积调速回路。

节流、容积节流调速回路一般采用开式系统（定、变量泵）。容积调速回路采用闭式系统（变量泵）。

2. 快速运动回路和速度换接回路

速度换接的结构形式基本上由系统中调速回路和快速运动回路形式决定，可以采用机、电、液不同的换接形式。

机械控制——换接精度高，换接平稳，工作可靠。

电气控制——结构简单，调整方便，控制灵活。

压力继电器位置应放在动作变换时压力变化显著的地方。

3. 压力控制回路

它一般都已包含在调速回路中，特殊的可进行专门选择。在选择卸荷回路时，要考虑卸荷时造成的功率损失、温升、流量和压力变化。

4. 多缸回路

多缸回路与单缸回路相比，须多考虑一个多缸之间的相互关系问题，即同步、互不干扰问题、先后动作的顺序问题和不动作时的卸荷问题。

5. 液压系统的合成

满足系统要求的各个液压回路选好之后，配上一些辅助元件、辅助油路后，就可将液压系统合成，即组合成完整的液压系统，进行这一步时必须注意：

1）尽可能合并作用相同或相近的元件，避免多余油路，使系统结构简单、紧凑。

2）合并出来的系统应保证其工作循环中每一个动作都安全可靠、相互之间无干扰。

3）合并出来的系统效率高，发热少。

4）合并出来的系统工作平稳，冲击小。

5）系统中各种元件的安放位置应正确，以便充分发挥其工作性能。

6）合并出来的系统应经济合理，不可盲目追求先进、脱离实际。

四、计算和选择液压元件

1. 选择液压泵

（1）计算液压泵的工作压力　液压泵的工作压力由执行元件的工作性质来定。

执行元件在工作过程中需要最大压力，则泵的工作压力 p_p 为

$$p_p > p_{1max} + \sum \Delta p_1 \tag{8-1}$$

式中　p_{1max}——执行元件的最大工作压力；

$\sum \Delta p_1$——进油路上的压力损失，一般可以估算。

（2）计算液压泵的流量　按照执行元件工况图上最大流量和回路的泄漏量确定。单泵供给多个同时工作的执行元件，流量 q_p 为

$$q_p \geqslant K(\sum q_i)_{max} \tag{8-2}$$

式中　K——回路泄漏折算系数，取 1.1~1.3；

$(\sum q_i)_{max}$——同时工作的执行元件流量之和的最大值。

（3）选择液压泵规格　系统在工作时存在动态压力，故泵的额定压力应比系统的最高工作压力高 25%~60%，其流量与系统所需最大流量相符。

2. 选择电动机

按照公式 $P_i = \dfrac{pq}{\eta}$ 选择电动机的功率。

3. 选择控制阀

控制阀的规格根据液压系统最高工作压力和通过该阀的实际流量在产品样本上选择。溢流阀：按照泵的最大流量选择。流量阀：按回路上的流量范围选择，公称流量应大于控制调速范围所需要的最大通过流量，最小稳定流量应小于调速范围所要求的最小稳定流量。其他阀：按接入回路的通过流量选择。

必要时允许流量超过该阀公称流量的 20%，但不宜过大，否则压力损失增加，引起发热、噪声。

4. 确定管道尺寸

管道尺寸计算可参见第六单元课题一。

5. 确定油箱的容量

液压系统散热主要依靠油箱，油箱大，散热快。油箱的容量计算参见第六单元课题一。

五、验算液压系统性能

1. 回路压力损失验算

2. 发热温升验算

3. 冲击消振验算

4. 动态性能验算

六、绘制工作图，编写技术文件

正式工作图包括液压系统原理图、液压系统装配图、液压缸等非标准元件装配图及零件图。液压系统原理图中应附有液压元件明细栏，标明各液压元件的型号、规格、压力和流量等参数值，一般还应绘出各执行元件的工作循环图和电磁铁的动作顺序表。

液压系统装配图是液压系统的安装施工图，包括油箱装配图、集成油路装配图和管路安装图等。在管路安装图中应画出各油管的走向，固定装置结构，各种管接头的形式、规格等。

技术文件一般包括液压系统设计计算说明书，液压系统使用及维护技术说明书，零、部件目录表及标准件、通用件、外购件表等。

【思考与练习】

1. 图 8-2 所示的组合机床动力滑台液压系统是由哪些基本液压回路组成的？单向阀 3、9 和 16 在液压系统中起什么作用？液控顺序阀 7 和背压阀 6 各在液压系统中起什么作用？压力继电器 15 有何作用？

2. 在图 8-6 所示的 Q2-8 型汽车起重机液压系统中，为什么采用弹簧复位式手动换向阀控制各执行元件动作？

3. 现有一台专用铣床，铣头驱动电动机功率为 7.5kW，铣刀直径为 120mm，转速为 350r/min，工作台、工件和夹具的总重量为 5500N，工作台行程为 400mm，快进、快退速度为 4.5m/min，工进速度为 60~1000mm/min，加速（减速）时间为 0.05s，工作台采用平导轨，静摩擦系数为 0.2，动摩擦系数为 0.1，试设计该机床的液压系统（注：不考虑各种损失）。

4. 图 8-11 所示液压系统可以实现快进→Ⅰ工进→Ⅱ工进→快退→原位停、泵卸荷的工作循环，不考虑各种损失，回答下列问题。

1）二通流量阀 A 和 B 的开口哪个大？

2）填写实现快进→Ⅰ工进→Ⅱ工进→快退→原位停、泵卸荷工作循环的电磁铁动作顺序表（表 8-13）。

表 8-13　电磁铁动作顺序表

动作	1YA	2YA	3YA	4YA	5YA
快进					
Ⅰ工进					
Ⅱ工进					
快退					
原位停、泵卸荷					

3）若溢流阀调定压力为 2MPa，液压缸有效面积 $A_1 = 80 \times 10^{-4} \mathrm{m}^2$、$A_2 = 40 \times 10^{-4} \mathrm{m}^2$，在工进中当负载 F 突然为零时，节流阀进口压力为多大？

4）在工进时当负载 F 变化，分析活塞速度有无变化，说明理由。

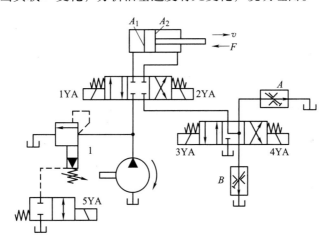

图 8-11　4 题图

5. 设计一台小型液压机的液压系统，要求实现快速空程下行→减速加压→保压→快速回程→停止的工作循环。快速往返速度为 3m/min，加压速度为 40～250mm/min，压制力为 200kN，运动部件总重量为 20kN（注：不考虑各种损失）。

第九单元

气动元件

【学习目标】

通过本单元的学习，使学生掌握气动系统的工作原理、组成；能说出气动元件的种类、作用；掌握典型气动元件的工作原理、结构特点。

课题一　气源装置及气动辅助元件

【任务描述】

本课题使学生熟悉空气的物理性质；掌握气源装置的组成、空气压缩机的工作原理和种类；熟悉气动辅助元件的种类、功能及图示方法。

【知识学习】

一、气压传动基础知识

1. 空气的物理性质

（1）空气的组成　　空气的成分按体积计算，大约是氮气78%、氧气21%、稀有气体0.94%、二氧化碳0.03%、其他气体和杂质0.03%。含有水蒸气的空气称为湿空气，不含水蒸气的空气称为干空气。

（2）密度和质量体积

1）密度 ρ。单位体积内的空气质量。

$$\rho = \frac{m}{V} \tag{9-1}$$

式中　m——空气的质量（kg）；

V——空气的体积（m^3）。

2）质量体积 ν 是指单位质量空气的体积。$\nu = 1/\rho(m^3/kg)$。

（3）压缩性　和膨胀性一定质量的气体，由于压力和温度改变而导致气体容积发生变化的性质表征为压缩性和膨胀性。空气的压缩性和膨胀性远大于固体和液体的压缩性和膨胀性。

（4）黏性　气体质点相对运动时产生阻力的性质称为黏性。空气的黏性受压力的影响很小，温度升高使空气的黏性变大，但一般情况下忽略，可以将空气作为理想气体处理。

（5）湿度

1）绝对湿度 χ。每立方米湿空气中所含水蒸气的质量。

$$\chi = \frac{m_s}{V} \tag{9-2}$$

式中　m_s——湿空气中水蒸气的质量（kg）；

　　　V——湿空气的体积（m^3）。

2）饱和绝对湿度 χ_b。湿空气中水蒸气的分压力达到该湿度下水蒸气的饱和压力时的绝对湿度，即

$$\chi_b = \frac{p_b}{RT} \tag{9-3}$$

式中　p_b——饱和水蒸气的分压力（N/m^2）；

　　　R——水蒸气的气体常数，$R = 461 N \cdot m/kg \cdot K$；

　　　T——热力学温度（K），$T = 273.1 + t$（℃）。

3）相对湿度 ϕ。在相同温度和相同压力下，绝对湿度与饱和绝对湿度之比，即

$$\phi = \frac{\chi}{\chi_b} \times 100\% \approx \frac{p_s}{p_b} \times 100\% \tag{9-4}$$

式中　χ——绝对湿度；

　　　χ_b——饱和绝对湿度；

　　　p_s——水蒸气的分压力（N/m^2）；

　　　p_b——饱和水蒸气的分压力（N/m^2）。

相对湿度表示湿空气中水蒸气含量接近饱和的程度，也称为饱和度。它同时说明了湿空气吸收水蒸气能力的大小。$\phi = 0\%$ 为干空气，$\phi = 100\%$ 为饱和湿空气。$\phi = 65\%$ 左右，人感觉舒适。气动技术规定各种阀的相对湿度应小于 95%。

（6）标准状态和基准状态　标准状态：温度20℃、相对湿度65%、绝对压力为0.1MPa时的空气状态，此时空气密度为 $1.185 kg/m^3$。标准状态下的单位后面可标注 "ANR"。基准状态：温度0℃、绝对压力为101.3kPa时的干空气状态，此时空气密度为 $1.293 kg/m^3$。

在气动系统中，控制阀、过滤器等元件的流量表示方法都是指在标准状态下的。

2. 气体状态方程

（1）理想气体（不计黏性的气体）状态方程　在平衡状态下，气体的三个基本状态参数：压力、温度和质量体积之间的关系为

$$pv = RT \text{ 或 } pV = mRT \tag{9-5}$$

式中　p——绝对压力（Pa）；

ν——质量体积（m^3/kg）；

R——气体常数，对干空气，$R=287.1\ N\cdot m(kg\cdot K)$，对水蒸气，$R=461\ N\cdot m/(kg\cdot K)$；

T——热力学温度（K）；

m——质量（kg）；

V——体积（m^3）。

对定量气体，状态方程可写成

$$\frac{p_1 V_1}{T_1}=\frac{p_2 V_2}{T_2} \tag{9-6}$$

（2）理想气体状态变化过程

1）等容过程（查理定律）。一定质量的气体，在状态变化过程中，若体积保持不变，可写成

$$\frac{p_1}{T_1}=\frac{p_2}{T_2}=常数 \tag{9-7}$$

上式表明，当体积不变时，压力的变化与温度的变化成正比，当压力上升时，气体的温度随之上升。

2）等压过程（盖吕萨克定律）。一定质量的气体，在状态变化过程中，若压力保持不变，可写成

$$\frac{V_1}{T_1}=\frac{V_2}{T_2}\ 常数 \tag{9-8}$$

上式表明，当压力不变时，温度上升，气体体积增大（气体膨胀）；温度下降，气体体积减小（气体被压缩）。

3）等温过程（波意耳定律）。一定质量的气体，在状态变化过程中，若温度保持不变，可写成

$$p_1 V_1=p_2 V_2=常数 \tag{9-9}$$

上式表明，当温度不变时，气体压力上升，气体体积被压缩；气体压力下降，气体体积膨胀。

4）绝热过程。一定质量的气体，在状态变化过程中，若与外界完全无热量交换，可写成

$$p_1 V_1^k=p_2 V_2^k=常数 \tag{9-10}$$

式中 k——等熵指数，对干空气 $k=1.4$，对饱和水蒸气 $k=1.3$。

在绝热过程中，气体状态变化与外界无热量交换，系统依靠本身内能的消耗对外做功。例如：压缩机活塞在气缸中的运动过程可认为是绝热过程。在绝热过程中，气体温度变化很大，压缩机压缩空气时，温度可达 250℃，快速排气时，温度可降至-100℃。

5）多变过程。一定质量的气体，若其基本状态参数都在变化（即没有任何条件限制），可写成

$$p_1 V_1^n=p_2 V_2^n=常数 \tag{9-11}$$

式中 n——多变指数。

当 $n=0$ 时，为等压过程；当 $n=1$ 时，为等温过程；当 $n=\pm\infty$ 时，为等容过程；当 $n=k$ 时，为绝热过程。

二、气源装置

气源装置是为气动系统提供满足一定质量要求的压缩空气。由空气压缩机产生的压缩空气，必须经过降温、净化、减压、稳压等一系列处理后，才能供给控制元件和执行元件使用。用过的压缩空气排向大气时，会产生噪声，应采取措施，降低噪声，改善劳动条件和环境质量。

如图 9-1 所示，气源装置一般包括空气压缩机、后冷却器、油水分离器和气罐等设备。

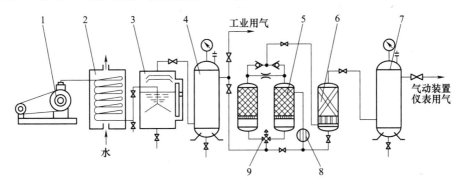

图 9-1　气源装置的组成
1—空气压缩机　2—后冷却器　3—油水分离器　4、7—气罐
5—干燥器　6—过滤器　8—加热器　9—四通阀

1. 气动系统对压缩空气的要求

1）要求压缩空气具有一定的压力和足够的流量。

2）要求压缩空气有一定的清洁度和干燥度。清洁度是指压缩空气中含油量、含灰尘杂质的质量及颗粒大小都要控制在很低范围内。干燥度是指压缩空气中含水量的多少，气动装置要求压缩空气的含水量越低越好。

空气压缩机排出的压缩空气一般不能直接为气动装置所使用。因为空气压缩机从大气中吸入含有水分和灰尘的空气，经压缩后，空气温度可高达 140~180℃，这时空气压缩机中的润滑油也部分成为气态，这样油分、水分以及灰尘便形成混合的胶体微尘与杂质混在压缩空气中一同排出。这些物质会对气动装置产生以下危害。

1）混在压缩空气中的油蒸气可能聚集在气罐、管道、气动系统的容器中形成易燃物，有引起爆炸的危险。同时，润滑油被汽化后，会形成一种有机酸，对金属设备、气动装置有腐蚀作用，影响设备的寿命。

2）混在压缩空气中的杂质能沉积在管道和气动元件的通道内，减少了通道面积，增加了管道阻力。特别是对内径只有 0.2~0.5mm 的某些气动元件会造成阻塞，使压力信号不能正确传递，整个气动系统不能稳定工作甚至失灵。

3）压缩空气中含有的饱和水分，在一定的条件下会凝结成水，并聚集在个别管道中。在寒冷的冬季，凝结的水会使管道及附件结冰而损坏，影响气动装置的正常工作。

4）压缩空气中的灰尘等杂质，对气动系统中做往复运动或转动的气动元件（如气缸、气马达、气动换向阀等）的运动副会产生研磨作用，使这些元件因漏气而降低效率，影响它们的使用寿命。

气动系统对压缩空气所含油、水及灰尘等粒径要求一般不超过以下数值：气缸、膜片式和截止式气动元件<50μm，气动马达、硬配滑阀<25μm，射流元件在10μm左右。

因此气源装置必须设置一些除油、除水、除尘，并使压缩空气干燥，提高压缩空气质量，进行气源净化处理的辅助设备。

2. 空气压缩机

将原动机提供的机械能转变为气压能的设备称为空气压缩机（简称为空压机）。它一般由电动机带动，其吸气口装有空气过滤器。空气压缩机按输出压力的大小，分为低压（0.2~1.0MPa）、中压（1.0~10MPa）和高压（>10MPa）三大类；按其工作原理可分为容积型压缩机和速度型压缩机。容积型压缩机的工作原理是压缩气体的体积，使单位体积内气体分子的密度增大以提高压缩空气的压力。速度型压缩机的工作原理是提高气体分子的运动速度，然后使气体的动能转化为压力能以提高压缩空气的压力。

（1）空气压缩机工作原理　常见低压、容积型空气压缩机按结构不同分为活塞式、叶片式和螺杆式。图9-2所示为往复活塞式空气压缩机，其工作原理是：当活塞3向右运动时，左腔压力低于大气压力，吸气阀9被打开，空气在大气压力作用下进入气缸2内，这个过程称为吸气过程；当活塞3向左移动时，吸气阀9在缸内压缩气体的作用下关闭，缸内气体被压缩，这个过程称为

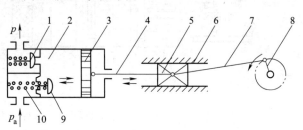

图9-2　往复活塞式空气压缩机
1—排气阀　2—气缸　3—活塞　4—活塞杆
5—十字头　6—滑道　7—连杆　8—曲柄
9—吸气阀　10—弹簧

压缩过程；当气缸2内空气压力增高到略高于输气管内压力后，排气阀1被打开，压缩空气进入输气管道，这个过程称为排气过程。大多数活塞式空气压缩机是多缸多活塞的组合。

（2）空气压缩机的选用原则　通常根据气动系统所需要的工作压力和流量确定空气压缩机的输出压力 p_c 和输出流量 q_c。输出压力 p_c 一般按系统执行元件最高使用压力增加 0.2MPa 估算。输出流量 q_c 通常按系统最大耗气量 Q，再考虑到各种泄漏、备用和是否连续用气等因素，加 30%~50% 余量来确定，即 $q_c = (1.3~1.5)Q$。空气压缩机铭牌上的流量是自由空气流量，气动系统的流量都是指在标准状态下的流量，因此，需要把自由空气流量换算成标准状态下的流量。

3. 冷却器

后冷却器安装在空气压缩机出口处的管道上。它的作用是将空气压缩机排出的压缩空气温度由 140~180℃ 降至 40~50℃。这样就可使压缩空气中的油雾和水汽迅速达到饱和，使其大部分析出并凝结成油滴和水滴，以便经油水分离器排出。后冷却器的结构形式有蛇形管式、列管式、散热片式、管套式。冷却方式有水冷和气冷两种方式。图9-3所示为蛇形管式和列管式后冷却器的结构及图形符号。

4. 油水分离器

油水分离器安装在后冷却器出口管道上。它的作用是分离并排出压缩空气中凝聚的油分、水分和灰尘杂质等，使压缩空气得到初步净化。油水分离器的结构形式有环形回转式、撞击折回式、离心旋转式、水浴式以及以上形式的组合等。图9-4所示为撞击折回并回转式油水分离器的结构及图形符号。它的工作原理是：当压缩空气从入口进入油水分离器壳体

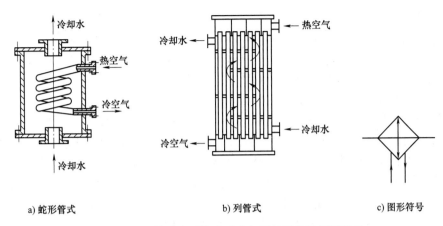

a) 蛇形管式　　　　　　b) 列管式　　　　　　c) 图形符号

图 9-3　蛇形管式和列管式后冷却器的结构及图形符号

后，气流先受到隔板阻挡而被撞击折回向下（图 9-4 中箭头所示流向）；之后又上升产生环形回转，这样凝聚在压缩空气中的油滴、水滴等杂质受惯性力作用而分离析出，沉降于壳体底部，由放水阀定期排出。

为提高油水分离效果，应控制气流在回转后上升的速度不超过 $0.3 \sim 0.5\text{m/s}$。

5. 气罐

气罐的主要作用是：

1）储存一定数量的压缩空气，以备发生故障或临时需要应急使用。

2）消除由于空气压缩机断续排气而对系统引起的压力脉动，保证输出气流的连续性和平稳性。

3）进一步分离压缩空气中的油、水等杂质。

气罐一般采用焊接结构，以立式居多，其结构如图 9-5 所示。

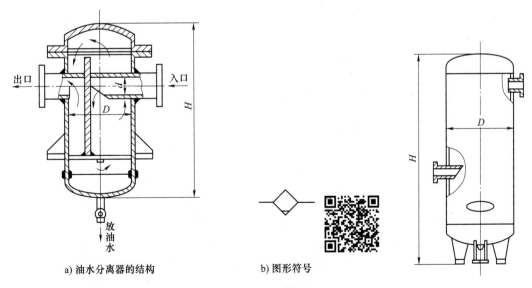

a) 油水分离器的结构　　　　b) 图形符号

图 9-4　撞击折回并回转式油水分离器的结构及图形符号

图 9-5　气罐的结构

6. 干燥器

经过后冷却器、油水分离器和气罐后得到初步净化的压缩空气，已满足一般气压传动的需要。但压缩空气中仍含一定量的油、水以及少量的粉尘。如果用于精密的气动装置、气动仪表等，上述压缩空气还必须进行干燥处理。

压缩空气干燥方法主要有吸附法、冷却法和高分子膜法。

吸附法是利用具有吸附性能的吸附剂（如硅胶、铝胶或分子筛等）来吸附压缩空气中含有的水分，而使其干燥。吸附式干燥器的结构及图形符号如图9-6所示。它的外壳呈筒形，其中分层设置栅板、吸附剂、滤网等。湿空气从湿空气进气管1进入干燥器，通过上部吸附剂层21、钢丝过滤网20、上栅板19和下部吸附剂层16后，因其中的水分被吸附剂吸收而变得很干燥，然后再经过钢丝过滤网15、下栅板14和钢丝过滤网12，干燥、洁净的压缩空气便从干燥空气输出管8排出。吸附式干燥器使用中应注意吸附剂的再生，一般气动系统均设置两套干燥器交替使用。

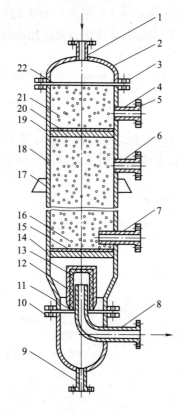

a) 吸附式干燥器的结构　　　　b) 图形符号

图9-6　吸附式干燥器的结构及图形符号

1—湿空气进气管　2—顶盖　3、5、10—法兰　4、6—再生空气排气管　7—再生空气进气管
8—干燥空气输出管　9—排水管　11、22—密封座　12、15、20—钢丝过滤网　13—毛毡
14—下栅板　16、21—吸附剂层　17—支承板　18—筒体　19—上栅板

冷却法是利用制冷设备使空气冷却到一定的露点温度，析出空气中超过饱和水蒸气部分的多余水分，从而达到所需的干燥度。吸附法应用最普遍。

7. 过滤器

空气的过滤是气动系统中的重要环节。不同的场合，对压缩空气的要求也不同。过滤器的作用是进一步滤除压缩空气中的杂质。常用的过滤器有一次过滤器（也称为简易过滤器，滤灰效率为50%~70%）、二次过滤器（滤灰效率为70%~99%）。在要求高的特殊场合，还可使用高效率的过滤器（滤灰效率大于99%）。

（1）一次过滤器　图9-7所示为一次过滤器的结构及图形符号，气流由切线方向进入筒内，在离心力的作用下分离出液滴，然后气体由下而上通过多片钢板、毛毡、硅胶、焦炭、钢丝网等过滤吸附材料，干燥清洁的空气从筒顶输出。

（2）分水滤气器　分水滤气器滤灰能力较强，属于二次过滤器。它和减压阀、油雾器一起被称为气源处理装置，是气动系统不可缺少的辅助元件。普通分水滤气器的结构及图形符号如图9-8所示，其工作原理是：压缩空气从输入口进入后，被引入旋风叶子1，旋风叶子1上有很多小缺口，使空气沿切线反向产生强烈的旋转，夹杂在气体中的较大水滴、油滴、灰尘（主要是水滴）便获得较大的离心力，并高速与存水杯3内壁碰撞，从气体中分离出来，沉淀于存水杯3中，然后气体通过中间的滤芯2，部分灰尘、雾状水被滤芯2滤去，洁净的空气从输出口输出。挡水板4是防止气体漩涡将杯中积存的污水卷起而破坏过滤作用。存水杯中的污水要及时通过手动排水阀5放掉。在某些人工排水不方便的场合，可采用自动排水式分水滤气器。

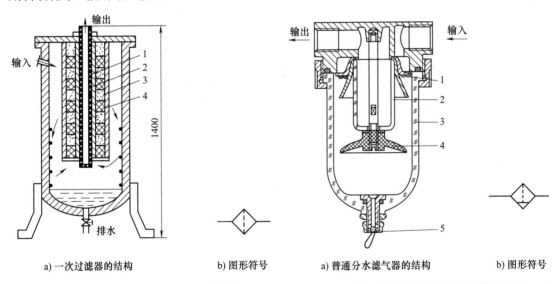

a) 一次过滤器的结构　　　　b) 图形符号

图9-7　一次过滤器的结构及图形符号
1—φ10mm 密孔网　2—280 目细钢丝网
3—焦炭　4—硅胶等

a) 普通分水滤气器的结构　　　　b) 图形符号

图9-8　普通分水滤气器的结构及图形符号
1—旋风叶子　2—滤芯　3—存水杯
4—挡水板　5—手动排水阀

存水杯由透明材料制成，便于观察工作情况、污水情况和滤芯污染情况。滤芯目前采用铜粒烧结而成，发现油泥过多，可采用酒精清洗，干燥后再装上，可继续使用。这种过滤器只能滤除固体和液体杂质，因此，使用时应尽可能装在能使空气中的水分变成液态的部位或防止液体进入的部位，如气动设备的气源入口处。

三、其他辅助元件

气动辅助元件分为气源净化装置和其他辅助元件两大类。气源净化装置一般包括后冷却器、油水分离器、气罐、干燥器、过滤器等。其他辅助元件主要包括油雾器、消声器、管道连接件等。

1. 油雾器

油雾器是一种特殊的注油装置。它以空气为动力，使润滑油雾化后，注入空气流中，并随空气进入需要润滑的部件，达到润滑的目的。

图 9-9 所示为普通油雾器（也称为一次油雾器）的结构及图形符号。当压缩空气由输入口进入后，通过喷嘴 1 下端的小孔进入阀座 4 的腔室内，在截止阀的钢球 2 上下表面形成压差，由于泄漏和弹簧 3 的作用，而使钢球 2 处于中间位置，压缩空气进入存油杯 5 的上腔使油面受压，液压油经吸油管 6 将单向阀 7 的钢球顶起，钢球上部管道有一个方形小孔，钢球不能将上部管道封死，液压油不断流入视油器 9 内，再滴入喷嘴 1 中，被主管气流从上面小孔引射出来，雾化后从输出口输出。节流阀 8 可以调节流量，使滴油量在每分钟 $0 \sim 120$ 滴内变化。滴油量应根据使用条件调整，一般以 $10m^3$（ANR）空气供给 $1mL$ 润滑油为基准。

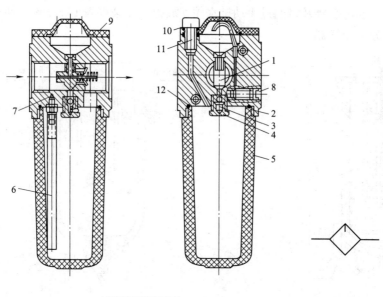

a) 普通油雾器的结构　　　　　　　　　　　b) 图形符号

图 9-9　普通油雾器（也称为一次油雾器）的结构及图形符号

1—喷嘴　2—钢球　3—弹簧　4—阀座　5—存油杯　6—吸油管　7—单向阀
8—节流阀　9—视油器　10、12—密封垫　11—油塞

二次油雾器能使油滴在雾化器内进行两次雾化，使油雾粒度更小、更均匀，输送距离更远。二次雾化粒径可达 $5\mu m$。

油雾器的选择主要是根据气动系统所需额定流量及油雾粒径大小来进行。所需油雾粒径在 $50\mu m$ 左右选用一次油雾器。若需油雾粒径很小可选用二次油雾器。油雾器一般应配置在分水滤气器和减压阀之后，用气设备之前较近处。

2. 消声器

在气动系统之中，气缸、气阀等元件工作时，排气速度较高，气体体积急剧膨胀，会产生刺耳的噪声。噪声的强弱随排气的速度、排量和空气通道的形状而变化。排气的速度和功率越大，噪声也越大，一般可达 100~120dB。为了降低噪声，可以在排气口装消声器。消声器是通过阻尼或增加排气面积来降低排气速度和功率，从而降低噪声的。

气动元件的消声器有三种类型：吸收型消声器、膨胀干涉型消声器和膨胀干涉吸收型消声器。常用的是吸收型消声器。图 9-10 所示为吸收型消声器的结构及图形符号。这种消声器主要依靠吸声材料消声。消声罩 2 为多孔的吸声材料，一般用聚苯乙烯或铜珠烧结而成。当消声器的通径小于 20mm

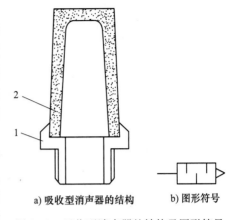

a) 吸收型消声器的结构　　b) 图形符号

图 9-10　吸收型消声器的结构及图形符号
1—联接螺钉　2—消声罩

时，多用聚苯乙烯作为吸声材料制成消声罩；当消声器的通径大于 20mm 时，消声罩多用铜珠烧结，以增加强度。它的消声原理是：当有压气体通过消声罩时，气流受到阻力，声能量被部分吸收而转化为热能，从而降低了噪声强度。

吸收型消声器结构简单，具有良好的消除中、高频噪声的性能，消声效果大于 20dB。在气动系统中，排气噪声主要是中、高频噪声，尤其是高频噪声，所以采用这种消声器是合适的。在主要是中、低频噪声的场合，应使用膨胀干涉型消声器。

3. 管道连接件

管道连接件包括气管和各种管接头。有了气管和各种管接头，才能把气动控制元件、气动执行元件以及辅助元件等连接成一个完整的气动系统。

气管分为硬管和软管两种。如总气管和支气管等一些固定不动的、不需要经常装拆的管路，使用硬管。连接运动部件和临时使用、希望装拆方便的管路应使用软管。硬管有铁管、黄铜管、纯铜管和硬塑料管等；软管有塑料管、尼龙管、橡胶管、金属编织塑料管以及挠性金属导管等。常用的是纯铜管和尼龙管。

气动系统中使用的管接头的结构及工作原理与液压管接头基本相似，分为卡套式、扩口螺纹式、卡箍式、插入快换式等。

课题二　气动执行元件

【任务描述】

本课题使学生掌握气缸与气马达的类型、结构特点、工作原理及应用场合。

【知识学习】

气动执行元件是将压缩空气的压力能转换为机械能的装置。它包括气缸和气马达。气缸用于直线往复运动或摆动，气马达用于连续回转运动。

一、气缸

气缸是气动系统的执行元件之一。除几种特殊气缸外，普通气缸的种类及结构形式与液压缸基本相同。

目前最常选用的是标准气缸，其结构和参数都已系列化、标准化、通用化。QGA 系列为无缓冲普通气缸，其结构如图 9-11 所示。QGB 系列为有缓冲普通气缸，其结构如图 9-12 所示。

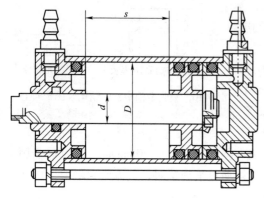

图 9-11　QGA 系列无缓冲普通气缸的结构

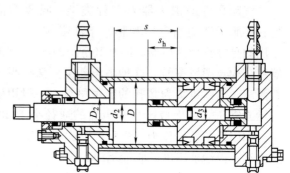

图 9-12　QGB 系列有缓冲普通气缸的结构

其他几种较为典型的特殊气缸有气液阻尼缸、薄膜式气缸、冲击气缸和无杆气缸等。

1. 气液阻尼缸

普通气缸工作时，由于气体的压缩性，当外部载荷变化较大时，会产生爬行或自走现象，使气缸的工作不稳定。为了使气缸运动平稳，普遍采用气液阻尼缸。

气液阻尼缸是由气缸和液压缸组合而成，如图 9-13 所示。它是以压缩空气为能源，利用液压油的不可压缩性，通过控制液压油排量来获得活塞的平稳运动和调节活塞的运动速度。它将液压缸和气缸串联成一个整体，两个活塞固定在一根活塞杆上。当气缸右端供气时，气缸克服外负载并带动液压缸同时向左运动，此时液压缸左腔排油、单向阀关闭，液压油只能经节流阀缓慢流入液压缸右腔，对整个活塞的运动起阻尼作用。调节节流阀的阀口大小就能达到调节活塞运动速度

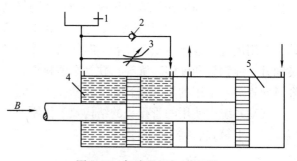

图 9-13　气液阻尼缸原理图
1—油杯　2—单向阀　3—节流阀　4—液压缸　5—气缸

的目的。当压缩空气经换向阀从气缸左腔进入时，液压缸右腔排油，此时因单向阀开启，活塞能快速返回原来位置。

这种气液阻尼缸的结构一般是将双活塞杆缸作为液压缸，可使液压缸两腔的排油量相等，此时油箱内的液压油只用来补充因液压缸泄漏而减少的油量，一般用油杯就行了。

2. 薄膜式气缸

薄膜式气缸是一种利用压缩空气通过膜片推动活塞杆做往复直线运动的气缸。它由缸体、膜片、膜盘和活塞杆等主要零件组成，其功能类似于活塞式气缸。它分单作用式和双作用式两种，如图 9-14 所示。

薄膜式气缸的膜片可以做成盘形膜片和平膜片两种形式。膜片材料为夹织物橡胶、钢片或磷青铜片。常用的是夹织物橡胶，橡胶的厚度为 5~6mm，有时也可用 1~3mm。金属式膜片只用于行程较小的薄膜式气缸中。

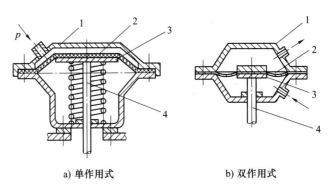

a) 单作用式　　b) 双作用式

图 9-14　薄膜式气缸的结构
1—缸体　2—膜片　3—膜盘　4—活塞杆

薄膜式气缸和活塞式气缸相比较，具有结构简单、紧凑、制造容易、成本低、维修方便、寿命长、泄漏小、效率高等优点；但是膜片的变形量有限，故其行程短（一般不超过 40~50mm），且气缸活塞杆上的输出力随着行程的加大而减小。

3. 冲击气缸

冲击气缸是一种体积小、结构简单、易于制造、耗气功率小，但能产生相当大冲击力的一种特殊气缸。它可用于冲压、切断等。与普通气缸相比，冲击气缸的结构特点是增加了一个具有一定容积的蓄能腔和喷嘴。

如图 9-15 所示，冲击气缸的整个工作过程可简单地分为三个阶段：第一阶段，压缩空气由孔 A 输入冲击气缸的头腔，蓄能腔经孔 B 排气，活塞上升并用密封垫封住喷嘴，中盖和活塞间的环形空间经排气孔与大气相通；第二阶段，压缩空气改由孔 B 进气，输入蓄能腔中，冲击气缸头腔经孔 A 排气，由于活塞上端气压作用在面积较小的喷嘴上，而活塞下端受力面积较大，一般设计成喷嘴面积的 9 倍，缸头腔的压力虽因排气而下降，但此时活塞下端向上的作用力仍然大于活塞上端向下的作用力；第三阶段，蓄能腔的压力继续增大，冲击气缸头腔的压力继续降低，当蓄能腔内压力高于活塞头腔压力 9 倍时，活塞开始向下移动，活塞一旦离开喷嘴，蓄能腔内的高压气体迅速充入到活塞与中盖间的空间，使活塞上端受力面积突然增加 9 倍，于是活塞将以极大的加速度向下运动，气体的压力能转换成活塞的动能。在冲程达到一定时，获得最大冲击速度和能量，利用这个能量对工件进行冲击做功，产生很大的冲击力。

4. 无杆气缸

无杆气缸分为绳索气缸、钢带气缸、机械接触式气缸和磁性耦合式气缸等。它们没有普通气缸的刚性活塞杆，而是利用活塞直接

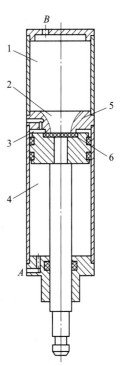

图 9-15　冲击气缸
1—蓄能腔　2—喷嘴
3—尾腔　4—头腔
5—中盖　6—密封垫

或间接连接外界执行机构，跟随活塞直接或间接实现往复直线运动。这种气缸具有结构简单、节省安装空间的最大优点，特别适用于小缸径、长行程的场合。

（1）绳索气缸、钢带气缸　这类气缸用绳索、钢带等代替刚性活塞杆连接活塞，将活塞的推力传到气缸外，带动执行机构进行往复运动。这种气缸又称为柔性气缸，其主要特点是在同样活塞行程下，安装长度比普通气缸小一半。

1）绳索气缸。采用柔软、弯曲性大的钢丝绳代替刚性活塞杆，如图 9-16 所示。

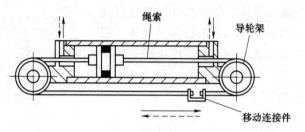

图 9-16　绳索气缸

绳索气缸的绳索是特制的，在钢丝绳外包一层尼龙，要求表面光滑、尺寸一致，以保证绳索与缸盖孔的密封。绳索与通常使用的钢丝绳一样，需考虑冲击和延伸等问题，在传递运动时防止产生抖动。

当负载运动方向与活塞的运动方向不一致时，可采用滑轮。

2）钢带气缸。采用钢带代替刚性活塞杆，克服了绳索气缸密封困难及结构尺寸大的缺点，具有密封和连接容易、运动平稳的特点，与测量装置结合，易实现自动控制。它的结构和绳索气缸相同。

绳索气缸和钢带气缸与开关或控制阀连接，即可构成带开关或控制阀的绳索气缸和钢带气缸。

（2）机械接触式无杆气缸　图 9-17 所示为机械接触式无杆气缸。在气缸筒的轴向开有一条槽。与普通气缸一样，可在气缸两端设置空气缓冲装置。活塞带动与负载相连的拖板一起在槽内移动。为防泄漏及防尘，在开口部采用聚氨酯密封带和防尘不锈钢覆盖带，并固定在两端缸盖上。

这种气缸具有与绳索气缸相似的优点，但机械接触式无杆气缸占据的空间更小，不需要设置防转动机构。它适用于缸径 8~80mm 的气缸，最大行程（在缸径 ≥40mm 时）可达 6m。气缸运动速度高，标准型可达 0.1~1.5m/s；高速型可达 0.3~3.0m/s。由于负载与活塞是用在气缸槽内运动的滑块连接的，因此在使用中必须注意径向和轴向负载。为了增加承载能力，必须加导向机构。

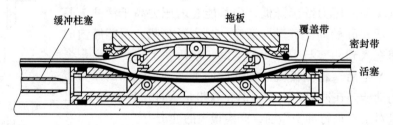

图 9-17　机械接触式无杆气缸

（3）磁性耦合式无杆气缸　图 9-18 所示为磁性耦合式无杆气缸。在活塞上安装一组高磁性的稀土永久磁环，磁力线通过薄壁缸筒（不锈钢或铝合金非导磁材料）与套在外面的另一组磁环作用。由于两组磁环极性相反，具有很强的吸力。当活塞在两端输入气压作用下移动时，则在磁力作用下，带动缸筒外的磁环套与负载一起移动。在气缸行程两端设有空气缓冲装置。它的特点是小型、轻量化、无外部泄漏、维修保养方便。当速度快、负载大时，内外磁环易脱开，即负载大小受速度的影响，且磁性耦合式无杆气缸中间不可能增加支承点，最大行程受到限制。

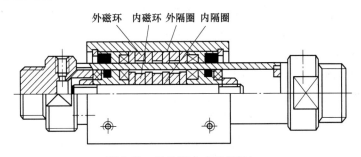

外磁环　内磁环　外隔圈　内隔圈

图 9-18　磁性耦合式无杆气缸

二、气马达

气马达也是气动执行元件的一种。它的作用相当于电动机或液压马达，即输出力矩，拖动机构做旋转运动。

1. 气马达的分类及特点

气马达按结构形式可分为叶片式气马达、活塞式气马达和齿轮式气马达等。常见的是叶片式气马达和活塞式气马达。叶片式气马达制造简单、结构紧凑，但低速运动转矩小，低速性能不好，适用于中、低功率的机械，在矿山及风动工具中应用普遍。活塞式气马达在低速情况下有较大的输出功率，其低速性能好，适用于载荷较大和要求低速转矩的机械，如起重机、绞车、绞盘、拉管机等。

与液压马达相比，气马达具有以下特点。

1）工作安全，可以在易燃易爆场所工作，同时不受高温和振动的影响。

2）可以长时间满载工作而温升较小。

3）可以无级调速。控制进气流量，就能调节马达的转速和功率。额定转速可达每分钟几十转到几十万转。

4）具有较高的起动力矩，可以直接带负载运动。

5）结构简单，操纵方便，维护容易，成本低。

6）输出功率相对较小，最大只有 20kW 左右。

7）耗气量大，效率低，噪声大。

2. 气马达的工作原理

图 9-19a 所示为叶片式气马达的工作原理图。它的主要结构和工作原理与液压叶片式马达相似，主要包括一个径向装有 3~10 个叶片的转子，偏心安装在定子内，转子两侧有前后盖板（图 9-19a 中未画出），叶片在转子的槽内可径向滑动，叶片底部通有压缩空气，转子转动是靠离心力和叶片底部气压将叶片紧压在定子内表面上。定子内有半圆形的切沟，提供压缩空气及排出废气。

当压缩空气从 A 口进入定子内，会使叶片带动转子做逆时针旋转，产生转矩。废气从排气口 B 排出。如需改变气马达旋转方向，只需改变进、排气口即可。

图 9-19b 所示为径向活塞式气马达的工作原理图，其工作室由缸体和活塞构成，3~6 个气缸围绕曲轴呈放射状分布，每个气缸通过连杆与曲轴相连。压缩空气经进气口进入分配阀（又称为配气阀）后向各气缸顺序供气，推动活塞及连杆组件运动，带动曲轴旋转。固定在曲轴上的分配阀同步转动，使压缩空气随着分配阀角度位置的改变而进入不同的缸内，依次推动各个活塞运动，由各活塞及连杆带动曲轴连续运转。与此同时，与进气缸处于相对位置的气缸则处于排气状态。

图 9-19c 所示为薄膜式气马达的工作原理图。它实际上是一个薄膜式气缸的具体应用。当它做往复运动时，通过推杆端部的棘爪使棘轮做间歇性单向转动。

表 9-1 列出了各种气马达的特点及应用范围，可供选择时参考。

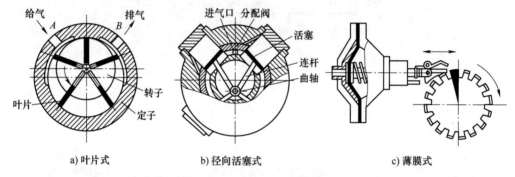

a) 叶片式   b) 径向活塞式   c) 薄膜式

图 9-19   气马达的工作原理图

表 9-1   各种气马达的特点及应用范围

形式	转矩	速度	功率	每千瓦耗气量 q /（m^3/min）	特点及应用范围
叶片式	低转矩	高速度	由零点几千瓦到 1.3kW	小型：1.8~2.3 大型：1.0~1.4	制造简单、结构紧凑，但低速起动转矩小，低速性能不好，适用于要求低或中功率的机械，如手提工具、复合工具传送带、升降机、泵、拖拉机等
径向活塞式	中、高转矩	低速或中速	由零点几千瓦到 1.7kW	小型：1.9~2.3 大型：1.0~1.4	在低速时有较大的功率输出和较好的转矩特性，起动准确，且起动和停止特性均较叶片式好，适用于载荷较大和要求低速转矩较高的机械，如手提工具、起重机、绞车、绞盘、拉管机等
薄膜式	高转矩	低速度	小于 1kW	1.2~1.4	适用于控制要求很精确、起动转矩极高和速度低的机械

课题三   气动控制元件

【任务描述】

本课题使学生掌握气动压力控制阀、气动方向控制阀和气动流量控制阀的结构、工作原理及其应用。

【知识学习】

一、压力控制阀

1. 压力控制阀分类

气动系统不同于液压系统，一般液压系统都自带液压源（液压泵），而在气动系统中，通常由空气压缩机先将空气压缩，储存在气罐内，然后经管路输送给各个气动装置使用。而气罐的空气压力往往比各台设备实际所需要的压力高些，同时其压力波动值也较大。因此需要用减压阀（调压阀）将其压力减到每台设备所需的压力，并使减压后的压力稳定在所需压力值上。

有些气动回路需要依靠回路中压力的变化来实现控制两个执行元件的顺序动作，所用的这种阀就是顺序阀。顺序阀与单向阀的组合称为单向顺序阀。

所有的气动回路或气罐为了安全起见，当压力超过允许压力值时，需要实现自动向外排气，这种压力控制阀称为安全阀。

2. 减压阀（调压阀）

图 9-20 所示为 QTY 型减压阀的结构及图形符号，其工作原理是：当阀处于工作状态时，调节手柄 1、调压弹簧 2、3 及膜片 5，通过阀杆 6 使阀芯 8 下移，进气阀口被打开，有

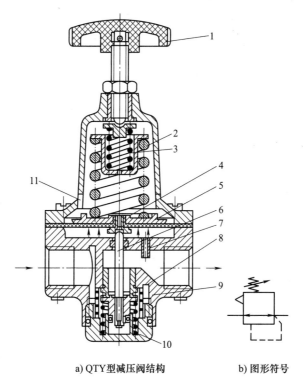

a) QTY型减压阀结构　　　　b) 图形符号

图 9-20　QTY 型减压阀的结构及图形符号

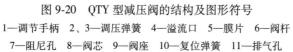

1—调节手柄　2、3—调压弹簧　4—溢流口　5—膜片　6—阀杆
7—阻尼孔　8—阀芯　9—阀座　10—复位弹簧　11—排气孔

压气流从左端输入，经阀口节流减压后从右端输出。输出气流的一部分由阻尼孔 7 进入膜片气室，在膜片 5 的下方产生一个向上的推力，这个推力总是企图把阀口开度关小，使其输出压力下降。当作用于膜片上的推力与弹簧力相平衡后，减压阀的输出压力便保持一定。

当输入压力发生波动时，如输入压力瞬时升高，输出压力也随之升高，作用于膜片 5 上的气体推力也随之增大，破坏了原来力的平衡，使膜片 5 向上移动，有少量气体经溢流口 4、排气孔 11 排出。在膜片上移的同时，因复位弹簧 10 的作用，使输出压力下降，直到新的平衡为止。重新平衡后的输出压力又基本上恢复至原值。反之，输出压力瞬时下降，膜片下移，进气口开度增大，节流作用减小，输出压力又基本上回升至原值。

调节手柄 1 使调压弹簧 2、3 恢复自由状态，输出压力降至零，阀芯 8 在复位弹簧 10 的作用下，关闭进气阀口，这样，减压阀便处于截止状态，无气流输出。

QTY 型直动式减压阀的调压范围为 0.05~0.63MPa。为限制气体流过减压阀所造成的压力损失，规定气体通过阀内通道的流速在 15~25m/s 范围内。

安装减压阀时，要按气流的方向和减压阀上所示的箭头方向，依照分水滤气器→减压阀→油雾器的安装次序进行安装。调压时应由低向高调，直至规定的调压值为止。阀不用时应把手柄放松，以免膜片经常受压变形。

3. 顺序阀

顺序阀是依靠气路中压力的作用而控制执行元件按顺序动作的压力控制阀，如图 9-21 所示。它根据弹簧的预压缩量来控制其开启压力。当输入压力达到或超过开启压力时，顶开弹簧，于是 P 到 A 才有输出；反之 A 无输出。

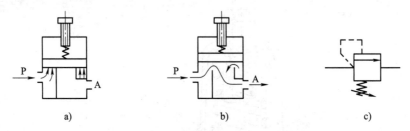

图 9-21　顺序阀的原理图及图形符号

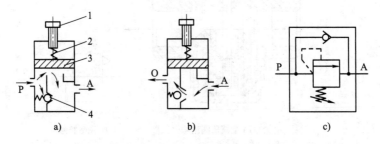

图 9-22　单向顺序阀的原理图及图形符号

1—调节手柄　2—弹簧　3—活塞　4—单向阀

顺序阀一般很少单独使用，往往与单向阀配合在一起，构成单向顺序阀。图 9-22 所示为单向顺序阀的原理图及图形符号。当压缩空气由左端进入阀腔后，作用于活塞 3 上的力超过弹簧 2 上的力时，将活塞顶起，压缩空气从 P 经 A 输出，如图 9-22a 所示，此时单向阀 4 在压差力及弹簧力的作用下处于关闭状态。反向流动时，输入侧变成排气口，输出侧压力将顶开单向阀 4 由 O 口排气，如图 9-22b 所示。

调节手柄就可改变单向顺序阀的开启压力，以便在不同的开启压力下，控制执行元件的顺序动作。

4. 安全阀

当气罐或回路中压力超过某调定值时，要用安全阀向外放气。安全阀在系统中起过载保护作用。

图 9-23 所示为安全阀的原理图及图形符号。当系统中气体压力在调定范围内时，作用在活塞 3 上的力小于弹簧 2 的力，活塞处于关闭状态，如图 9-23a 所示。当系统压力升高，作用在活塞 3 上的力大于弹簧上的力时，活塞 3 向上移动，阀门开启排气，如图 9-23b 所示。直到系统压力降到调定范围以下，活塞又重新关闭。开启压力的大小与弹簧的预压缩量有关。

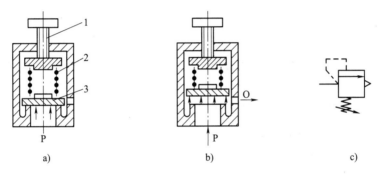

图 9-23　安全阀的原理图及图形符号
1—手柄　2—弹簧　3—活塞

二、流量控制阀

在气动系统中，有时需要控制气缸的运动速度，有时需要控制换向阀的切换时间和气动信号的传递速度，这些都需要调节压缩空气的流量来实现。流量控制阀就是通过改变阀的通流面积来实现流量控制的元件。流量控制阀包括节流阀、单向节流阀、排气节流阀和快速排气阀等。

1. 节流阀

图 9-24 所示为圆柱斜切型节流阀的结构及图形符号。压缩空气由 P 口进入，经过节流后，由 A 口流出。旋转阀芯螺杆，就可改变节流口的开度，这样就调节了压缩空气的流量。由于这种节流阀的结构简单、体积小，故应用范围较广。

2. 单向节流阀

单向节流阀是由单向阀和节流阀并联而成的组合式流量控制阀，如图 9-25 所示。当气流由 P 口向 A 口流动时，单向阀关闭，经过节流阀节流；反之由 A 口向 P 口流动时，单向阀打开，不起节流作用。单向节流阀常用于气缸的调速和延时回路。

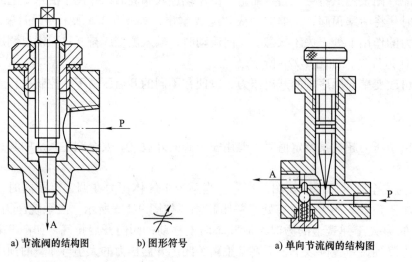

<table>
<tr><td>a) 节流阀的结构图</td><td>b) 图形符号</td></tr>
</table>

图 9-24　圆柱斜切型节流阀的结构及图形符号

a) 单向节流阀的结构图　　b) 图形符号

图 9-25　单向节流阀的结构及图形符号

3. 排气节流阀

排气节流阀是装在执行元件的排气口处，调节进入大气中气体流量的一种控制阀。它不仅能调节执行元件的运动速度，还常带有消声器件，所以也能起降低排气噪声的作用。

图 9-26 所示为排气节流阀的原理图及图形符号，其工作原理和节流阀类似，靠调节节流口处的通流面积来调节排气流量，由消声套来减小排气噪声。

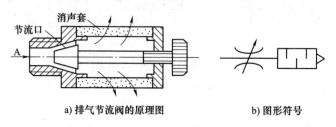

a) 排气节流阀的原理图　　　　　　b) 图形符号

图 9-26　排气节流阀的原理图及图形符号

4. 快速排气阀

图 9-27 所示为快速排气阀的结构及图形符号。进气口 P 进入压缩空气使膜片 1 向下变

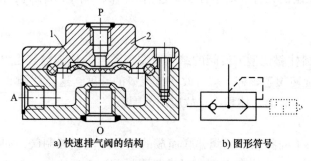

a) 快速排气阀的结构　　　　　　b) 图形符号

图 9-27　快速排气阀的结构及图形符号

1—膜片　2—阀体

形，阀口 P 开启，阀口 O 关闭，P 口与 A 口接通，A 口有输出。当 P 口无压力时，在 A 口的气压和膜片弹性恢复力作用下，膜片 1 上移将 P 口封住，A 口与 O 口接通，输出管路中的气体经 A 口通过排气口 O 排出。

快速排气阀常安装在换向阀和气缸之间。它使气缸的排气不用通过换向阀而快速排出，从而加速了气缸往复的运动速度，缩短了工作周期。

三、方向控制阀

方向控制阀是气动系统中通过改变压缩空气的流动方向和气流的通断，来控制执行元件起动、停止及运动方向的气动元件。

根据方向控制阀的功能、控制方式、结构方式、阀内气流的方向及密封形式等，可将方向控制阀分为几类，见表 9-2。

表 9-2　方向控制阀的分类

分类方式	形　式
按阀内气体的流动方向	单向阀、换向阀
按阀芯的结构形式	截止阀、滑阀
按阀的密封形式	硬质密封、软质密封
按阀的工作位数及通路数	二位三通、二位五通、三位五通等
按阀的控制方式	气压控制、电磁控制、机械控制、手动控制

1. 单向阀

气流在单向阀内只能向一个方向流动而不能反向流动，图 9-28 所示为单向阀的结构及图形符号。气流可以从 P 口流向 A 口而不能反向流动。对于单向阀的基本要求是：在正向流动时，阀的流动阻力要小，即流通能力大；在反向流动时，要求密封性能好，即泄漏量小。

2. 梭阀

梭阀相当于两个单向阀组合的阀，分为或门型梭阀和与门型梭阀。

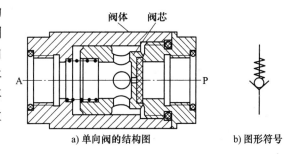

图 9-28　单向阀的结构及图形符号

a) 单向阀的结构图　　b) 图形符号

（1）或门型梭阀（交替单向阀）　图 9-29 所示为或门型梭阀的原理图及图形符号。它有两个进气口 P_1 和 P_2，一个工作口 A，阀芯 1 在两个方向上起单向阀的作用。其中 P_1 和 P_2 都可与 A 口相通，但这 P_1 与 P_2 不相通。当 P_1 进气时，阀芯 1 右移，封住 P_2 口，使 P_1 与 A 相通，A 口出气，如图 9-29a 所示。反之，P_2 进气时，阀芯 1 左移，封住 P_1 口，使 P_2 与 A 相通，A 口也出气，如图 9-29b 所示。若 P_1 与 P_2 都进气时，阀芯就可能停在任意一边，这要看压力加入的先后顺序和压力的大小而定。若 P_1 与 P_2 不等，则高压口的通道打开，低压口则被封闭，高压气流从 A 口输出。

（2）与门型梭阀（双压阀）　图 9-30 所示为与门型梭阀的原理图及图形符号。该阀只有当两个输入口 P_1、P_2 同时进气时，A 口才能输出，如图 9-30c 所示。P_1 或 P_2 单独输入

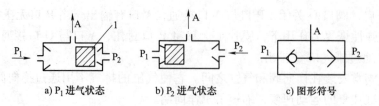

a) P_1 进气状态　　　b) P_2 进气状态　　　c) 图形符号

图 9-29　或门型梭阀的原理图及图形符号

时，如图 9-30a、b 所示，A 口无输出。

梭阀的应用很广，多用于手动与自动控制的并联回路中。

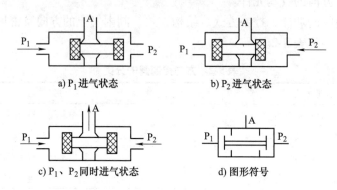

a) P_1 进气状态　　　　　　　　b) P_2 进气状态

c) P_1、P_2 同时进气状态　　　　　d) 图形符号

图 9-30　与门型梭阀的原理图及图形符号

3. 气压控制换向阀

气压控制换向阀是以压缩空气为动力来移动阀芯，使气路换向或通断的阀类。它多用于组成全气阀控制的气动系统或易燃、易爆以及高净化等场合。

（1）单气控加压式换向阀　图 9-31 所示为单气控加压式换向阀的原理图及图形符号。图 9-31a 所示为无气控信号 K 时阀的状态（即常态）。此时，阀芯 1 在弹簧 2 的作用下处于上端位置，使阀口 A 与 O 相通，O 口排气。图 9-31b 所示为在有气控信号 K 时阀的状态（即动力阀状态）。由于气压力的作用，阀芯 1 压缩弹簧 2 下移，使阀口 A 与 O 断开，P 与 A 接通，A 口有气体输出。

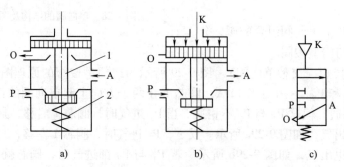

a)　　　　　　　　b)　　　　　　　　c)

图 9-31　单气控加压式换向阀的原理图及图形符号
1—阀芯　2—弹簧

（2）双气控加压式换向阀　图 9-32 所示为双气控加压式换向阀的原理图及图形符号。

图 9-32a 所示为有气控信号 K_2 时的状态，此时阀停在左边，其通路状态是 P 与 A、B 与 O_2 相通。图 9-32b 所示为有气控信号 K_1 时阀的状态（此时信号 K_2 已不存在），阀芯换位，其通路状态变为 P 与 B、A 与 O_1 相通。双气控滑阀具有记忆功能，即气控信号消失后，阀仍能保持在有信号时的工作状态。

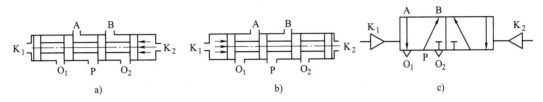

图 9-32　双气控加压式换向阀的原理图及图形符号

（3）差动控制换向阀　差动控制换向阀是利用控制气压作用在阀芯两端不同面积上所产生的力差来使阀换向的一种控制方式。图 9-33 所示为二位五通差动控制换向阀的结构及图形符号。阀的右腔始终与进气口 P 相通。在没有进气信号 K 时，复位活塞 13 上的气压力将推动阀芯 9 左移，其通路状态为 P 与 A、B 与 O_2 相通，A 口进气、B 口排气。当有气控信号 K 时，由于控制活塞 3 的端面积大于复位活塞 13 的端面积，作用在控制活塞 3 上的气压力将克服复位活塞 13 上的气压力及摩擦力，推动阀芯 9 右移，气路换向，其通路状态为 P 与 B、A 与 O_1 相通，B 口进气、A 口排气。当气控信号 K 消失时，阀芯 9 借右腔内的气压作用复位。采用气压复位可提高阀的可靠性。

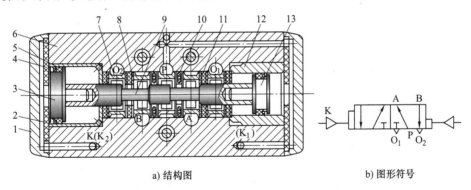

图 9-33　二位五通差动控制换向阀的结构及图形符号

1—端盖　2—缓冲垫片　3—控制活塞　4—密封圈　5—衬套　6—阀体　7—隔套
8—垫圈　9—阀芯　10—组合密封圈　11—E 形密封圈　12—复位衬套　13—复位活塞

4. 电磁控制换向阀

电磁控制换向阀是利用电磁力的作用来实现阀的切换以控制气流的流动方向。常用的电磁控制换向阀有直动式和先导式两种。

（1）直动式电磁控制换向阀　图 9-34 所示为直动式单电控电磁阀的原理图及图形符号。它只有一个电磁铁。图 9-34a 所示为常态情况，即励磁线圈不通电，此时阀在复位弹簧的作用下处于上端位置，其通路状态为 A 与 O 相通，O 口排气。当通电时，电磁铁 1 推动阀芯 2 向下移动，气路换向，其通路为 P 与 A 相通，P 口进气，如图 9-34b 所示。

图 9-35 所以为直动式双电控电磁阀的原理图及图形符号。它有两个电磁铁，当电磁铁 1

通电、2断电时，如图9-35a所示，阀芯被推向右端，其通路状态是P与A、B与O_2相通。当电磁铁1断电时，阀芯仍处于原有状态，即具有记忆性。当电磁铁2通电、1断电时，如图9-35b所示，阀芯被推向左端，其通路状态是P与B、A与O_1相通。若电磁铁断电，气流通路仍保持原状态。

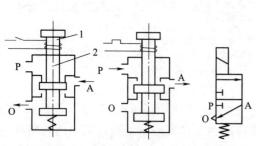

a) 电磁铁断电时状态 b) 电磁铁通电时状态 c) 图形符号

图9-34 直动式单电控电磁阀的原理图及图形符号

1—电磁铁 2—阀芯

a) 电磁铁1通电时状态   b) 电磁铁2通电时状态

c) 图形符号

图9-35 直动式双电控电磁阀的原理图及图形符号

1、2—电磁铁 3—阀芯

（2）先导式电磁控制换向阀 直动式电磁阀是由电磁铁直接推动阀芯移动的，当阀通径较大时，用直动式结构所需的电磁铁体积和电力消耗都必然加大，为克服此弱点可采用先导式结构。

先导式电磁阀是由电磁铁首先控制气路，产生先导压力，再由先导压力推动主阀阀芯，使其换向。

图9-36所示为先导式双电控换向阀的原理图及图形符号。当电磁先导阀1的线圈通电，而电磁先导阀2断电时，如图9-36a所示，由于主阀3的K_1腔进气、K_2腔排气，使主阀阀芯向右移动，此时P与A、B与O_2相通，A口进气、B口排气。当电磁先导阀2通电，而电磁先导阀1断电时，如图9-36b所示，主阀的K_2腔进气、K_1腔排气，使主阀阀芯向左移动，此时P与B、A与O_1相通，B口进气、A口排气。先导式双电控换向阀具有记忆功能，即通电换向，断电保持原状态。为保证主阀正常工作，两个电磁阀不能同时通电，电路中要考虑互锁。

先导式电磁控制换向阀便于实现电、气联合控制，所以应用广泛。

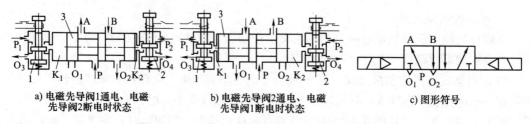

a) 电磁先导阀1通电、电磁   b) 电磁先导阀2通电、电磁   c) 图形符号
   先导阀2断电时状态   先导阀1断电时状态

图9-36 先导式双电控换向阀的原理图及图形符号

1、2—电磁先导阀 3—主阀

5. 机械控制换向阀

机械控制换向阀又称为行程阀，多用于行程控制，作为信号阀使用，常依靠凸轮、挡块或其他机械外力推动阀芯，使阀换向。

6. 人力控制换向阀

这类阀分为手动及脚踏两种操纵方式。手动阀的主体部分与气控阀类似，其操纵方式有按钮式、旋钮式、锁式及推拉式等。

图 9-37 所示为推拉式手动阀的原理图及图形符号。如用手压下阀芯，如图 9-37a 所示，则 P 与 A、B 与 O_2 相通。手放开，而阀依靠定位装置保持状态不变。当用手将阀芯拉出时，如图 9-37b 所示，则 P 与 B、A 与 O_1 相通，气路改变，并能维持该状态不变。

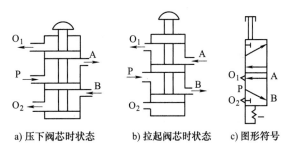

a) 压下阀芯时状态　　b) 拉起阀芯时状态　　c) 图形符号

图 9-37　推拉式手动阀的原理图及图形符号

【思考与练习】

一、填空题

1. 气动系统对压缩空气的要求有：具有一定____和____，并具有一定的____程度。

2. 空气压缩机简称为_____，用以将原动机输出的机械能转化为气体的压力能。空气压缩机的种类很多，按工作原理主要可分为_____和_____两类。

3. _____、_____、_____一起称为气源处理装置，是多数气动设备必不可少的气源装置。气源处理装置通常组合使用，应安装在用气设备的_____。

4. 目前使用的干燥方法主要是_____和_____。

5. 排气节流阀一般安装在_____。

6. 快速排气阀常安装在_____和_____之间。

二、判断题

（　　）1. 气动系统所使用的空气可以是自由状态的湿空气。

（　　）2. 气动系统中所使用的压缩空气直接由空气压缩机供给。

（　　）3. 大多数情况下，气源处理装置组合使用，其安装次序依进气方向为空气过滤器、后冷却器和油雾器。

（　　）4. 消声器的作用是排除压缩气体通过气动元件排到大气时产生的刺耳噪声污染。

（　　）5. 每台气动装置的供气压力都需要用减压阀来减压，并保证供气压力的稳定。

（　　）6. 在气动系统中，双压阀的逻辑功能相当于"或"元件。

（　　）7. 快速排气阀是使执行元件的运动速度达到最快而使排气时间最短，因此需要将快速排气阀安装在方向控制阀的排气口。

（　　）8. 双气控及双电控两位五通方向控制阀具有保持功能。

（　　）9. 气压控制换向阀是利用气体压力来使主阀芯运动从而使气流改变方向的。

（　　）10. 气动流量控制阀主要有节流阀、单向节流阀和排气节流阀等，都是通过改变控制阀阀口的通流面积来实现流量控制的元件。

三、选择题

1. 以下不是气罐的作用是（ ）。

    A. 减少气源输出气流脉动

    B. 进一步分离压缩空气中的水分和油分

    C. 冷却压缩空气

2. 利用压缩空气使膜片变形，从而推动活塞杆做直线运动的气缸是（ ）。

    A. 气液阻尼缸   B. 冲击气缸   C. 薄膜式气缸

3. 气源装置的核心元件是（ ）。

    A. 气马达   B. 空气压缩机   C. 油水分离器

4. 低压空压机的输出压力为（ ）。

    A. 小于 0.2MPa   B. 0.2~1MPa   C. 1~10MPa

5. 油水分离器安装在（ ）后的管道上。

    A. 后冷却器   B. 干燥器   C. 贮气罐

6. 排气节流阀可以控制气动系统的（ ）。

    A. 速度   B. 噪声   C. 速度和噪声   D. 压力

7. 利用（ ）可以构成高速动作回路，实现气缸的快速运动。

    A. 节流阀   B. 快速排气阀   C. 减压阀   D. 双压阀

8. 在以下控制阀中，具有逻辑控制功能的阀是（ ）。

    A. 单向阀   B. 快速排气阀   C. 双压阀   D. 换向阀

四、问答题

1. 一个典型的气动系统由哪几个部分组成？

2. 简述气动系统对其工作介质（压缩空气）的主要要求。

3. 气源净化装置包括哪些设备？各部分的作用是什么？

4. 什么是气源处理装置？气源处理装置的连接次序如何？

5. 画出减压阀、安全阀与顺序阀的图形符号，说明这三种阀的作用。

6. 画出或门型梭阀和与门型梭阀的图形符号，说明其功能。

7. 快速排气阀为什么能快速排气？在使用和安装快速排气阀时应注意什么问题？

第十单元

气动基本回路与气动系统

【学习目标】

通过本单元的学习，使学生掌握常用气动基本回路的类型及功用；能够组建简单的气动回路；了解气动系统的安装、调试与使用维修方法；能对气动系统简单故障进行诊断与排除。

课题一　气动基本回路

【任务描述】

本课题使学生掌握常用气动基本回路的组成、工作原理及应用；学会组建简单的气动回路。

【知识学习】

一、方向控制回路

1. 单作用气缸换向回路

图 10-1a 所示为由二位三通电磁阀控制的换向回路，电磁铁通电时，活塞杆伸出；电磁铁断电时，在弹簧力作用下活塞杆缩回。图 10-1b 所示为由三位五通电磁阀控制的换向回路，该阀具有自动对中功能，可使气缸停在任意位置，但定位精度不高、定位时间不长。

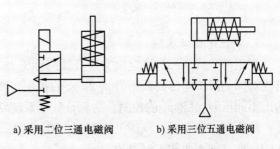

a) 采用二位三通电磁阀　　b) 采用三位五通电磁阀

图 10-1　单作用气缸换向回路

2. 双作用气缸换向回路

图 10-2a 所示为两个小通径的手动阀控制二位五通阀操纵气缸换向；图 10-2b 所示为三位五通阀控制气缸换向，该回路有中停功能，但定位精度不高。

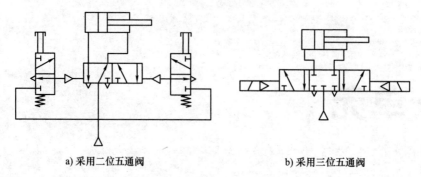

a) 采用二位五通阀　　　　　　　　b) 采用三位五通阀

图 10-2　双作用气缸换向回路

二、压力控制回路

1. 一次压力控制回路

图 10-3 所示为一次压力控制回路，用于控制气罐的压力，使之不超过规定的压力值。常用外控卸荷阀 1 或用电接点压力表 2 来控制空气压缩机的运转和停止，使气罐内压力保持在规定范围内。采用卸荷阀，结构简单，工作可靠，但气量浪费大；采用电接点压力表对电动机及控制要求较高，常用于对小型空压机的控制。

2. 二次压力控制回路

图 10-4 所示为二次压力控制回路，由气源处理装置组成，主要由溢流减压阀来实现压力控制。

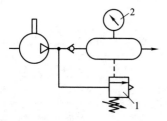

图 10-3　一次压力控制回路
1—外控卸荷阀　2—电接点压力表

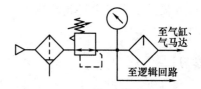

图 10-4　二次压力控制回路

3. 高低压转换回路

利用两个减压阀与换向阀实现高低两种压力的转换，图 10-5a 所示为由减压阀和换向阀组成对同一系统输出高低压力 p_1 和 p_2 的控制；图 10-5b 所示为由减压阀来实现对不同系统输出不同压力 p_1 和 p_2 的控制。为保证气动系统使用的气体压力为一稳定值，多用分水滤气器、减压阀、油雾器（气源处理装置）组成的二次压力控制回路。但要注意，供给逻辑元件的压缩空气不要加入润滑油。

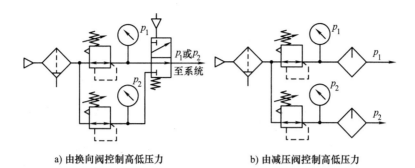

a) 由换向阀控制高低压力   b) 由减压阀控制高低压力

图 10-5   高低压转换回路

三、速度控制回路

速度控制回路就是通过调节压缩空气的流量，来控制气动执行元件运动速度的回路。

1. 单向调速回路

如图 10-6a 所示，供气节流调速回路多用于垂直安装的气缸供气回路中。水平安装的气缸一般采用如图 10-6b 所示的排气节流调速回路。当气控换向阀不换向时（即图 10-6b 中所示位置），从气源来的压缩空气经气控换向阀直接进入气缸的 A 腔，而 B 腔排出的气体必须经过节流阀到气控换向阀而排入大气，因而 B 腔中的气体就有了一定的压力。此时活塞在 A 腔与 B 腔的压力差作用下前进，而减少了爬行的可能性。调节节流阀的开度，就可控制不同的排气速度，从而也就控制了活塞的运动速度。排气节流调速回路有以下特点。

1）气缸速度随负载变化较小，运动较平稳。

2）能承受与活塞运动方向相同的负载。

2. 双向调速回路

在气缸的进、排气口装设节流阀，就组成了双向调速回路。图 10-7a 所示为采用单向节流阀的双向节流调速回路，图 10-7b 所示为采用排气节流阀的双向节流调速回路。

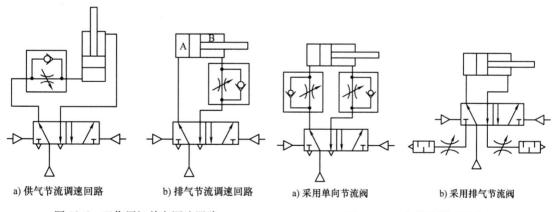

a) 供气节流调速回路   b) 排气节流调速回路

图 10-6   双作用缸单向调速回路

a) 采用单向节流阀   b) 采用排气节流阀

图 10-7   双向节流调速回路

四、其他常用基本回路

1. 气-液转换回路

图 10-8 所示为气-液转换速度控制回路，这种回路充分发挥了气动供气的方便和液压速

度稳定、容易控制的优点。

2. 安全保护回路

（1）过载保护回路　由于气动机构负荷过载、气压突然降低以及气动执行机构的快速动作等原因都有可能危及操作人员或设备的安全，因此在气动回路中，常常要加入安全保护回路。

图 10-9 所示为过载保护回路。操作手动换向阀 1 使二位四通换向阀 4 处于左端工作位置时，活塞前进，当遇到障碍 6 造成气缸过载，气缸左腔压力升高超过预定值时，顺序阀 3 打开，二位二通换向阀 2 动作，二位四通换向阀 4 切换至右位（图 10-9 所示位置），使活塞缩回，防止系统过载。

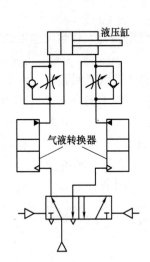

图 10-8　气-液转换速度控制回路

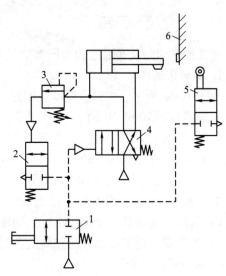

图 10-9　过载保护回路

1、2、4、5—换向阀　3—顺序阀　6—障碍

（2）互锁回路　图 10-10 所示为互锁回路，在该回路中，四通阀的换向受三个串联的机动三通阀控制，只有三个都接通，主控阀才能换向。

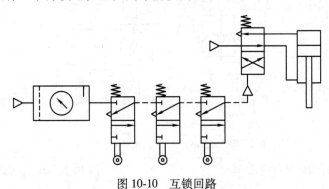

图 10-10　互锁回路

（3）双手同时操作回路　双手同时操作回路就是使用两个起动用的手动阀，只有同时按动两个阀才动作的回路。这种回路主要是为了安全。在锻造、冲压机械上常用来避免误动

作，以保护操作者双手的安全。

图 10-11a 所示为使用逻辑"与"回路的双手同时操作回路，图 10-11b 所示为使用三位主控制阀的双手同时操作回路。

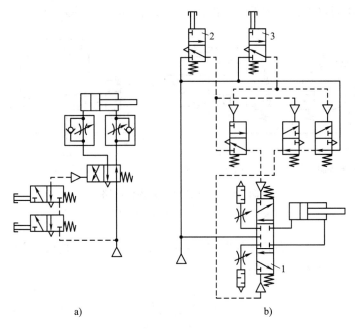

a)　　　　　　　　　　　　　　b)

图 10-11　双手同时操作回路

1—主控制阀　2、3—手动换向阀

3. 延时回路

图 10-12 所示为延时回路。图 10-12a 所示为延时切换回路，当控制信号切换换向阀 4 后，压缩空气经单向节流阀 3 向气罐 2 充气，当充气压力经延时升高至使换向阀 1 换位时，换向阀 1 就有输出。在图 10-12b 所示延时输出回路中，按下换向阀 8，则气缸向外伸出，当气缸在伸出行程中压下换向阀 5 后，压缩空气经节流阀到气罐 6 延时后才将换向阀 7 切换，气缸退回。

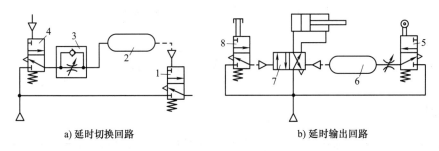

a) 延时切换回路　　　　　　　　　　b) 延时输出回路

图 10-12　延时回路

1、4、5、7、8—换向阀　2、6—气罐　3—单向节流阀

以上两种回路中，通过调节节流阀的开度，便可调节延时时间。

4. 顺序动作回路

顺序动作是指在气动回路中，各个气缸按一定程序完成各自的动作，如单缸有单往复动作、二次往复动作和连续往复动作等，多缸有单往复或多往复顺序动作等。

（1）单缸单往复动作回路 如图10-13所示，在给定一个信号后，气缸只完成A_1A_0一次往复动作（A表示气缸，下标"1"表示活塞伸出，下标"0"表示活塞缩回动作）。

在单往复动作回路中，每按下一次按钮，气缸就完成一次往复动作。

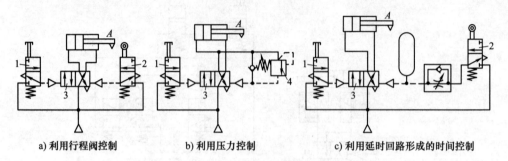

a) 利用行程阀控制   b) 利用压力控制   c) 利用延时回路形成的时间控制

图 10-13 单缸单往复动作回路

1—手动换向阀 2—行程换向阀 3—换向阀 4—顺序阀

（2）单缸连续往复动作回路 如图10-14所示，单缸连续往复动作回路是指输入一个信号后，气缸可连续进行$A_1A_0A_1A_0$等动作。

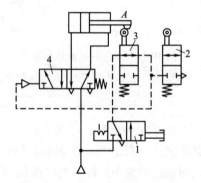

图 10-14 单缸连续往复动作回路

1—手动换向阀 2、3—行程换向阀 4—换向阀

课题二 气动系统应用实例

【任务描述】

本课题通过两个气动系统应用实例，使学生了解气动系统的应用场合，加深对气动系统的理解和认识。

【知识学习】

气动技术是实现工业生产机械化、自动化的方式之一，由于气压传动本身所具有的独特优点，所以应用日益广泛。现介绍两个应用实例。

一、拉门自动开闭系统

该装置通过连杆机构将气缸活塞杆的直线运动转换成商场、宾馆等公共场所使用的拉门的开闭运动，利用超低压气动换向阀来检测行人的踏板动作。在拉门内、外装踏板 6 和 11，踏板下方装有完全封闭的橡胶管，管的一端与超低压二位三通气动换向阀 7 和 12 的控制口连接。当人站在踏板上时，橡胶管里压力上升，超低压气动换向阀动作，其气动回路如图 10-15 所示。

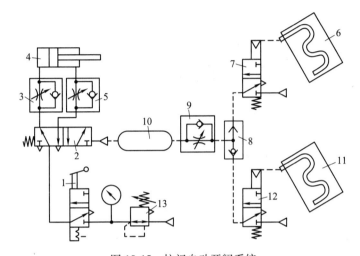

图 10-15　拉门自动开闭系统

1—手动换向阀　2—二位五通气动换向阀　3、5、9—单向节流阀　4—气缸　6、11—踏板
7、12—二位三通气动换向阀　8—梭阀　10—气罐　13—减压阀

首先使手动换向阀 1 上位接入工作状态，压缩空气通过二位五通气动换向阀 2、单向节流阀 3 进入气缸 4 的无杆腔，将活塞杆推出（门关闭）。当人站在踏板 6 上后，二位三通气动换向阀 7 动作，空气通过梭阀 8、单向节流阀 9 和气罐 10 使二位五通气动换向阀 2 换向，压缩空气进入气缸 4 的有杆腔，活塞杆退回（门打开）。

当人经过门后踏上踏板 11 时，二位三通气动换向阀 12 动作，使梭阀 8 上面的通口关闭，下面的通口接通（此时由于人已离开踏板 6，二位三通气动换向阀 7 复位）。气罐 10 中的空气经单向节流阀 9、梭阀 8 和二位三通气动换向阀 12 放气（人离开踏板 11 后，二位三通气动换向阀 12 已复位），经过延时（由节流阀控制）后，二位五通气动换向阀 2 复位，气缸 4 的无杆腔进气，活塞杆伸出（关闭拉门）。

该回路利用逻辑"或"的功能，回路比较简单，很少产生误动作。人从门的哪一边进出均可。减压阀 13 可使关门的力自由调节，十分便利。如将手动换向阀 1 复位，则可变为手动门。

二、气动机械手系统

气动机械手是机械手的一种，它模仿人手的局部动作，可以实现自动抓取、搬运和自动换刀具等功能，具有结构简单、重量轻、动作迅速、平稳可靠、不污染工作环境等优点，在要求工作环境洁净、工作负载较小、自动生产的设备和生产线上应用广泛。它能按照预定的控制程序动作。图 10-16 所示为一种简单的可移动式气动机械手的结构示意图。它由 A、B、C、D 四个气缸组成，能实现手指夹持、手臂伸缩、立柱升降、回转四个动作。四个气缸的初始状态和功能见表 10-1。

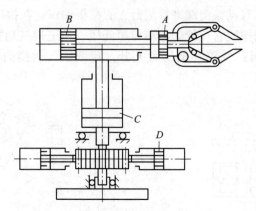

图 10-16　一种简单的可移动式气动机械手的结构示意图

A—夹紧气缸　B—伸缩气缸　C—升降气缸　D—回转气缸

表 10-1　四个气缸的初始状态和功能

执行元件	初始状态	功能
夹紧气缸 A	伸出位置	抓取工件
伸缩气缸 B	缩回位置	横向伸缩
升降气缸 C	上端位置	上下移动
回转气缸 D	左端位置	左右旋转

图 10-17 所示为一种通用气动机械手的气动回路原理图，要求其工作循环为：立柱下降 c_0→伸臂 b_1→夹紧工件 a_0→缩臂 b_0→立柱顺时针转 d_1→立柱上升 c_1→放开工件 a_1→立柱逆时针转 d_0。该传动系统的工作循环分析如下。

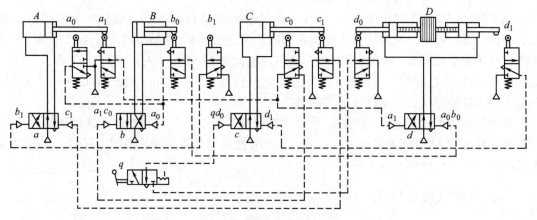

图 10-17　一种通用气动机械手的气动回路原理图

1）按下起动阀 q，主控阀 c 处于左位，升降气缸 C 活塞杆退回，实现动作 c_0（立柱下降）。

2）当升降气缸 C 活塞杆上的挡块碰到 c_0 时，则控制气体使主控阀 b 左侧有控制信号并使该阀处于左位，使伸缩气缸 B 活塞杆伸出，实现动作 b_1（伸臂）。

3）当伸缩气缸 B 活塞杆上的挡块碰到 b_1 时，则控制气体使主控阀 a 左侧有控制信号并使该阀处于左位，使夹紧气缸 A 活塞杆退回，实现动作 a_0（夹紧工件）。

4）当夹紧气缸 A 活塞杆上的挡块碰到 a_0 时，则控制气体使主控阀 b 右侧有控制信号并使该阀处于右位，使伸缩气缸 B 活塞杆退回，实现动作 b_0（缩臂）。

5）当伸缩气缸 B 活塞杆上的挡块碰到 b_0 时，则控制气体使主控阀 d 右侧有控制信号并使该阀处于右位，使回转气缸 D 活塞杆向右动作，通过齿轮齿条机构带动立柱正转，实现动作 d_1（立柱顺时针转）。

6）当回转气缸 D 活塞杆上的挡块碰到 d_1 时，则控制气体使主控阀 c 右侧有控制信号并使该阀处于右位，使升降气缸 C 活塞杆伸出，实现动作 c_1（立柱上升）。

7）当升降气缸 C 活塞杆上的挡块碰到 c_1 时，则控制气体使主控阀 a 右侧有控制信号并使该阀处于右位，使夹紧气缸 A 活塞杆伸出，实现动作 a_1（放开工件）。

8）当夹紧气缸 A 活塞杆上的挡块碰到 a_1 时，则控制气体使主控阀 d 左侧有控制信号并使该阀处于左位，使回转气缸 D 活塞杆向左动作，通过齿轮齿条机构带动立柱反转，实现动作 d_0（立柱逆时针转）。

9）当回转气缸 D 活塞杆上的挡块碰到 d_0 时，则控制气体使主控阀 c 左侧有控制信号并使该阀处于左位，使升降气缸 C 活塞杆缩回，实现动作 c_0（立柱下降）。于是又开始新的一轮工作循环。

课题三　气动系统安装、调试与维护

【任务描述】

本课题使学生掌握气动系统安装、调试、使用与维护方面的知识；能正确分析、诊断和排除气动回路及系统的常见故障。

【知识学习】

一、气动系统的安装与调试

1. 气动系统的安装

（1）管道安装

1）安装前要彻底清理管道内的粉尘及杂物。

2）管子支架要牢固，工作时不得产生振动。

3）接管时要充分注意密封性，防止漏气，尤其注意接头处及焊接处。

4）管路尽量平行布置，减少交叉，力求最短，转弯最少，并考虑到能自由拆装。

5）安装软管要有一定的弯曲半径，不允许有拧扭现象，且应远离热源或安装隔热板。

（2）元件安装

1）应注意阀的推荐安装位置和标明的安装方向。

2）逻辑元件应按控制回路的需要，将其成组地装在底板上，并在底板上开出气路，用软管接出。

3）移动缸的中心线与负载作用力的中心线要同心，否则引起侧向力，使密封件加速磨损，活塞杆弯曲。

4）各种自动控制仪表、自动控制器、压力继电器等，在安装前应进行校验。

2. 气动系统的调试

1）调试前的准备。调试前，要熟悉说明书等有关技术文件，力求全面地了解系统原理、结构和性能；了解元件在设备上的实际位置、元件调节的操作方法及调节旋钮的旋向；准备好相应的调试工具。

2）空载运行。空载时，运行时间一般不少于 2h，且注意观察压力、流量、温度的变化，如发现异常应立即停车检查，待故障排除后才能继续运转。

3）负载试运转。空载运行无异常后可进行负载试运转，负载试运转应分段加载，运转时间一般不少于 4h，分别测量有关数据，记入试运转记录。确定运转完全正常后可转入正常负载工作，调试结束。

二、气动系统的使用与维护

1. 气动系统使用的注意事项

1）开车前后要放掉系统中的冷凝水。

2）定期给油雾器注油。

3）开车前检查各调节手柄是否在正确位置，机控阀、行程开关、挡块的位置是否正确、牢固，对导轨、活塞杆等外露的配合表面进行擦拭。

4）随时注意压缩空气的清洁度，对空气过滤器的滤芯要定期清洗。

5）设备长期不用时，应将各手柄放松，防止弹簧永久变形而影响元件的调节性能。

2. 压缩空气的污染及防止方法

压缩空气的质量对气动系统性能的影响极大，它如被污染将使管道和元件锈蚀、密封件变形、堵塞喷嘴，使系统不能正常工作。压缩空气的污染主要来自水分、油分和粉尘三个方面，其防止方法如下。

1）水分。防止冷凝水侵入压缩空气的方法是：及时排除系统各排水阀中积存的冷凝水，经常注意自动排水器、干燥器的工作是否正常，定期清洗空气过滤器、自动排水器的内部元件等。

2）油分。清除压缩空气中油分的方法是：较大的油分颗粒，通过除油器和空气过滤器的分离作用同空气分开，从设备底部排污阀排除；较小的油分颗粒，则可通过活性炭吸附作用清除。

3）粉尘。防止粉尘侵入空气压缩机的方法是：经常清洗空气压缩机前的预过滤器，定期清洗空气过滤器的滤芯，及时更换滤清元件等。

3. 气动系统的日常维护

气动系统日常维护的主要内容是冷凝水排放的管理和系统润滑的管理。

（1）冷凝水排放的管理　压缩空气中的冷凝水会使管道和元件锈蚀，防止冷凝水侵入压缩空气的方法是及时排除系统各处积存的冷凝水。冷凝水排放涉及从空压机、后冷却器、气罐、管道系统直到各处空气过滤器、干燥器和自动排水器等整个气动系统。在工作结束时，应当将各处冷凝水排放掉，以防夜间温度低于0℃导致冷凝水结冰。由于夜间管道内温度下降，会进一步析出冷凝水，在每天设备运转前，也应将冷凝水排出。经常检查自动排水器、干燥器是否正常工作，定期清洗分水滤气器、自动排水器。

（2）系统润滑的管理　气动系统中从控制元件到执行元件，凡有相对运动的表面都需要润滑。如润滑不当，会使摩擦阻力增大导致元件动作不良，因密封面磨损会引起系统泄漏等危害。

润滑油的性质直接影响润滑效果。通常，高温环境下用高黏度润滑油，低温环境下用低黏度润滑油。如果温度特别低，为克服起雾困难可在油杯内装加热器。供油量是随润滑部位的形状、运动状态及负载大小而变化。供油量总是大于实际需要量。一般以每 $10m^3$ 自由空气供给 1mL 的油量为基准。还要注意油雾器的工作是否正常，如果发现油量没有减少，需及时检修或更换油雾器。

4. 气动系统的定期检修

定期检修的时间间隔，通常为三个月，其主要内容有：

1）查明系统各泄漏处，并设法予以解决。

2）通过对方向控制阀排气口的检查，判断润滑油是否适度，空气中是否有冷凝水。如果润滑不良，考虑油雾器规格是否合适、安装位置是否恰当、滴油量是否正常等。如果有大量冷凝水排出，考虑过滤器的安装位置是否恰当、排除冷凝水的装置是否合适、冷凝水的排除是否彻底。如果方向控制阀排气口关闭时，仍少量泄漏，往往是元件损伤的初期阶段，检查后，可更换受磨损元件以防止发生动作不良。

3）检查安全阀、紧急安全开关动作是否可靠。定期检修时，必须确认它们动作的可靠性，以确保设备和人身安全。

4）观察换向阀的动作是否可靠。根据换向时声音是否异常，判定铁心和衔铁配合处是否有杂质。检查铁心是否有磨损、密封件是否老化。

5）反复开关换向阀观察气缸动作，判断活塞上的密封是否良好，检查活塞杆外露部分，判定前盖的配合处是否有泄漏。

三、气动系统的故障诊断方法

气动系统的故障诊断方法常用的有经验法和推理分析法。

1. 经验法

经验法是依靠实际经验，借助简单的仪表诊断故障发生的部位，找出故障原因的方法。经验法和液压系统的故障诊断四觉方法类似，可按中医诊断病人的四字"望、闻、问、切"进行。由于每个人的感觉、实践经验和判断能力的差异，诊断故障会存在一定的局限性。

2. 推理分析法

推理分析法是利用逻辑推理、步步逼近，寻找出故障的真实原因的方法。

1）推理步骤。从故障的症状推理出故障的真正原因，可按下面三步进行。第一步从故障的症状，推理出故障的本质原因；第二步从故障的本质原因，推理出故障可能存在的原因；第三步从各种可能的常见原因中，找出故障的真实原因。

2）推理方法。推理的原则是：由简到繁、由易到难、由表及里逐一进行分析，排除掉不可能的和非主要的故障原因；故障发生前曾调整或更换过的元件先查；优先查故障概率高的常见原因。

【思考与练习】

一、问答题

1. 简述一次压力回路和二次压力回路的差别。

2. 为何出口节流方式不适用于短行程气缸的速度控制？

3. 试用一个气动顺序阀、一个二位四通单电控换向阀和两个双作用气缸，组成一个顺序动作回路。

4. 在拉门自动开闭系统中利用了哪个元件的什么逻辑功能？

二、综合题

1. 在图 10-18 所示回路中，仅按下 Ps_1 按钮，气流能否从 A_2 口流出。如何使气流从 A_2 口流出？

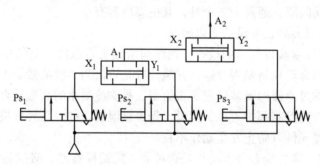

图 10-18　综合题 1 题图

2. 分析一下图 10-11b 所示双手同时操作回路的工作原理。

3. 设计一个在两个不同场合均可操作气缸动作的气动回路。

4. 试分析图 10-19 所示的气动回路的工作过程，并指出各元件的名称。

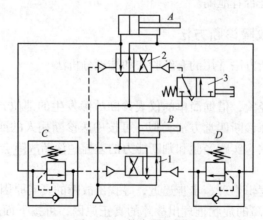

图 10-19　综合题 4 题图

第十一单元

液压与气动技术实训指导

【学习目标】

通过本单元的实训训练，使学生更好地理解液压与气动系统的基本概念、基本理论。通过对常用液压元件的拆装实训，使学生对学过的主要液压元件外观、内部结构，主要零件的形状、材料及其之间的配合要求等方面获得感性认识，加深对液压元件工作原理的理解，使学生掌握液压元件拆装的基本常识，学会液压元件维修的一般方法，锻炼学生实际动手能力，以便能正确选用和维修液压元件。通过对液压与气动系统回路的组装和调试实训，锻炼学生识别元件、看图组装回路、动作观察和动手操作的能力，加深对液压与气动系统回路组成、工作原理及应用的理解。

课题一　液压元件拆装实训指导

【任务描述】

本课题使学生掌握常用液压元件的外观、内部结构，主要零件的形状、材料及其之间的配合要求等方面知识；掌握液压元件拆装的基本常识，学会液压元件维修的一般方法。

【知识学习】

一、液压元件拆装前准备

1. 拆装注意事项

1）如果有拆装流程示意图，参考示意图进行拆卸与安装。

2）拆装时请记录元件及解体零件的拆卸顺序和方向。

3）拆卸下来的零件，尤其泵体内的零件，要做到不落地、不划伤、不锈蚀等。

4）拆装个别零件需要专用工具，如拆卸轴承需要用轴承螺钉旋具，拆卸卡环需要用卡钳等。

5）在需要敲打某一零件时，要用铜棒敲打，切忌用铁棒或钢棒。

6）拆卸（或安装）一组螺钉时，用力要均匀。

7）安装前要给元件去毛刺，用煤油清洗然后晾干，切忌用棉纱擦干。

8）检查密封件有无老化现象，如果有，要更换新的。

9）安装时不要将零件装反，注意零件的安装位置。有些零件有定位槽孔，一定要对准。

10）安装完毕，检查现场有无漏装元件。

2. 实训用工具及材料

钳工台虎钳、内六角扳手、活扳手、螺钉旋具、涨圈钳、游标卡尺、钢直尺、润滑油、化纤布料、各类液压泵、液压阀及其他液压元件等。

液压元件拆装任务单见表 11-7。

二、液压元件拆装实训

1. 实训目的

通过对常用液压泵、液压缸、液压阀进行拆卸和安装，使学生对常用液压元件的结构有深入了解，并能依据流体力学的基本概念和定律来分析总结液压元件的特性，掌握各种液压元件的工作原理、结构特点、使用性能等，同时锻炼学生实际动手能力。

2. 实训任务

1）了解液压元件的种类及分类方法。

2）通过对各种液压元件的实际拆装操作，掌握各种液压元件的工作原理和结构。

3）掌握典型液压元件的结构特点、应用范围及选型。

4）学会认识液压泵的铭牌、型号等内容。

5）能够正确拆装液压元件，并掌握元件拆装步骤。

6）按要求完成实训任务单。

3. 实训设备

设备名称：拆装实训台（包括拆装工具一套）。

拆装的液压元件名称：

1）CB 型（低压）、CBD_1 型（中压）齿轮泵。

2）YB、YB_1 型双作用定量叶片泵、YBX 型单作用变量叶片泵。

3）YCY 型变量、SCY 型定量轴向柱塞泵等。

4）典型液压缸。

5）方向控制阀：单向阀、液控单向阀及各种换向阀等。

6）压力控制阀：各种溢流阀、减压阀及顺序阀等。

7）流量控制阀：节流阀及调速阀。

三、齿轮泵拆装实训

1. 要求掌握的内容

1）掌握内、外啮合齿轮泵的结构和工作原理，并能正确拆装。

2）掌握外啮合齿轮泵产生困油、泄漏、径向力不平衡等现象的原因、危害及解决方法。

2. 能力目标

1）能够规范拆装齿轮泵。

2）能够正确说出齿轮泵各零件的名称。

3）知道齿轮泵困油、泄漏、径向力不平衡等现象的原因、危害及解决方法。

3. 拆装步骤

以 CB-B 型齿轮泵（图 11-1）为例，拆装步骤如下。

1）松开泵体与前、后端盖的连接螺栓，取出定位销，将前、后端盖和泵体分离开。

2）依次取出主动齿轮、从动齿轮等。如果配合面发卡，可用铜棒轻轻敲击出来，禁止猛力敲打，损坏零件。拆卸后，观察泵体、端盖的构造，主、从动齿轮的啮合，各零部件间的装配关系，安装方向等。

3）按拆卸的反顺序进行装配。装配时要注意骨架油封的装配。外侧油封应使其密封唇口向外，内侧油封唇口向内，装配主动轴时应防止其擦伤骨架油封唇口。装配后向齿轮泵的进出油口注入机油，用手转动应均匀无过紧感觉。

4. 实训要求

1）能够说出主要零件的名称。

2）分析齿轮泵存在的问题及解决措施。

3）将现场整理干净。

5. 主要零件分析

1）齿轮。齿轮材料通常为 45 钢，表面淬火。两个齿轮的齿数和模数均相等，齿轮与端盖间轴向间隙为 0.03~0.04mm，轴向间隙不可以调节。

2）泵体和前后端盖。泵体和前、后端盖一般采用铸铁材料（HT250，HT300）或铝合金制造。泵体的两端面开有封油槽，此槽与吸油口相通，用来防止泵内液压从泵体与端盖接合面外泄。泵体与齿顶圆的径向间隙为 0.13~0.16mm。前后端盖内侧开有卸荷槽，用来消除困油现象。后端盖 1 上吸油口大、排油口小，用来减小作用在轴和轴承上的径向不平衡力。

3）泵轴。泵轴通常采用优质合金钢制造，两端轴颈的同轴度公差为 0.02~0.03mm，轴颈与安装齿轮部分轴的配合表面的同轴度公差为 0.01mm。

6. 思考题

1）齿轮泵的困油是怎样形成的？有何危害？如何解决？

2）如何提高外啮合齿轮泵的压力？典型结构有哪些？

3）为什么齿轮泵一般做成吸油口大、排油口小的结构形式？

4）齿轮泵中存在几种可能产生泄漏的途径？哪种途径泄漏量最大？为减少泄漏，齿轮泵采取了哪些措施？

图 11-1　CB-B 型齿轮泵

1—后端盖　2—泵体　3—前端盖　4—压环　5—密封环
6—主动轴　7、9—齿轮　8—从动轴　10—轴承　11—压盖

5）如何理解"液压泵压力升高会使流量减小"这句话？

6）齿轮泵是否有配流装置？它是如何完成吸、排油分配的？

7）观察液压油从吸油腔至排油腔的油路途径。

四、叶片泵拆装实训

1. 要求掌握的内容

1）主要掌握双作用叶片泵和单作用叶片泵两种叶片泵的结构及主要区别，理解其工作原理、使用性能，并能正确拆装。

2）观察 YB（或 YB₁）型双作用定量叶片泵的结构特点：定子内表面曲线形状，配流盘的作用及尺寸角度要求，转子上叶片槽的倾角。

3）观察限压式变量叶片泵的结构特点：转子上叶片槽的倾角，定子的形状，配流盘的结构，泵体上调压弹簧及流量调节螺钉的位置。

4）理解单作用变量叶片泵的使用性能，能够绘制其性能曲线。

2. 能力目标

1）能够规范拆装叶片泵。

2）能够正确说出叶片泵各零件的名称。

3）知道双作用叶片泵的困油现象、泄漏的解决方法及如何进行吸排油。

4）知道配流盘上孔槽的作用。

3. 拆装步骤

以 YB₁ 型双作用定量叶片泵（图 11-2）为例，拆装步骤如下。

1）拆卸叶片泵时，先用内六角扳手以对称方式松开后泵体上的螺栓后，取下螺栓，用铜棒轻轻敲打使传动轴和前泵体及盖板部分从轴承上脱下（禁止猛力敲打），把叶片泵分成两部分。

2）观察并取出后泵体内定子、转子、叶片、配流盘，记住各零件的安装位置，分析其结构、特点与工作过程。

3）取掉盖板，取出传动轴，观察所用的密封元件，理解其特点、作用。

4）拆卸过程中，遇到元件卡住的情况时，不要乱敲硬砸。

5）装配前，各零件必须仔细清洗干净，不得有切屑磨粒或其他污物。

6）装配时，遵循先拆的零部件后安装、后拆的零部件先安装的原则，正确合理地安装。注意配流盘、定子、转子、叶片应保持正确装配方向，安装完毕后应使泵转动灵活，没有卡死现象。

4. 主要零件分析

1）定子和转子。定子的内表面是近似椭圆柱面，转子的外表面是圆柱面，定子内表面的曲面由四段圆弧面和四段过渡曲面组成。转子和定子中心固定，转子径向开有12条槽可以安置叶片。

2）叶片。该泵共有12个叶片，流量脉动较奇数小。叶片前倾角为13°，有利于叶片处于排油腔时缩回。叶片在转子槽内，配合间隙为0.015~0.025mm，叶片高度略低于转子的高度，其值为0.005mm。

3）配流盘。该泵的配流盘上有四条圆弧槽和一条圆形槽，两条圆弧槽为排油窗口，另两条圆弧槽为吸油窗口，圆形槽是通向叶片底部的油槽，其背面与排油窗口相通，保持叶片的底部通液压油，防止叶片脱空。

图 11-2　YB₁ 型双作用定量叶片泵

1—后泵体　2、6—配流盘　3—叶片　4—转子　5—定子
7—前泵体　8—盖板　9、12—轴承　10—油封　11—传动轴　13—螺栓

5. 思考题

1）YB 型（或 YB₁ 型）双作用定量叶片泵的结构上有什么特点？叙述其工作原理。

2）它的困油问题是怎样解决的？配流盘上三角槽的作用是什么？

3）双作用定量叶片泵密封工作空间由哪些零件组成？共有几个密封工作空间？泵的排量与哪些结构参数有关？计算其排量。

4）观察泵内有几种泄漏途径？

5）YB₁型双作用定量叶片泵的配流盘上开有几个槽孔？各起什么作用？画出其简图。

6）YBX型内反馈限压式变量叶片泵泵体上的流量调节螺钉和限压弹簧调节螺钉各是哪个？它是如何变量的？它的叶片倾斜方向如何？

7）YBX型内反馈限压式变量叶片泵配流盘安装时有方向要求吗？为什么？这种泵有困油问题吗？性能曲线上的拐点标志什么？这种泵的优点及应用场合是什么？

8）内反馈和外反馈的含义是什么？

五、柱塞泵拆装实训

1. 要求掌握的内容

1）主要掌握斜盘式轴向柱塞泵的结构，理解其工作原理、使用性能以及变量机构的种类和原理，并能正确拆装斜盘式轴向柱塞泵。

2）观察缸体、柱塞与滑靴、中心弹簧机构、配流盘的安装位置，分析其结构、特点与工作过程。

3）观察变量机构的构造和作用。

2. 能力目标

1）能够规范拆装斜盘式轴向柱塞泵。

2）能够正确说出斜盘式轴向柱塞泵各零件的名称。

3）知道斜盘式轴向柱塞泵的变量原理。

3. 拆装步骤

以10SCY型斜盘式轴向柱塞泵（图11-3）为例，拆装步骤如下。

1）拆解轴向柱塞泵时，先拆下变量机构，取出斜盘、柱塞、压盘、套筒、弹簧、钢球。注意不要损伤零件，观察、分析其结构特点，弄清楚各自的作用。

2）轻轻敲打泵体，取出缸体，取掉螺栓，将泵体分解为中间泵体和前泵体，注意观察、分析其结构特点，弄清楚各自的作用，尤其注意配流盘的结构、作用。

3）拆卸过程中，遇到元件卡住的情况时，不要乱敲硬砸，请指导老师来解决。

4）装配时，先装中间泵体和前泵体，注意装好配流盘，之后装上弹簧、套筒、钢球、压盘、柱塞；在变量机构上装好斜盘，最后用螺栓把泵体和变量机构连接为一体。

5）装配中，注意不能最后把花键轴（传动轴）装入缸体的花键槽中，更不能猛烈敲打花键轴，避免花键轴推动钢球顶坏压盘。

6）安装时，遵循先拆的零部件后安装、后拆的零部件先安装的原则，安装完毕后应使花键轴带动缸体转动灵活，没有卡死现象。

4. 主要零部件分析

1）缸体。缸体10用铝青铜制成，它上面有7个与柱塞相配合的圆柱孔，其加工精度很高，以保证既能相对滑动，又有良好的密封性能。缸体中心开有内花键，与传动轴8相配合。缸体右端面与配流盘9相配合。缸体外表面镶有钢套11并装在滚动轴承12上。

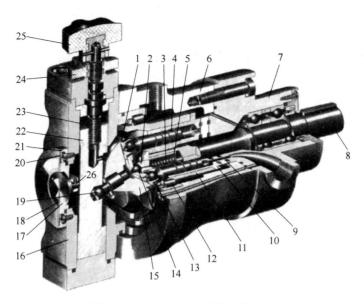

图 11-3　10SCY14-1B 型轴向柱塞泵

1—滑靴　2—内套　3—中心弹簧　4—柱塞　5—外套　6—中间泵体　7—前泵体　8—传动轴　9—配流盘
10—缸体　11—钢套　12—滚动轴承　13—压盘　14—钢球　15—斜盘　16—变量壳体　17—圆盘　18—指针
19—销轴　20—刻度盘　21—盖　22—变量活塞　23—螺杆　24—锁紧螺母　25—调节手轮　26—拨叉

2）柱塞与滑靴。柱塞 4 的球头与滑靴 1 铰接。柱塞在缸体内做往复运动，并随缸体一起转动。滑靴随柱塞做轴向运动，并在斜盘 15 的作用下绕柱塞球头中心摆动，使滑靴平面与斜盘斜面贴合。

柱塞和滑靴中心开有直径 1mm 的小孔，缸中的液压油可进入柱塞和滑靴、滑靴和斜盘间的相对滑动表面，形成油膜，起静压支承作用，同时可减小这些零件的磨损。

3）中心弹簧机构。中心弹簧 3 通过内套、钢球和回程盘将滑靴压向斜盘，使活塞得到回程运动，从而使泵具有较好的自吸能力。同时，中心弹簧 3 又通过外套使缸体 10 紧贴配流盘 9，以保证泵起动时基本无泄漏。

4）配流盘。配流盘 9 上开有两条月牙形配流窗口，外圈的环形槽是卸荷槽，与回油相通，使直径超过卸荷槽的配油盘端面上的压力降低到零，保证配流盘端面可靠地贴合。两个通孔（相当于叶片泵配流盘上的三角槽）起减少冲击、降低噪声的作用。四个小盲孔起储油润滑作用。配流盘下端的缺口，用来与右泵盖准确定位。

5）滚动轴承。滚动轴承 12 用来承受斜盘 15 作用在缸体 10 上的径向力。

6）变量机构。变量活塞 22 装在变量壳体 16 内，并与螺杆 23 相连。斜盘 15 前后有两根耳轴支承在变量壳体上（图 11-3 中未示出），并可绕耳轴中心线摆动。斜盘中部装有销轴 19，其左侧球头插入变量活塞 22 的孔内。转动调节手轮 25，螺杆 23 带动变量活塞 22 上下移动（因导向键的作用，变量活塞不能转动），通过销轴 19 使斜盘 15 摆动，从而改变了斜盘倾角 γ，达到变量目的。

5. 思考题

1）斜盘式轴向柱塞泵的结构和工作原理是什么？

2）斜盘式轴向柱塞泵的应用特点是什么？

3）斜盘式轴向柱塞泵的密封工作容积由哪些零件组成？泵的排量与哪些结构参数有关？计算其最大排量。

4）斜盘式轴向柱塞泵的配流装置属于哪种配流方式？它是如何实现配流的？

5）滑靴与斜盘之间的静压支承是如何实现的？

6）斜盘式轴向柱塞泵的配流盘上开有几个槽孔？各起什么作用？画出其简图。

7）斜盘式轴向柱塞泵变量机构由哪些零件组成？如何调节泵的流量？

六、液压缸拆装实训

1. 要求掌握的内容

1）掌握液压缸的类型、结构组成；知道其工作原理，并能正确拆装。

2）观察油口的位置；掌握缸体与缸盖、活塞与活塞杆的连接形式，活塞及前缸盖上的密封装置类型。

2. 能力目标

1）能够规范拆装液压缸。

2）能够正确说出液压缸组成及各零件的名称。

3）知道密封装置和缓冲装置的种类及作用。

3. 拆装步骤

以双作用单活塞杆液压缸（图11-4）为例，拆装步骤如下。

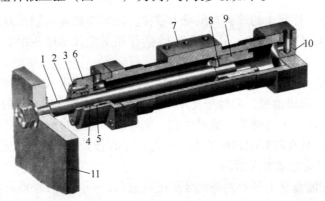

图 11-4　双作用单活塞杆液压缸

1—活塞杆　2—压盖　3—螺钉　4—密封圈　5—导向套　6—前缸盖
7—缸体　8—销　9—活塞　10—后缸盖　11—液压缸连接件

1）先拆下压盖和前缸盖的螺钉，取下前缸盖，然后从缸体中抽出活塞及活塞杆。

2）取下前缸盖上的密封圈和导向套。注意观察密封圈类型、导向套结构，弄清楚各自的作用。

3）拆下活塞及活塞杆的连接件，取下活塞及活塞上的密封圈。注意观察密封圈类型、活塞和活塞杆结构以及活塞和活塞杆表面的镀层。

4）组装按拆卸的反顺序进行装配。组装前，先擦净所有零部件，用液压油涂抹所有滑动表面，不要损害活塞杆、活塞、密封圈等。

5）装配完成后，活塞组件移动时应无阻滞感和阻力大小不均等现象。

4. 主要零件分析

1）缸体。缸体一般采用 35、45 无缝钢管制作。缸体内表面是活塞的密封表面，要求较高的加工精度与很小的表面粗糙度值，一般要求配合精度为 H8 或 H9，表面粗糙度 Ra 值为 0.1~0.4μm，内表面有防腐耐磨镀层，一般为 30~40μm 铬层。

2）缸盖和导向套。缸盖可选用 35、45 锻钢或铸钢、铸铁等材料。如果采用在缸盖中压入导向套的结构时，导向套材料应为耐磨铸铁、青铜或黄铜等，导向套内径配合一般为 H8/f9 或 H9/f9，表面粗糙度 Ra 值为 0.63~1.25μm。

3）活塞杆。活塞杆通常采用 35、45 钢，调质处理，外表面必须耐磨、耐蚀，可以镀铬，镀层厚度约 50μm，要求表面粗糙度 Ra 值为 0.4μm。

4）活塞。活塞常用耐磨铸铁、灰铸铁、钢（有的在外径上套有尼龙 66、尼龙 1010 的耐磨环）及铝合金等，要求活塞组件具有良好的密封性能、耐磨损性能及抗冲击和振动等性能。活塞与活塞杆的连接多采用螺纹连接和卡键连接。

5. 思考题

1）该液压缸是否设置了缓冲装置？是否所有液压缸都有缓冲装置？

2）在没有检测仪器的情况下，如何判断液压缸是否内泄？

七、方向控制阀拆装实训

1. 要求掌握的内容

1）掌握单向阀（图 11-5）、液控单向阀（图 11-6）、手动换向阀、电磁换向阀和电液动换向阀的结构组成、工作原理、控制形式。

2）了解三位换向阀的中位机能及应用。

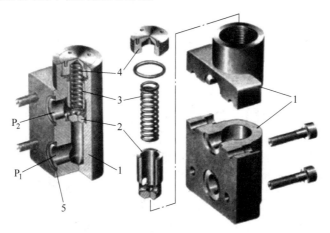

图 11-5　I-63B 型板式单向阀

1—阀体　2—阀芯　3—弹簧　4—螺塞　5—O 形密封圈

2. 能力目标

1）能够规范拆装三位四通电磁换向阀。

2）能够正确说出三位四通电磁换向阀各零件的名称。

3）知道三位四通换向阀常用中位机能类型及应用。

3. 拆装步骤

以 34D-25B 型三位四通电磁换向阀（图 11-7）为例，拆装步骤如下。

1）将换向阀两端的电磁铁拆下。

2）轻轻取出弹簧、挡板及阀芯等。如果阀芯发卡，可用铜棒轻轻敲击出来，禁止猛力敲打而导致阀芯台肩损坏。取出阀芯后，观察阀芯与阀体内腔的构造，并记录各自台肩与沉割槽数量。

3）判断中位机能的形式。

4）按拆卸的相反顺序装配换向阀，即后拆的零件先装配、先拆的零件后装配。装配时，如有零件弄脏，应该用煤油清洗干净后装配。装配阀芯时，可在其台肩上涂抹液压油，以防止阀芯卡住。装配时严禁遗漏零件。

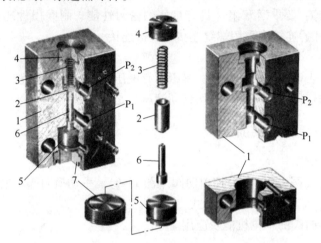

图 11-6 IY-25B 型液控单向阀

1—阀体 2—阀芯 3—弹簧 4、7—螺塞 5—活塞 6—顶杆

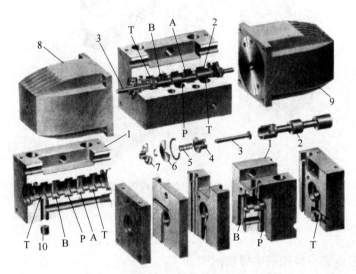

图 11-7 34D-25B 型三位四通电磁换向阀

1—阀体 2—阀芯 3—推杆 4—定位套 5—弹簧 6、7—挡板 8、9—电磁铁 10—螺塞

4. 主要零件分析

1）阀体与阀芯。阀体 1 与阀芯 2 的制造和装配要求极其严格。一般换向阀阀芯与阀孔的圆柱度误差为 0.003~0.005mm。阀芯表面粗糙度 Ra 值不高于 0.2μm，阀孔表面粗糙度 Ra 值不高于 0.4μm。配合间隙也不宜过大（0.007~0.02mm），主要是考虑减少泄漏和液压卡紧力。阀体多为铸铁件，阀芯多为钢件。

2）电磁铁。电磁铁分为交流和直流两种及干式和湿式两种。实训中采用的电磁铁属于干式、交流电磁铁。

简单讲，交流电磁铁优点是推力较大，缺点是阀芯被颗粒杂质卡阻后线圈易烧毁。直流电磁铁的优、缺点则与交流电磁铁相反。

在使用时一定注意：一个换向阀上的两个电磁铁决不能同时通电。

5. 思考题

1）换向阀的控制形式有哪几种？

2）选择三位换向阀的中位机能时，从哪几方面考虑对液压系统工作性能的影响？

3）如果三位换向阀的铭牌丢失，如何判断其中位机能？

4）你拆装的换向阀阀体内有几个沉割槽？阀体上有几个通向外部的油口？各有什么作用？

5）滑阀的液压卡紧现象是怎样产生的？从结构上是如何解决的？

6）电液动换向阀的先导阀的中位机能是什么？

八、压力控制阀拆装实训

1. 要求掌握的内容

1）掌握常见溢流阀（图 11-8）、减压阀（图 11-9）、顺序阀（图 11-10）的结构组成、工作原理。

2）了解常用压力控制阀的适用场合。

2. 能力目标

1）能够规范拆装先导式溢流阀。

2）能够正确说出先导式溢流阀各零件的名称。

3）知道先导式溢流阀主阀芯上阻尼孔的作用。

3. 拆装步骤

以 Y-25B 型先导式溢流阀（图 11-8）为例，拆装步骤如下。

1）用扳手拧下四个内六角螺栓，使阀体与先导阀阀体分离，取出弹簧。

2）用工具将闷盖拧出，取出主阀芯。

3）拆下调节螺母、限位螺母。

4）取下调节螺杆、调压弹簧、先导阀芯。

5）按拆卸的相反顺序进行装配。

注意事项如下。

1）拆下的零件按次序摆放，不应落地、划伤、锈蚀等。

2）拆、装螺栓组时应对角依次拧松或拧紧。

3）需顶出零件时，应使用铜棒适度击打，切忌用钢铁棒。

4）安装前的零件清洗后应晾干，切忌用棉纱擦拭。

5）应更换老化的密封。

6）安装时应参照图或拆卸记录，注意定位零件。

7）安装完毕，推动应急按钮，检查阀芯滑动是否顺利。

8）请检查现场有无漏装零件。

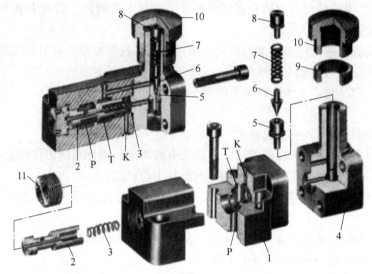

图 11-8 Y-25B 型先导式溢流阀

1—阀体 2—主阀芯 3—弹簧 4—先导阀体 5—阀座
6—先导阀芯 7—调压弹簧 8—调节螺杆 9—限位螺母 10—调节螺母 11—闷盖

4. 主要零件分析

1）先导阀。先导阀芯采用了锥阀，靠弹簧使其压在阀座上，阀芯与阀座之间为线接触。这样使先导阀开启迅速、动作灵敏，保证了先导阀的密封性和动态稳定性。

2）主阀。主阀芯的外圆柱面和圆锥面与主阀套要有良好的配合，这两处的同轴度要求很高，故称为二级同心。主阀口采用圆锥面封油，密封性好，开启迅速，动作灵敏。主阀体上还开有远程控制口 K，注意观察。

3）弹簧。主阀弹簧刚度越小，阀的静态性能越好，但也不能取得太小，否则阀芯复位不灵敏，主阀关闭时的密封力不够大。先导阀的弹簧刚度比主阀弹簧刚度大得多。但先导阀的承压面积和开口量均很小，调压弹簧刚度不必很大就能得到较高的溢流压力。

5. 思考题

1）先导式溢流阀由哪两部分组成？这两部分各由哪几个主要零件组成？分析各零件的作用。

2）哪个是溢流阀的调压部分？

3）观察油液通道，阀体上有几个通外部的油口？各有什么作用？

4）比较主阀与先导阀的弹簧大小和刚度，并分析为何要这样设计？

5）观察远程控制口，并分析如何通过此口来实现远程调压和使液压泵卸荷？

6）减压阀在系统中起什么作用？它是如何减压的？

7）减压阀与溢流阀有什么区别？减压阀能实现远程控制吗？

8）顺序阀的工作原理是什么？与溢流阀的本质区别是什么？它在系统中起的作用是什么？顺序阀可以组合成几种形式？

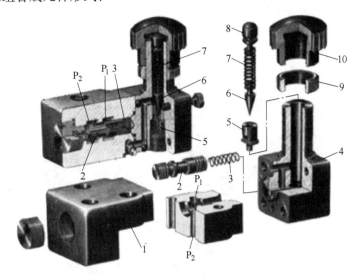

图 11-9 J10-B 型先导式减压阀

1—阀体 2—主阀芯 3—弹簧 4—先导阀体 5—阀座
6—先导阀芯 7—调压弹簧 8—调节螺杆 9—限位螺母 10—调节螺母

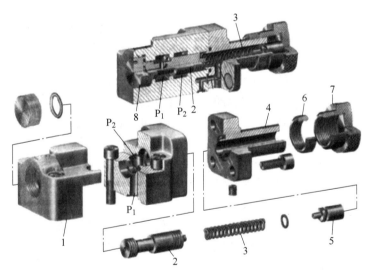

图 11-10 X-B25B 型直动式顺序阀

1—阀体 2—阀芯 3—弹簧 4—端盖 5—调节螺杆 6—限位螺母 7—调节螺母 8—螺塞

九、流量控制阀拆装实训

1. 要求掌握的内容

1）掌握节流阀、调速阀和单向调速阀的结构组成、工作原理。

2）能够区分节流阀和调速阀的不同之处，以便正确选用。

2. 能力目标

1）能够规范拆装节流阀或调速阀。

2）能够正确说出阀各零件的名称。

3）知道流量控制阀如何调节阀口开口大小。

3. 拆装步骤

以 L-25B 型节流阀（图 11-11）为例，拆装步骤如下。

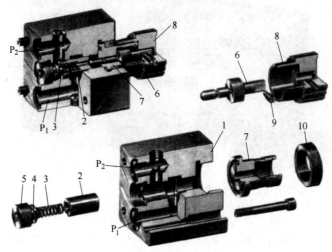

图 11-11　L-25B 型节流阀

1—阀体　2—阀芯　3—复位弹簧　4—定位杆　5—螺塞　6—推杆

7—套　8—旋转手柄　9—紧定螺钉　10—固定螺母

1）松开旋转手柄与推杆的紧定螺钉，取下旋转手柄、固定螺母、套和推杆。

2）用扳手拧下螺塞，取出阀芯左端的定位杆及其上的密封圈。

3）从阀体中取出阀芯及弹簧。如果阀芯发卡，可用铜棒轻轻敲击出来，禁止猛力敲打而导致阀芯台肩损坏。取出阀芯后观察阀芯的结构。

4）按拆卸的相反顺序装配，即后拆的零件先装配、先拆的零件后装配。装配时，如有零件弄脏，应该用煤油清洗干净后再装配。装配时严禁遗漏零件。

4. 思考题

1）叙述节流阀的结构？由于它存在的缺点，使其适用于什么场合？

2）观察节流口及油液通道，节流口采用哪种孔口形式最好？

3）通过节流阀的流量与哪些因素有关？

4）调速阀与节流阀谁的调速性能好？两者有什么本质区别？各用于什么场合？

课题二　液压与气动基本回路实训指导

【任务描述】

本课题使学生学会常用液压与气动系统回路的组建和调试，锻炼学生识别元件、看图组装回路、动作观察和动手操作的能力，加深对液压与气动系统回路组成、工作原理及应用的理解。

【知识学习】

一、液压基本回路实训要求

1. 要求掌握的内容

1）熟悉压力控制阀、流量控制阀、方向控制阀的功能，明确各种基本回路的重要性。

2）掌握常见基本回路的组建、操作及工作原理。

3）掌握常见控制元件的结构组成、工作原理及应用。

2. 实训要点

1）掌握常见基本回路的作用、组成及原理。

2）能够正确组建与调试各种基本回路。

3）要按实训要求接好元件，检查无误后才能起动电动机。

4）实训时，不得在有压力的情况下拆卸油管。

5）要严格遵守各种安全操作规程。

3. 实训过程

（1）实训准备　根据实训基本回路原理图，确定需要实训的所有液压元件并做好准备。

（2）回路安装

1）元件布局。首先根据原理图进行布局设计，然后将实训元件按布局位置安装固定在液压实训台安装面板上，元件油口接头必须方便油管的连接。通过快速接头进行快速安装时，插脚对准插孔，然后平行推入，并轻轻摇动确保安装稳固。

2）油路连接。参考回路原理图，按油路逻辑顺序完成油管的连接，注意各液压元件的油口标识字母及其含义，不能接错、接反。在连接油管过程中，可将元件从面板上拆下接好后再原位安装。油管全部连接完毕必须进行仔细检查并确保无误。

3）电路连接。若有元件需要电气控制时，应用电磁阀连接线将电磁阀和电气控制面板上的相应插孔接好，然后接好输入电源。

（3）实训操作

1）放松溢流阀，起动液压系统电动机。

2）调节压力控制阀，观察压力表指针的变化及回路动作情况。

3）认真做好记录，理解分析各种基本回路的工作原理。

基本回路实训任务单见表11-8。

二、压力控制回路实训

1. 串联溢流阀的调压回路实训

如图11-12所示，调节先导式溢流阀2，使$p=5\text{MPa}$，调定先导式溢流阀3和直动式溢流阀4的压力分别为2MPa，然后测定先导式溢流阀3和直动式溢流阀4串联后的p值。思考为什么测得的p不是4MPa？

2. 先导式溢流阀远程调压和卸荷回路实训

1）能力目标。

①掌握先导式溢流阀远程调压和卸荷回路的作用、组成和原理。

② 能够识别液压元件并正确组装回路。

③ 知道溢流阀如何进行调压。

2）实训步骤。

① 按如图 11-13 所示原理图接好回路并检查无误。

② 起动电动机。

③ 1YA、2YA 失电，先导式溢流阀 3 可以调定液压泵 1 压力大小，将先导式溢流阀 3 压力调定为 $p=5\mathrm{MPa}$。

④ 1YA 得电、2YA 失电，把直动式溢流阀 5 的压力调定为 $p=3\mathrm{MPa}$。

⑤ 1YA 失电、2YA 得电，先导式溢流阀 3 使液压泵卸荷，此时 p 值为液压泵回油的压力损失值。

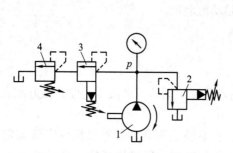

图 11-12　串联溢流阀的调压回路

1—液压泵　2、3—先导式溢流阀　4—直动式溢流阀

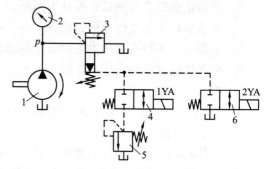

图 11-13　先导式溢流阀远程调压和卸荷回路

1—液压泵　2—压力表　3—先导式溢流阀

4、6—二位二通电磁换向阀　5—直动式溢流阀

3）实训数据分析。将测得的数据填入表 11-1 中（电磁铁通电用"+"、电磁铁断电用"−"）。

表 11-1　实训数据

p/MPa	1YA	2YA

4）思考讨论。

① 用先导式溢流阀远程调压的目的是什么？

② 卸荷回路用在什么场合？

③ 液压泵卸荷时，压力表压力为何不为零？

④ 可以使液压泵卸荷的方法有哪些？

⑤ 设计一个实现多级调压的回路。

3. 顺序阀平衡回路实训

图 11-14 所示为采用顺序阀的平衡回路。

1）二位四通电磁换向阀 4 的电磁铁得电，阀 5 为单向顺序阀，起动液压泵 1 后，液压缸活塞杆后退，到底后调节先导式溢流阀2，使$p_1 = 4\text{MPa}$。

2）旋紧单向顺序阀5的调压弹簧后，使电磁铁失电活塞杆不前进，逐渐调小单向顺序阀的压力，直到活塞杆前进，并记录此时p_2的值，并与理论计算p_2值进行比较（液压缸$D = 40\text{mm}$，$d = 25\text{mm}$），能得到什么结论？

三、速度控制回路实训

1. 差动连接快速运动回路实训

1）能力目标。

① 掌握差动连接快速运动回路作用、组成和原理。

② 能够识别液压元件并正确组装回路。

③ 知道差动连接快速运动回路的应用场合。

2）实训步骤。

① 按图11-15所示原理图接好回路并检查无误。

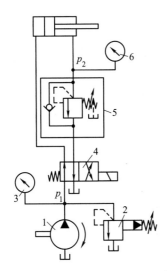

图11-14 采用顺序阀的平衡回路
1—液压泵 2—先导式溢流阀 3、6—压力表
4—二位四通电磁换向阀 5—单向顺序阀

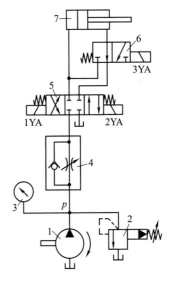

图11-15 差动连接快速运动回路
1—液压泵 2—先导式溢流阀 3—压力表
4—单向节流阀 5—三位四通电磁换向阀
6—二位三通电磁换向阀 7—液压缸

② 起动电动机。

③ 1YA、2YA失电，将先导式溢流阀2压力调定为$p = 4\text{MPa}$。

④ 给定单向节流阀4一个合适的开口。

⑤ 1YA失电、2YA得电、3YA得电，液压缸差动连接快速右行。

⑥ 1YA失电、2YA得电、3YA失电，液压缸正常连接慢速右行。

⑦ 1YA得电、2YA失电、3YA失电，液压缸正常连接快速退回。

3）实训数据分析。将测得的数据填入表11-2中。

表 11-2　实训数据

	1YA	2YA	3YA	液压缸速度 v
快进				
工进				
快退				

为什么差动连接时液压缸右行速度快？已知 $D=40\text{mm}$、$d=25\text{mm}$，计算理论值 $v=?$。在测试中，由于管道阻力的影响，差动时速度不一定会快，所以在液压泵排油管路上加一个节流阀，以减小流量，使差动效果明显。

4）思考讨论。

① 差动连接快速运动回路应用在什么场合？

② 差动连接是如何实现快速运动的？

③ 试设计一个快速运动回路。

2. 调速阀串联调速回路实训

如图 11-16 所示，调节单向调速阀 5 开口量大于单向调速阀 7 开口量。快进：当 2YA 得电，1YA、3YA、4YA 失电，系统不节流，液压缸运动速度最快；Ⅰ工进（稍慢）：2YA、3YA 得电，1YA、4YA 失电，单向调速阀 5 起作用；Ⅱ工进（慢）：2YA、3YA、4YA 均得电，节流口小的单向调速阀 7 起作用；1YA 得电，2YA、3YA、4YA 失电，液压缸回油通过单向阀回油箱，液压缸返回。

3. 调速阀并联调速回路实训

如图 11-17 所示，单向调速阀 3 和 4 并联，两种进给速度不会相互影响，但是采用这种

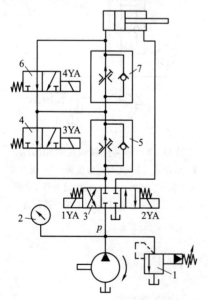

图 11-16　调速阀串联调速回路
1—先导式溢流阀　2—压力表　3—三位四通电磁换向阀
4、6—二位三通电磁换向阀　5、7—单向调速阀

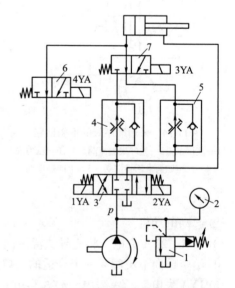

图 11-17　调速阀并联调速回路
1—先导式溢流阀　2—压力表　3—三位四通电磁换向阀
4、5—单向调速阀　6、7—二位三通电磁换向阀

回路，在单向调速阀通过流量较大、速度换接时将造成液压缸运动的前冲，在实训时观察是否存在此现象。前冲原因是什么？如何消除？

4. 节流阀（调速阀）调速性能回路实训

1）能力目标。

① 掌握节流阀（调速阀）调速性能回路作用、组成和原理。

② 能够识别液压元件并正确组装回路。

③ 知道节流阀和调速阀调速的差别。

2）实训步骤。

① 按图 11-18 所示原理图接好回路并检查无误。

② 起动电动机。

③ 1YA、2YA 失电，将先导式溢流阀 2 压力调定为 $p_1 = 5MPa$。

④ 给定单向节流阀 7 一个合适的开口。

⑤ 二位四通手动换向阀 6 处于左位，加载缸 9 处于对工作缸 8 的加载状态。

⑥ 调定减压阀出口压力 p_2 的压力分别为 1.8MPa 、2MPa、2.4MPa、2.8MPa、3.2MPa、3.6MPa、4MPa、4.4MPa、4.8MPa。

⑦ 1YA 失电、2YA 得电，工作缸 8 右行。

⑧ 测出工作缸 8 在不同载荷情况下的运动速度。

⑨ 将单向节流阀 7 换成单向调速阀，重复上面的步骤。

3）实训数据分析。将测得的数据填入表 11-3 中。

表 11-3　实训数据

p_2	1.8MPa	2MPa	2.4MPa	2.8MPa	3.2MPa	3.6MPa	4MPa	4.4MPa	4.8MPa
工作缸速度（节流阀）									
工作缸速度（调速阀）									

画出节流阀和调速阀的速度-负载（加载压力 p_2）曲线，对比一下哪一个调速性能好。

4）思考讨论。

① 节流阀与调速阀有什么差别？

② 节流阀调速回路与调速阀调速回路哪一个调速性能好？为什么？

③ 进口节流调速与出口节流调速有什么差别？

四、方向控制回路实训

1. 用行程开关控制的自动连续换向回路实训

图 11-19 所示为用行程开关控制的自

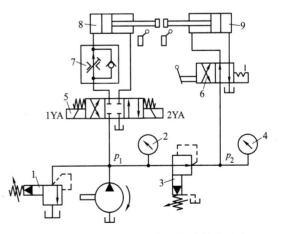

图 11-18　节流阀（调速阀）调速性能回路
1—先导式溢流阀　2、4—压力表　3—减压阀
5—三位四通电磁换向阀　6—二位四通手动换向阀
7—单向节流阀　8—工作缸　9—加载缸

动连续换向回路。要求采用 PLC 编程完成自动连续动作循环，并设置急停开关，这里只给出一个程序实例（图 11-20）。

动作要求：

1）2YA 得电，活塞杆向右运动，到终点碰到行程开关 2S。

2）行程开关 2S 发信号，1YA 得电，活塞杆向左运动，到终点碰到行程开关 1S。

3）行程开关 1S 发信号，2YA 得电，活塞杆向右连续往返。

2. 锁紧回路实训

1）能力目标。

① 掌握锁紧回路作用、组成和原理。

② 能够识别液压元件并正确组装回路。

③ 知道锁紧回路的应用场合。

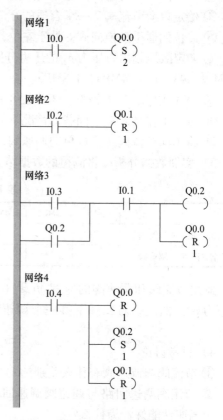

图 11-20　PLC 程序

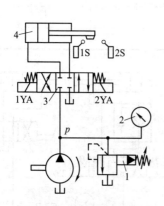

图 11-19　用行程开关控制
的自动连续换向回路

1—先导式溢流阀　2—压力表

3—三位四通电磁换向阀　4—液压缸

2）实训步骤。

① 按图 11-21 所示原理图接好回路并检查无误。

② 起动电动机。

③ 1YA、2YA、3YA 失电，将先导式溢流阀 1 压力调定为 $p_1 = 4$MPa。

④ 1YA 失电、2YA 得电，工作缸 5 右行。1YA 得电、2YA 失电，工作缸 5 左行。可看到液压锁 4 不影响工作缸 5 运动。

⑤ 将工作缸 5 停留在任意地方，3YA 得电，使加载缸 6 左行，对工作缸 5 进行加载，可看到工作缸 5 不运动，工作缸 5 被液压锁 4 锁紧。

⑥ 将液压锁 4 去掉，重新接好回路。

⑦ 1YA、2YA 失电、3YA 得电，可看到加载缸 6 推工作缸 5 左行，此时，工作缸 5 两腔联通，处于浮动状态。

3）实训数据分析。观察并记录工作缸 5 运动时和加载缸 6 左行对工作缸 5 进行加载时 p_1 和 p_2 压力变化情况，并对记录的压力数据进行分析。

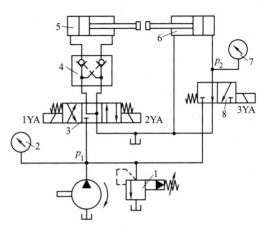

图 11-21 锁紧回路
1—先导式溢流阀 2、7—压力表
3—三位四通电磁换向阀 4—液压锁
5—工作缸 6—加载缸
8—二位三通电磁换向阀

4）思考讨论。

① 三位四通电磁换向阀 3 中位机能为什么用 Y 型？还可以用什么中位机能？两者有什么差别？

② 举一个锁紧回路应用的例子。

③ 举一个浮动回路应用的例子。

五、顺序动作回路实训

1. 顺序阀顺序动作回路实训

1）能力目标。

① 掌握顺序动作回路作用、组成和原理。

② 能够识别液压元件并正确组装回路。

③ 知道顺序动作回路的应用场合。

2）实训步骤。

① 按图 11-22 所示原理图接好回路并检查无误。

② 起动电动机。

③ 1YA 失电，左缸 5 停止不动时，将先导式溢流阀 1 压力调定为 $p=4\text{MPa}$。

④ 旋紧单向顺序阀 4，1YA 失电，左缸 5 右行不动时，旋松单向顺序阀 4，使单向顺序阀 4 压力调定为 2MPa。

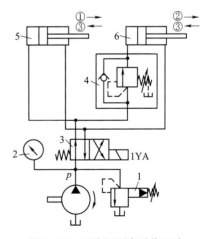

图 11-22 顺序阀顺序动作回路
1—先导式溢流阀 2—压力表
3—二位四通电磁换向阀
4—单向顺序阀 5—左缸 6—右缸

⑤ 1YA 得电，同时退回，但退回速度不同。

⑥ 1YA 失电，左缸 5 右行，当左缸 5 停止不动时，右缸 6 右行，实现两缸顺序动作。

此回路也可用继电器线路或 PLC 编程完成上述双缸顺序动作。

3）实训数据分析。观察并记录两缸运动时压力变化情况，并对记录的压力数据进行分析。

4）思考讨论。

① 两缸返回时为什么速度不同，不能同时返回？

② 在回路中再加上一个顺序阀，实现左缸先右行、右缸再右行、左缸先缩回、右缸再缩回的动作顺序，如何实现？画出回路图。

2. 用压力继电器和行程开关发信号的双缸顺序动作回路实训

图 11-23 所示为用压力继电器和行程开关发信号的双缸顺序动作回路。

1）动作顺序要求。第一步：左缸前进；第二步：右缸前进；第三步：双缸同退；第四步：停（因压差不同，双缸退回时，有前后）。

2）按液压系统图和动作顺序，其发信号状况：3YA 得电，右缸退回到终点，2YA 得电→左缸前进→到底后行程开关 2S 发信号，3YA 失电→右缸前进→到底后压力继电器 K 发信号→1YA 得电，3YA 得电→两缸同时退回，左缸到底后行程开关 1S 发信号→停泵。

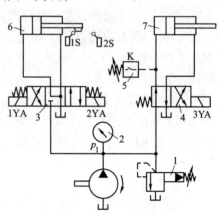

图 11-23　用压力继电器和行程开关发信号的双缸顺序动作回路
1—先导式溢流阀　2—压力表
3—三位四通电磁换向阀
4—二位四通电磁换向阀　5—压力继电器
6—左缸　7—右缸

3）读懂上述发信号状况请自行填写动作顺序表。

4）按动作顺序表，用 PLC 编程完成上述双缸顺序动作。

六、模拟机床动作回路实训

图 11-24 所示为模拟机床动作回路。夹紧缸先夹紧工件，工作缸再对工件进行加工，工作缸实现：快进→工进→快退。要求采用 PLC 编程完成两缸动作循环。

1）能力目标。

① 能掌握液压基本回路的综合运用。

② 能够识别液压元件并正确组装回路。

③ 掌握 PLC 编程技巧及 PLC、电气元件接线。

2）动作要求。按图 11-24 所示原理图接好回路，检查无误后，开启电源，起动液压泵电动机 1。然后调节先导式溢流阀 4 压力对系统进行加压。电磁铁 1YA 得电时，三位四通电磁换向阀（Y 型）7 左位为工作位置，夹紧缸 12 活塞杆伸出，模拟对工件进行夹紧，当活塞杆运行到行程开关 2S 处，表示工件已被夹紧，行程开关 2S 动作，使电磁铁 3YA 得电，电磁铁 1YA 失电，三位四通电磁换向阀 7 处于中位，夹紧缸口停止运动。同时，三位四通电磁换向阀（O 型）8 左位为工作位置，工作缸 11 活塞杆快速伸出，实现快进。当其运行到接近行程开关 3S 处，行程开关 3S 动作，使电磁铁 5YA 得电，工作缸 11 回油经过单向节流阀 9，工作缸 11 运动速度降低，实现工作进给运动。当活塞杆运行到行程开关 4S 处，表示加工结束，行程开关 4S 动作，使电磁铁 4YA 得电，三位四通电磁换向阀 8 右位为工作位

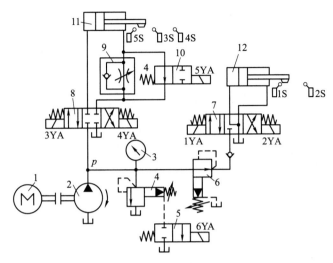

图 11-24 模拟机床动作回路

1—电动机 2—液压泵 3—压力表 4—先导式溢流阀 5、10—二位二通电磁换向阀 6—减压阀
7、8—三位四通电磁换向阀 9—单向节流阀 11—工作缸 12—夹紧缸

置，工作缸 11 活塞杆快速缩回，实现快退。当活塞杆运行到行程开关 5S 处，行程开关 5S 动作，使电磁铁 2YA 得电，三位四通电磁换向阀 7 右位为工作位置，夹紧缸 12 活塞杆缩回，表示松开工件。当活塞杆运行到行程开关 1S 处，行程开关 1S 动作，使电磁铁 4YA 失电、电磁铁 2YA 失电，三位四通电磁换向阀 7、8 处中位，夹紧缸 12、工作缸 11 停止运动。

二位二通电磁换向阀 5 断电时处于常闭状态，此时系统正常工作。当行程开关 1S 使 6YA 得电时，二位二通电磁换向阀 5 处于常开状态，此时液压泵卸荷运转。

3）输入输出地址分配（表 11-4）。

表 11-4 输入输出地址分配

输入			输出		
输入继电器	输入元件	作用	输出继电器	输出元件	作用
I0.0	SB1	起动	Q0.0	1YA	夹紧缸夹紧
I0.1	SB2	停止	Q0.1	2YA	夹紧缸松开
I0.2	1S	行程开关	Q0.2	3YA	工作缸快进
I0.3	2S	行程开关	Q0.3	4YA	工作缸退回
I0.4	3S	行程开关	Q0.4	5YA	工作缸工进
I0.5	4S	行程开关	Q0.5	6YA	液压泵卸荷
I0.6	5S	行程开关			

4）PLC 外接线图（图 11-25）。

5）PLC 程序（图 11-26）。PLC 程序不是唯一的，可以根据动作要求编写 PLC 程序，这里只给出一个实例。

6）思考讨论。

① 根据动作要求填写实现工件夹紧、快进、工进、快退、工件松开、液压泵卸荷动作时的电磁铁动作表（表 11-5）。

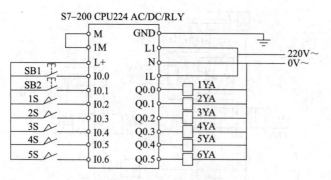

图 11-25　PLC 外接线图

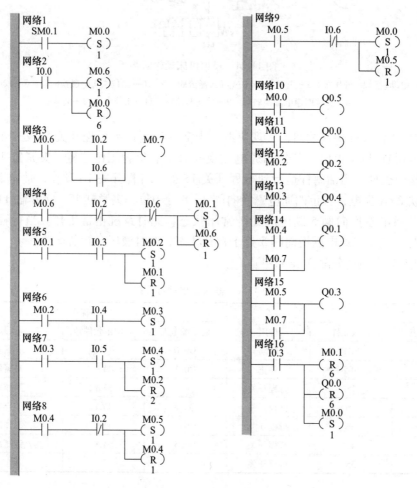

图 11-26　PLC 程序

表 11-5　电磁铁动作表

	1YA	2YA	3YA	4YA	5YA	6YA
夹紧缸加紧						
工作缸快进						

（续）

	1YA	2YA	3YA	4YA	5YA	6YA
工作缸工进						
工作缸快退						
夹紧缸松开						
液压泵卸荷						

② 按照自己的思路编写 PLC 程序，实现各个动作。

七、气动回路实训

1. 要求掌握的内容

1）认识气缸、气动阀，空压机及气动三联件实物和图形符号。

2）了解元件的工作原理及各元件在系统中所起的作用。

2. 实训要点

1）掌握气动回路的作用、组成及原理。

2）能够正确组建与调试气动回路。

3）要按实训要求接好气动元件，检查无误后才能起动电动机。

4）要严格遵守各种安全操作规程。

3. 实训过程

1）实训准备。根据实训基本回路原理图，确定需要实训的所有气动元件（表 11-6）并做好准备。学生可以选取教材中的气动基本回路进行实训。以下给出行程阀控制的气缸连续往返气控回路实训（图 11-27）。

表 11-6　实训用气动元件

序号	名称	规格	数量	备注
1	手动换向阀		1	
2	杠杆式机动换向阀		2	
3	气控二位五通阀		1	
4	双作用气缸		1	

2）回路安装。首先根据原理图进行布局设计，然后将实训元件按布局位置安装固定在气动实训台安装面板上，再用气管把它们连接在一起，组成回路。

3）实训操作。

① 仔细检查后，打开气泵的放气阀，压缩空气进入三联件。调节三联件中间的减压阀，使压力为 0.4MPa。由原理图可知，气缸首先应退回气缸最底部，调整杠杆式机动换向阀 3，使其处在动作状态位，此后手旋手动换向阀 1，使之换位，气缸前进，到头后，调整杠杆式机动换向阀 4，使其也工作在动作状态位，这样气缸便可周而复始的动作。

② 使手动换向阀 1 复位，气缸退回到最底部后，便停止工作。手动换向阀 1 手旋 1 次，气缸便往返一次。

4. 实训小结

通过实训，使学生掌握气压传动的工作原理，掌握气压系统的基本组成部分以及各组成

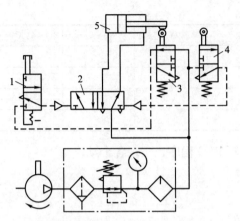

图 11-27　行程阀控制的气缸连续往返气控回路图
1—手动换向阀　2—气控二位五通阀　3、4—杠杆式机动换向阀　5—双作用气缸

部分在气压系统中的作用。实训结束后，对学生进行测试，检查并评估实训情况。

5. 思考题

1）为什么气缸能点动及连续运动？

2）说出气动三联件组成及作用。

表 11-7　液压元件拆装任务单

姓名		学号		班级		成绩	
教师				日期			
任务名称							
能力目标							
设备、工具准备							
元件型号及参数							
任务要点与拆装步骤							
主要零件分析							
思考讨论							
考核评价	设备的使用	A	B	C	D
	工具摆放和使用	A	B	C	D
	拆装顺序及零件摆放	A	B	C	D
	参与任务的主动性	A	B	C	D
	团队协作情况	A	B	C	D
	回答现场提问	A	B	C	D
	任务单填写	A	B	C	D

表 11-8　基本回路实训任务单

姓名		学号		班级		成绩	
教师				日期			
任务名称							
能力目标							
实训设备							
基本回路原理图							
任务要点与实训步骤							
实训数据分析							
思考讨论							
考核评价	设备的使用	A		B		C	D
	工具摆放和使用	A		B		C	D
	拆装顺序及零件摆放	A		B		C	D
	参与任务的主动性	A		B		C	D
	团队协作情况	A		B		C	D
	回答现场提问	A		B		C	D
	任务单填写	A		B		C	D

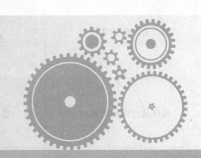

附　　录

常用液压与气动图形符号
(摘自GB/T 786.1—2021)

　　液压与气动元件的图形符号是由图形符号的基本要素构成。GB/T 786.1—2021 中规定了元件符号创建所采用的基本形态的符号，并为创建元件符号给出了规则。图形符号按照模数尺寸 $M = 2.5\text{mm}$，线宽为 0.25mm 来绘制。图形符号的基本要素见附表 1，液压图形符号见附表 2，气动图形符号见附表 3（和液压元件相同的见附表 2）。

附表 1　图形符号的基本要素

名称及说明	图形符号	名称及说明	图形符号
实线：供油/气管路、回油/气管路、元件框线、符号框线		点画线：组合元件框线	
虚线：内部和外部先导（控制）管路，泄油管路，冲洗管路，排气管路		两个流体管路的连接（在一个符号内表示，直径为 $0.5M$）	
端口（油/气）口		带控制管路或泄油管路的端口	
位于溢流阀内的控制管路		位于减压阀内的控制管路	
软管、蓄能器囊		封闭管路或封闭端口	

（续）

名称及说明	图形符号	名称及说明	图形符号
液压管路中的堵头		旋转连接	
流体流过阀的通道和方向		流体流过阀的通道和方向	
流体流过阀的通道和方向		流体流过阀的通道和方向	
阀内部的流动通道		阀内部的流动通道	
阀内部的流动通道		阀内部的流动通道	
阀内部的流动通道		流体的流动方向	
液压力的作用方向		液压力的作用方向	
气压力的作用方向		气压力的作用方向	
顺时针方向旋转的指示		双方向旋转的指示	

（续）

名称及说明	图形符号	名称及说明	图形符号
压力指示		扭矩指示	
速度指示		单向阀阀芯、阀座（大规格）	
单向阀阀芯、阀座（小规格）		测量仪表、控制元件、步进电动机的框线	
能量转换元件框线（泵、压缩机、马达）		摆动泵或摆动马达的框线	
流体处理装置的框线（如过滤器、分离器、油雾器和热交换器）		控制方式的框线（标准图）	
最多四个主油/气口阀的机能位的框线		五个主油/气口阀的机能位的框线	
双压阀（与阀）的框线		功能单元的框线	
缸筒		活塞杆	
大直径活塞杆		缸的活塞	
缸内缓冲		膜片、囊	

（续）

名称及说明	图形符号	名称及说明	图形符号
机械连接（如：轴，杆）		节流（小规格）	
节流（流量控制阀，取决于黏度）		节流（锐边节流，很大程度上与黏度无关）	
控制要素：手柄		控制要素：踏板	
控制要素：滚轮		控制要素：弹簧	
直动式液控机构（用于方向控制阀）		直动式气控机构（用于方向控制阀）	
控制要素：线圈，作用方向指向阀芯（电磁铁、力矩马达、力马达）		控制要素：线圈，作用方向背离阀芯（电磁铁、力矩马达、力马达）	
控制要素：双线圈，双向作用		可调节（如：行程限制）	
可调节（弹簧或比例电磁铁）		可调节（节流）	
流量指示		温度指示	

名称及说明	图形符号	名称及说明	图形符号
光学指示要素		截止阀	
流体分离器要素（手动排水）		流体分离器要素（自动排水）	
下列元件的要素： -压力容器 -压缩空气气罐 -蓄能器 -气瓶 -波纹管执行器软管缸		气源	
液压油源		消声器	
锁定机构应居中，或者在距凹口右或左 0.5M 的位置，且在轴上方 0.5M 处		锁定槽应均匀置于轴上。对于三个以上的锁定槽，在锁定槽上方 0.5M 处用数字表示	
回油箱		盖板式插装阀的插孔	
盖板式插装阀的阀芯（锥阀结构）		盖板式插装阀的阀芯（锥阀结构）	

附表 2　液压图形符号

名称及说明	图形符号	名称及说明	图形符号
带有可拆卸把手和锁定要素的控制机构		带有可调行程限位的推杆	
带有定位的推/拉控制机构		带有手动越权锁定的控制机构	

（续）

名称及说明	图形符号	名称及说明	图形符号
带有 5 个锁定位置的旋转控制机构		用于单向行程控制的滚轮杠杆	
使用步进电机的控制机构		单作用电磁铁，动作指向阀芯带有一个线圈的电磁铁（动作指向阀芯）	
带有一个线圈的电磁铁（动作背离阀芯）		带有两个线圈的电气控制装置（一个动作指向阀芯，另一个动作背离阀芯）	
带有一个线圈的电磁铁（动作指向阀芯，连续控制）		带有一个线圈的电磁铁（动作背离阀芯，连续控制）	
带两个线圈的电气控制装置（一个动作指向阀芯，另一个动作背离阀芯，连续控制）		外部供油的电液先导控制机构	
二位二通方向控制阀（双向流动，推压控制，弹簧复位，常闭）		二位二通方向控制阀（电磁铁控制，弹簧复位，常开）	
二位四通方向控制阀（电磁铁控制，弹簧复位）		二位三通方向控制阀（带有挂锁）	
二位三通方向控制阀（单向行程的滚轮杠杆控制，弹簧复位）		二位三通方向控制阀（单电磁铁控制，弹簧复位）	
二位三通方向控制阀（单电磁铁控制，弹簧复位，手动越权锁定）		二位四通方向控制阀（单电磁铁控制，弹簧复位，手动越权锁定）	
二位四通方向控制阀（双电磁铁控制，带有锁定机构，也称脉冲阀）		二位四通方向控制阀（电液先导控制，弹簧复位）	
三位四通方向控制阀（电液先导控制，先导级电气控制，主级液压控制，先导级和主级弹簧对中，外部先导供油，外部先导回油）		三位四通方向控制阀（双电磁铁控制，弹簧对中）	
二位四通方向控制阀（液压控制，弹簧复位）		三位四通方向控制阀（液压控制，弹簧对中）	
二位五通方向控制阀（双向踏板控制）		三位五通方向控制阀（手柄控制，带有定位机构）	

（续）

名称及说明	图形符号	名称及说明	图形符号
二位三通方向控制阀（电磁控制，无泄漏，带有位置开关）		二位三通方向控制阀（电磁控制，无泄漏）	
溢流阀（直动式，开启压力由弹簧调节）		顺序阀（直动式，手动调节设定值）	
顺序阀（带有旁通单向阀）		二通减压阀（直动式，外泄型）	
二通减压阀（先导式，外泄型）		防气蚀溢流阀（用来保护两条供压管路）	
蓄能器充液阀		电磁溢流阀（由先导式溢流阀与电磁换向阀组成，通电建立压力，断电卸荷）	
三通减压阀（超过设定压力时，通向油箱的出口开启）		节流阀	
单向节流阀		流量控制阀（滚轮连杆控制，弹簧复位）	
二通流量控制阀（开口度预设置，单向流动，流量特性基本与压降和黏度无关，带有旁路单向阀）		三通流量控制阀（开口度可调节，将输入流量分成固定流量和剩余流量）	
分流阀（将输入流量分成两路输出流量）		集流阀（将两路输入流量合成一路输出流量）	

（续）

名称及说明	图形符号	名称及说明	图形符号
单向阀（只能在一个方向自由流动）		单向阀（带有弹簧，只能在一个方向自由流动，常闭）	
液控单向阀（带有弹簧，先导压力控制，双向流动）		双液控单向阀	
梭阀（逻辑为"或"，压力高的入口自动与出口接通）		比例方向控制阀（直动式）	
比例方向控制阀（直动式）		比例方向控制阀（主级和先导级位置闭环控制，集成电子器件）	
伺服阀（主级和先导级位置闭环控制，集成电子器件）		伺服阀（先导级带双线圈电气控制机构，双向连续控制，阀芯位置机械反馈到先导级，集成电子器件）	
伺服阀控缸（伺服阀由步进电动机控制，液压缸带有机械位置反馈）		伺服阀（带有电源失效情况下的预留位置，电反馈，集成电子器件）	
比例溢流阀（直动式，通过电磁铁控制弹簧来控制）		比例溢流阀（直动式，电磁铁直接控制，集成电子器件）	
比例溢流阀（直动式，带有电磁铁位置闭环控制，集成电子器件）		比例溢流阀（带有电磁铁位置反馈的先导控制，外泄型）	
三通比例减压阀（带有电磁铁位置闭环控制，集成电子器件）		比例溢流阀（先导式，外泄型，带有集成电子器件，附加先导级以实现手动调节压力或最高压力下溢流功能）	
比例流量控制阀（直动式）		比例流量控制阀（直动式，带有电磁铁位置闭环控制，集成电子器件）	
比例流量控制阀（先导式，主级和先导级位置控制，集成电子器件）		比例节流阀（不受黏度变化影响）	

（续）

名称及说明	图形符号	名称及说明	图形符号
压力控制和方向控制插装阀插件（锥阀结构，面积比 1：1）		压力控制和方向控制插装阀插件（锥阀结构，常开，面积比 1：1）	
方向控制插装阀插件（带节流端的锥阀结构，面积比 ≤0.7）		方向控制插装阀插件（带节流端的锥阀结构，面积比＞0.7）	
方向控制插装阀插件（锥阀结构，面积比≤0.7）		方向控制插装阀插件（锥阀结构，面积比＞0.7）	
主动方向控制插装阀插件（锥阀结构，先导压力控制）		主动方向控制插装阀插件（B端无面积差）	
方向控制插装阀插件（单向流动，锥阀结构，内部先导供油，带有可替换的节流孔）		溢流插装阀插件（滑阀结构，常闭）	
减压插装阀插件（滑阀结构，常闭，带有集成的单向阀）		减压插装阀插件（滑阀结构，常开，带有集成的单向阀）	
变量泵（顺时针单向旋转）		变量泵（双向流动，带有外泄油路，顺时针单向旋转）	
变量泵/马达（双向流动，带有外泄油路，双向旋转）		定量泵/马达（顺时针单向旋转）	
手动泵（限制旋转角度，手柄控制）		摆动执行器/旋转驱动装置（带有限制旋转角度功能，双作用）	

（续）

名称及说明	图形符号	名称及说明	图形符号
摆动执行器/旋转驱动装置（单作用）		变量泵（先导控制，带有压力补偿功能，外泄油路，顺时针单向旋转）	
变量泵（带有复合压力/流量控制，负载敏感型，外泄油路，顺时针单向驱动）		变量泵（带有机械/液压伺服控制，外泄油路，逆时针单向驱动）	
变量泵（带有电液伺服控制，外泄油路，逆时针单向驱动）		变量泵（带有功率控制，外泄油路，顺时针单向驱动）	
变量泵（带有两级可调限行程压力/流量控制，内置先导控制，外泄油路，顺时针单向驱动）		连续增压器（将气体压力 p_1 转换为较高的液体压力 p_2）	
单作用单杆缸（靠弹簧力回程，弹簧腔带连接油口）		双作用单杆缸	
双作用双杆缸（活塞杆直径不同，双侧缓冲，右侧缓冲带调节）		双作用膜片缸（带有预定行程限位器）	
单作用膜片缸（活塞杆终端带有缓冲，带排气口）		单作用缸柱塞缸	
单作用多级缸		双作用多级缸	
软管总成		三通旋转式接头	

（续）

名称及说明	图形符号	名称及说明	图形符号
快换接头（不带有单向阀，断开状态）		快换接头（带有一个单向阀，断开状态）	
快换接头（带有两个单向阀，断开状态）		快换接头（不带有单向阀，连接状态）	
快换接头（带有一个单向阀，连接状态）		快换接头（带有两个单向阀，连接状态）	
压力开关（机械电子控制，可调节）		电调节压力开关（输出开关信号）	
压力传感器（输出模拟信号）		光学指示器	
数字显示器		声音指示器	
压力表		压差表	
带有选择功能的多点压力表		温度计	
电接点温度计（带有两个可调电气常闭触点		液位指示器（油标）	
液位开关（带有四个常闭触点）		电子液位监控器（带有模拟信号输出和数字显示功能）	
流量指示器		流量计	
数字流量计		转速计	
转矩仪		定时开关	

（续）

名称及说明	图形符号	名称及说明	图形符号
计数器		在线颗粒计数器	
过滤器		通气过滤器	
带有磁性滤芯的过滤器		带光学阻塞指示器的过滤器	
带有旁路节流的过滤器		带有旁路单向阀的过滤器	
不带有冷却方式指示的冷却器		采用液体冷却的冷却器	
加热器		温度调节器	
隔膜式蓄能器		囊式蓄能器	
气瓶		润滑点	

附表3　气动图形符号

名称及说明	图形符号	名称及说明	图形符号
气压复位（从阀进气口提供内部压力）		气压复位，从先导口提供内部压力 注：为更易理解，图中标识出外部先导线	

（续）

名称及说明	图形符号	名称及说明	图形符号
气压复位（外部压力源）		电控气动先导控制机构	
气动软启动阀（电磁铁控制内部先导控制）		延时控制气动阀（其入口接入一个系统，使得气体低速流入直至达到预设压力才使阀口全开）	
脉冲计数器（带有气动输出信号）		二位三通方向控制阀（差动先导控制）	
二位三通方向控制阀（气动先导和扭力杆控制，弹簧复位）		二位五通气动方向控制阀（先导式压电控制，气压复位）	
二位五通方向控制阀（单电磁铁控制，外部先导供气，手动辅助控制，弹簧复位）		二位五通气动方向控制阀（电磁铁气动先导控制，外部先导供气，气压复位，手动辅助控制） 气压复位供压具有如下可能： -从阀进气口提供内部压力 -从先导口提供内部压力 -外部压力源	
三位五通气动方向控制阀，两侧电磁铁与内部先导控制和手动操纵控制。弹簧复位至中位			
二位五通直动式气动方向控制阀（机械弹簧与气压复位）		三位五通直动式气动方向控制阀（弹簧对中，中位时两出口都排气）	
顺序阀（外部控制）		减压阀（内部流向可逆）	
减压阀（远程先导可调，只能向前流动）		双压阀（逻辑为"与"，两进气口同时有压力时，低压力输出）	
梭阀（逻辑为"或"，压力高的入口自动与出口接通）		快速排气阀（带消音器）	
气马达		空气压缩机	

（续）

名称及说明	图形符号	名称及说明	图形符号
气马达（双向流通，固定排量，双向旋转）		真空泵	
双作用带式无杆缸（活塞两端带有位置缓冲）		双作用缆索式无杆缸（活塞 两端带有可调节位置缓冲）	
双作用磁性无杆缸（仅右边终端带有位置开关）		行程两端定位的双作用缸	
双作用双杆缸（左终点带有内部限位开关，内部机械控制；右终点带有外部限位开关，由活塞杆触发）		双作用单出杆缸（带有用于锁定活塞杆并通过在预定位置加压解锁的机构）	
单作用压力气液转换器（将气体压力转换为等值的液体压力）		单作用增压器（将气体压力 p_1 转换为更高的液体压力 p_2）	
波纹管缸		软管缸	
压电控制机构		离心式分离器	
带有自动排水的聚结式过滤器		气源处理装置（FRL装置，包括手动排水过滤器、手动调节式溢流减压阀、压力表和油雾器） 第一个图为详细示意图 第二个图为简化图	
手动排水分离器			
带有手动排水分离器的过滤器		自动排水分离器	
空气干燥器		油雾器	
气罐		真空发生器	
吸盘		带有弹簧加载杆和单向阀的吸盘	

参 考 文 献

［1］许毅，李文峰．液压与气压传动技术［M］．北京：国防工业出版社，2011.

［2］张勤，徐钢涛．液压与气压传动技术［M］．2版．北京：高等教育出版社，2015.

［3］周进民，杨成刚．液压与气动技术．［M］．北京：机械工业出版社，2012.

［4］张利平．液压元件与系统故障诊断排除典型案例［M］．北京：化学工业出版社，2019.

［5］陆望龙，陆桦．液压维修1000问［M］．2版．北京：化学工业出版社，2018.

［6］蒋召杰．液压系统装调与维护［M］．北京：机械工业出版社，2018.

［7］李新德．液压与气动技术学习指南［M］．北京：机械工业出版社，2018.